After Effects
影视动画特效及栏目包装

200+

第2版

王红卫 / 等编著

机械工业出版社
China Machine Press

图书在版编目（CIP）数据

After Effects 影视动画特效及栏目包装 200+ / 王红卫等编著 . —2 版 . — 北京：机械工业出版社，2019.1（2021.3 重印）

ISBN 978-7-111-61304-6

I. ① A… II. ①王… III. ①图象处理软件 IV. ① TP391.413

中国版本图书馆 CIP 数据核字（2018）第 249993 号

　　本书是一本专为影视动画后期制作人员编写的全实例型图书，所有的案例都是作者多年设计工作的积累。本书的特点是精选常用的 200 多个影视动画案例进行技术剖析和操作详解，实例的实用性强，理论与实践结合紧密。

　　全书按照由浅入深的写作方法，从基础内容开始，以全实例为主，详细讲解了在影视制作中应用比较普遍的基础动画、蒙版与过渡转场动画、音频与灯光控制、三维空间与摄像机、颜色调整与键控抠图、内置特效、摆动器与画面稳定、文字特效、自然特效、炫彩光线特效、插件特效、电影特效、动漫特效及游戏场景合成、ID 标识演绎及公益宣传片、栏目包装及输出与渲染等。

　　本书可作为影视后期与画展制作人员的参考手册，还可作为高等院校动画专业以及相关培训班的教学实训用书。

After Effects 影视动画特效及栏目包装 200+ 第 2 版

出版发行：机械工业出版社（北京市西城区百万庄大街 22 号　邮政编码：100037）
责任编辑：夏非彼　迟振春　　　　　　　　　　　责任校对：闫秀华
印　　刷：中国电影出版社印刷厂　　　　　　　　版　　次：2021 年 3 月第 2 版第 3 次印刷
开　　本：188mm×260mm　1/16　　　　　　　 印　　张：21.25
书　　号：ISBN 978-7-111-61304-6　　　　　　 定　　价：89.00 元

前　　言

本书是After Effects畅销书的升级版，将Adobe After Effects CC 2018的新功能融入案例中，为读者呈现前所未见的出色效果。

本书以"实例解析+视频教学+知识点+动画流程"的写作形式，清晰地描述了After Effects在动漫特效、影视合成及栏目包装中的应用，可操作性强。

本书各章内容具体如下：

第1章　基础动画入门　介绍关键帧的操作及【位置】、【缩放】、【旋转】、【不透明度】4大基础属性参数。

第2章　蒙版与过渡转场动画　介绍【蒙版】、【形状图层】和【过渡转场】命令在动画中的使用。

第3章　音频与灯光控制　介绍音频特效和灯光的使用方法，以加强影片的情感的表现。

第4章　三维空间与摄像机　掌握好三维层对制作有三维效果的动画会非常方便，而且三维特效制作的效果更有真实感，摄像机的添加则能让这份真实感更具体、生动。

第5章　颜色调整与键控抠图　介绍影片颜色的调整方法，以及利用键控抠图合成场景的技巧。

第6章　内置特效案例进阶　After Effects中内置了上百种视频特效，本章详细讲解这些特效的动画使用技巧。

第7章　摆动器、画面稳定与跟踪控制　介绍如何合理地运用动画辅助工具来有效地提高动画的制作效率并达到预期效果。

第8章　精彩的文字特效　介绍文字的编辑，以文字特效表现整体的动画，添加点睛之笔。

第9章　常见自然特效表现　在影片当中经常需要一些自然景观效果，但拍摄不一定能得到想要的效果，所以需要在后期软件中制作逼真的自然效果，本章讲解如何利用After Effects许多优秀的特效来帮助完成制作。

第10章　炫彩光线特效　主要讲解如何在After Effects中制作出绚丽的光线效果，使整个动画更加华丽且更富有灵动感。

第11章　常用插件特效应用　After Effects除了内置的特效外，还支持很多特效插件，通过对插件特效的应用，可以使动画制作更加简便，效果也更为绚丽。

第12章　常用电影特效表现　电影特效在现在的电影中已经随时可见，本章主要讲解电影特效中一些常见特效的制作方法。

第13章 动漫特效及游戏场景合成 通过4个具体的案例，介绍动漫特效及场景合成的制作。

第14章 ID标识演绎及公益宣传片 通过两个具体的实例，详细讲解公司ID及公益宣传片的制作方法与技巧，让读者快速掌握宣传片的制作精髓。

第15章 商业栏目包装案例表现 通过对多个商业案例的练习，使读者了解商业案例的制作方法，掌握商业栏目案例实战演练过程，更快地将软件利用到工作中去。

第16章 常见格式的输出与渲染 介绍影片渲染和输出的相关设置，以便输出适合自己的动画文件。

本书资源可以登录机械工业出版社华章公司的网站（www.hzbook.com）下载，搜索到本书，然后在页面上的"资源下载"模块下载即可。

本书由王红卫主编，同时参与编写的还有张四海、余昊、贺容、王英杰、崔鹏、桑晓洁、王世迪、吕保成、蔡桢桢、王红启、胡瑞芳、王翠花、夏红军、李慧娟、杨树奇、王巧伶、陈家文、王香、杨曼、马玉旋、张田田、谢颂伟、张英、石珍珍、陈志祥等。

在创作的过程中，由于时间仓促，错误在所难免，希望广大读者批评指正。如果在学习过程中发现问题或有更好的建议，欢迎发邮件至booksaga@126.com与我们联系。

编 者

2018年11月

目　录

第1章　基础动画入门

内容摘要

　　本章主要讲解关键帧的操作，以及对【位置】、【缩放】、【旋转】和【不透明度】4个基础属性参数的了解，同时讲解了父级关系及运动曲线的调整方法，并通过对4个基础属性的操作制作出精彩的动画。

教学目标

◆ 了解【位置】属性并掌握其操作
◆ 了解【缩放】属性并掌握其操作
◆ 了解【旋转】属性并掌握其操作
◆ 了解【不透明度】属性并掌握其操作
◆ 掌握父级关系的设置及动画制作
◆ 掌握运动曲线的调整方法及应用

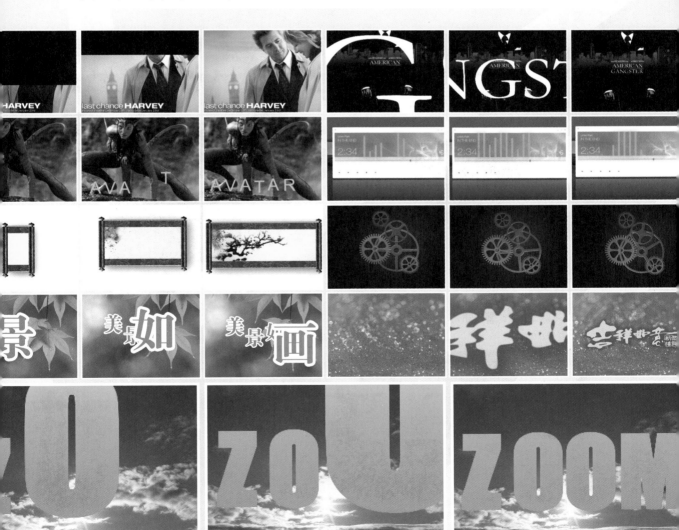

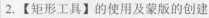
实例001 基础位移动画

特效解析：本例主要讲解利用【位置】属性制作蒙版动画效果。完成的动画流程画面如图1.1所示。

知识点：
1. 设置【位置】参数
2. 【矩形工具】的使用及蒙版的创建

图1.1 动画流程画面

难易程度：★☆☆☆☆
工程文件：下载文件\工程文件\第1章\动画位移
视频位置：下载文件\movie\实例001 基础位移动画.avi

操作步骤

步骤01 执行菜单栏中的【文件】|【打开项目】命令，选择下载文件中的"工程文件\第1章\动画位移\动画位移练习.aep"文件并打开。

步骤02 在时间线面板中选择"背景"层，在工具栏中选择【矩形工具】■，在图层上绘制一个矩形路径，如图1.2所示。

图1.2 绘制矩形路径

步骤03 在时间线面板中选择"背景"层，将时间调整到00:00:00:00帧的位置，按P键打开【位置】属性，设置【位置】的值为（360，-296），单击【位置】左侧的码表■按钮，在当前位置设置关键帧，如图1.3所示。

图1.3 设置【位置】关键帧

步骤04 将时间调整到00:00:01:00帧的位置，设置

【位置】的值为（360，288），系统会自动设置关键帧，如图1.4所示；合成窗口效果如图1.5所示。

图1.4 设置【位置】1秒关键帧

图1.5 设置【位置】关键帧后效果

步骤05 选择"背景2"层，在工具栏中选择【矩形工具】■，在图层上绘制一个矩形路径，如图1.6所示。

步骤06 在时间线面板中选择"背景2"层，将时间调整到00:00:00:00帧的位置，按P键打开【位置】属性，设置【位置】的值为（360，-296），单击【位置】左侧的码表■按钮，在当前位置设置关键帧，如图1.7所示。

图1.6 绘制矩形路径

图1.7 设置【位置】关键帧

步骤 07 将时间调整到00:00:01:00帧的位置，设置【位置】的值为（360，288），系统会自动设置关键帧，如图1.8所示；合成窗口效果如图1.9所示。

图1.8 设置"背景2"位置1秒关键帧

图1.9 设置"背景2"位置后效果

步骤 08 选择"背景3"层，在工具栏中选择【矩形工具】▇，在图层上绘制一个矩形路径，如图1.10所示。

步骤 09 选择"背景3"层，将时间调整到00:00:00:00帧的位置，按P键打开【位置】属性，设置【位置】的值为（360，-296），单击【位置】左侧的码表▇按钮，在当前位置设置关键帧，如图1.11所示。

图1.10 绘制矩形路径

图1.11 设置"背景3"位置关键帧

步骤 10 将时间调整到00:00:01:00帧的位置，设置【位置】的值为（360，288），系统会自动设置关键帧，如图1.12所示；合成窗口效果如图1.13所示。

图1.12 设置"背景3"位置1秒关键帧

图1.13 设置"背景3"位置后效果

步骤 11 在时间线面板中依次选择"背景""背景2""背景3"层，执行菜单栏中的【动画】|【关键帧辅助】|【序列图层】命令，打开【序列图层】对话框，设置【持续时间】为00:00:06:24，如图1.14所示。单击【确定】按钮，时间线面板如图1.15所示。

图1.14 设置关键帧辅助

图1.15 设置关键帧辅助后的时间线面板

步骤 12 这样就完成了基础位移动画的整体制作，按小键盘上的"0"键，即可在合成窗口中预览动画。

实例002 复杂的位移动画

特效解析 本例主要讲解利用【位置】属性制作复杂的位移动画效果。完成的动画流程画面如图1.16所示。

知识点
1. 文本的使用
2. 文字位移动画的制作

图1.16 动画流程画面

难易程度：★★☆☆☆
工程文件：下载文件\工程文件\第1章\位置动画
视频位置：下载文件\movie\实例002 复杂的位移动画.avi

操作步骤

步骤 01 执行菜单栏中的【文件】|【打开项目】命令，选择下载文件中的"工程文件\第1章\位置动画\位置动画练习.aep"文件并打开。

步骤 02 执行菜单栏中的【图层】|【新建】|【文本】命令，新建文字层，输入"A"，设置文字字体为Arial，字号为100像素，字体颜色为浅蓝色（R:143，G:235，B:255）。

步骤 03 将时间调整到00:00:00:00帧的位置，在时间线面板中选中"A"层，按Ctrl+D组合键，复制出另外5个文字层，并将其分别更改为"R""A""T""A""V"。将时间调整到00:00:00:00帧的位置，选中"R""A""T""A""V""A"层，按P键打开【位置】属性，从上向下依次设置【位置】的值为（486，-18）、（754，-24）、（798，288）、（331，-65）、（150，708）、（-228，314），同时单击【位置】左侧的码表按钮，在当前位置设置关键帧，如图1.17所示；合成窗口效果如图1.18所示。

步骤 04 将时间调整到00:00:00:03帧的位置，设置【位置】的值为（486，482）、（396，480）、（319，492）、（236，481）、（150，484）、（65，481），系统会自动设置关键帧，如图1.19所示；合成窗口效果如图1.20所示。

图1.17 设置【位置】关键帧

图1.18 设置【位置】关键帧后效果

图1.19 设置【位置】3秒关键帧

图1.20 设置【位置】关键帧后效果

图1.21 设置关键帧辅助

步骤 05 在时间线面板中依次从下向上选中文字层，执行菜单栏中的【动画】|【关键帧辅助】|【序列图层】命令，打开【序列图层】对话框，设置【持续时间】为00:00:01:22，如图1.21所示。单击【确定】按钮，时间线面板如图1.22所示。

图1.22 设置关键帧辅助后的时间线面板

步骤 06 这样就完成了复杂位移动画的整体制作，按小键盘上的"0"键，即可在合成窗口中预览动画。

实例003 制作卷轴动画

特效解析 本例主要讲解利用【位置】属性制作卷轴动画效果。完成的动画流程画面如图1.23所示。

知识点
1. 设置【位置】参数
2. 设置【不透明度】参数

图1.23 动画流程画面

难易程度：★★☆☆☆
工程文件：下载文件\工程文件\第1章\卷轴动画
视频位置：下载文件\movie\实例003 制作卷轴动画.avi

操作步骤

步骤 01 执行菜单栏中的【文件】|【打开项目】命令，选择下载文件中的"工程文件\第1章\卷轴动画\卷轴动画练习.aep"文件并打开。

步骤 02 打开"卷轴动画"合成，在【项目】面板中选择"卷轴/南江1"合成，将其拖动到时间线面板中。

步骤 03 在时间线面板中选择"卷轴/南江1"层，将时间调整到00:00:01:00帧的位置，按P键打开【位置】属性，设置【位置】的值为（379，288），单击【位置】左侧的码表 ⏱ 按钮，在当前位置设置关键帧。

步骤 04 将时间调整到00:00:01:15帧的位置，设置【位置】的值为（684，288），系统会自动设置

关键帧，如图1.24所示；合成窗口效果如图1.25所示。

图1.24 设置【位置】关键帧

图1.25 设置【位置】关键帧后效果

步骤 05 在时间线面板中选择"卷轴/南江1"层，将时间调整到00:00:00:15帧的位置，按T键打开【不透明度】属性，设置【不透明度】的值为0，单击【不透明度】左侧的码表█按钮，在当前位置设置关键帧。

步骤 06 将时间调整到00:00:01:00帧的位置，设置【不透明度】的值为100%，系统会自动设置关键帧。

步骤 07 在【项目】面板中选择"卷轴/南江2"合成，将其拖动到"卷轴动画"合成的时间线面板中，利用相同的方法设置参数，如图1.26所示；合成窗口效果如图1.27所示。

图1.26 设置"卷轴/南江2"参数

图1.27 合成窗口效果

步骤 08 这样就完成了卷轴动画的整体制作，按小键盘上的"0"键，即可在合成窗口中预览动画。

实例004 基础缩放动画

| 特效解析 | 本例主要讲解利用【缩放】属性制作基础缩放动画效果。完成的动画流程画面如图1.28所示。 | 知识点 | 1. 设置【缩放】参数
2. 关键帧的选择 |

图1.28 动画流程画面

难易程度：★☆☆☆☆
工程文件：下载文件\工程文件\第1章\基础缩放动画
视频位置：下载文件\movie\实例004 基础缩放动画.avi

操作步骤

步骤 01 执行菜单栏中的【文件】|【打开项目】命令，选择下载文件中的"工程文件\第1章\基础缩放动画\缩放动画练习.aep"文件并打开。

步骤 02 将时间调整到00:00:00:00帧的位置，选择"美"层，按S键展开【缩放】属性，设置【缩放】的值为（800，800），并单击【缩放】左侧的码表█按钮，在当前位置设置关键帧，如图1.29所示。

图1.29 设置【缩放】关键帧

步骤 03 将时间调整到00:00:00:05帧的位置，设置【缩放】的值为（100，100），系统会自动设置关键帧，如图1.30所示。

图1.30 设置【位置】5秒关键帧

步骤 04 利用复制、粘贴命令，快速制作其他文字的缩放效果。在时间线面板中单击"美"层【缩放】名称位置，选择所有【缩放】关键帧，然后按Ctrl + C组合键复制关键帧，如图1.31所示。

图1.31 复制【缩放】关键帧

步骤 05 选择"景"层，确认当前时间为00:00:00:05帧，按Ctrl + V组合键，将复制的关键帧粘贴在"景"层中，如图1.32所示。

步骤 06 将时间调整到00:00:00:10帧位置，选择"如"层，按Ctrl + V组合键粘贴【缩放】关键帧；再将时间调整到00:00:00:15帧的位置，选择"画"层，按Ctrl + V组合键粘贴【缩放】关键帧，如图1.33所示。

图1.32 粘贴【缩放】关键帧

图1.33 制作其他缩放动画

步骤 07 这样就完成了基础缩放动画的整体制作，按小键盘上的"0"键，即可在合成窗口中预览动画。

实例005 文字缩放动画

特效解析 本例主要讲解利用【缩放】属性制作文字缩放动画的效果。完成的动画流程画面如图1.34所示。

知识点
1. 设置【缩放】参数
2. 关键帧助理

图1.34 动画流程画面

难易程度：★☆☆☆☆
工程文件：下载文件\工程文件\第1章\缩放动画
视频位置：下载文件\movie\实例005 文字缩放动画.avi

操作步骤

步骤 01 执行菜单栏中的【文件】|【打开项目】命令，选择下载文件中的"工程文件\第1章\缩放动画\缩放动画练习.aep"文件并打开。

步骤 02 执行菜单栏中的【图层】|【新建】|【文本】命令，新建文字层，输入"GANGSTER"，设置文字字体为Garamond，字号为35像素，字体颜色为白色。

步骤 03 将时间调整到00:00:00:00帧的位置，选中GANGSTER层，按S键打开【缩放】属性，设置【缩放】的值为（9500，9500），并单击【缩放】左侧的码表按钮，在当前位置设置关键帧。

步骤 04 将时间调整到00:00:01:00帧的位置，设置【缩放】的值为（100，100），系统会自动设置关键帧，如图1.35所示；合成窗口效果如图1.36所示。

图1.35 设置【缩放】关键帧

图1.36 设置【缩放】关键帧后的效果

步骤05 选中GANGSTER层的所有关键帧，执行菜单栏中的【动画】|【关键帧辅助】|【指数比例】命令，以指数比例的形式添加关键帧，如图1.37所示。

图1.37 添加指数比例关键帧

步骤06 这样就完成了文字缩放动画的整体制作，按小键盘上的"0"键，即可在合成窗口中预览动画。

实例006 跳动音符

特效解析 本例主要讲解利用【缩放】属性制作跳动的音符效果。完成的动画流程画面如图1.38所示。

知识点
1. 设置【缩放】参数
2. 【发光】特效

图1.38 动画流程画面

难易程度：★★☆☆☆
工程文件：下载文件\工程文件\第1章\跳动音符
视频位置：下载文件\movie\实例006 制作跳动音符.avi

操作步骤

步骤01 执行菜单栏中的【文件】|【打开项目】命令，选择下载文件中的"工程文件\第1章\跳动音符\跳动音符练习.aep"文件并打开。

步骤02 执行菜单栏中的【图层】|【新建】|【文本】命令，输入"IIIIIIIIIIIIII"，在【字符】面板中设置文字字体为Franklin Gothic Medium Cond，字号为75像素，字符间距为100，字体颜色为蓝色（R:17，G:163，B:238），如图1.39所示；画面效果如图1.40所示。

图1.39 设置字体参数　　图1.40 设置字体后的效果

步骤 03 将时间调整到00:00:00:00帧的位置，在工具栏中选择【矩形工具】，在文字层上绘制一个矩形路径，如图1.41所示。

图1.41 绘制矩形路径

步骤 04 展开"IIIIIIIIIIIII"层，单击【文本】右侧的【动画】按钮，从弹出的菜单中选择【缩放】命令，单击【缩放】左侧的【约束比例】按钮取消约束，并设置【缩放】的值为（100，234）；单击【动画制作工具1】右侧的按钮，从弹出菜单中选择【选择器】|【摆动】命令，如图1.42所示。

步骤 05 为"IIIIIIIIIIIII"层添加【发光】特效。在【效果和预设】面板中展开【风格化】特效组，然后双击【发光】特效。

步骤 06 在【效果控件】面板中修改【发光】特效

的参数，设置【发光半径】的值为45，如图1.43所示；合成窗口效果如图1.44所示。

图1.42 设置【缩放】参数

图1.43 设置【发光】特效的参数 　图1.44 设置【发光】特效参数后的效果

步骤 07 这样就完成了跳动的音符动画的整体制作，按小键盘上的"0"键，即可在合成窗口中预览动画。

实例007 基础旋转动画

特效解析 本例主要讲解利用【旋转】属性制作齿轮旋转动画效果。完成的动画流程画面如图1.45所示。

知识点
1. 设置【旋转】参数
2. 旋转动画的制作

图1.45 动画流程画面

难易程度：★☆☆☆☆
工程文件：下载文件\工程文件\第1章\旋转动画
视频位置：下载文件\movie\实例007 基础旋转动画.avi

操作步骤

步骤 01 执行菜单栏中的【文件】|【打开项目】命令，选择下载文件中的"工程文件\第1章\旋转动画\旋转动画练习.aep"文件并打开。

步骤 02 将时间调整到00:00:00:00帧的位置，选择

"齿轮1""齿轮2""齿轮3""齿轮4"和"齿轮5"层，按R键打开【旋转】属性，设置【旋转】的值为0，单击【旋转】左侧的码表按钮，在当前位置设置关键帧，如图1.46所示。

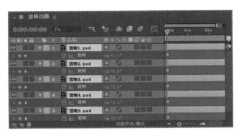

图1.46 设置【旋转】关键帧

步骤 03 将时间调整到00:00:02:24帧的位置，设置"齿轮1"层【旋转】的值为-1x；设置"齿轮2"层【旋转】的值为-1x；设置"齿轮3"层【旋转】的值为-1x；设置"齿轮4"层【旋转】的值

为1x；设置"齿轮5"层【旋转】的值为1x，如图1.47所示。

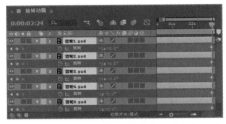

图1.47 在00:00:02:24帧位置设置【旋转】参数

步骤 04 这样就完成了基础旋转动画的整体制作，按小键盘上的"0"键，即可在合成窗口中预览动画。

实例008 缩放旋转动画

特效解析 本例主要讲解利用【缩放】和【旋转】属性制作缩放旋转动画效果。完成的动画流程画面如图1.48所示。

知识点
1. 设置【旋转】参数
2. 设置【不透明度】参数

图1.48 动画流程画面

难易程度：★☆☆☆☆
工程文件：下载文件\工程文件\第1章\缩放旋转动画
视频位置：下载文件\movie\实例008 缩放旋转动画.avi

操作步骤

步骤 01 执行菜单栏中的【文件】|【打开项目】命令，选择下载文件中的"工程文件\第1章\缩放旋转动画\缩放旋转动画练习.aep"文件并打开。

步骤 02 在时间线面板中选择"吉祥如意"层，将时间调整到00:00:00:00帧的位置，设置【缩放】的值为（1000，1000），【不透明度】的值为0，单击【缩放】和【不透明度】左侧的码表按钮，在当前位置设置关键帧。

步骤 03 将时间调整到00:00:02:03帧的位置，设置【缩放】的值为（100，100），系统会自动设置关键帧，如图1.49所示。

图1.49 设置【缩放】关键帧

步骤 04 将时间调整到00:00:00:14帧的位置，设置【不透明度】的值为100%，系统会自动设置关键帧，如图1.50所示；合成窗口效果如图1.51所示。

图1.50 设置【不透明度】关键帧

图1.51 设置【不透明度】关键帧后的效果

在时间线面板中选择"元素"层，将时间调整到00:00:00:00帧的位置，按R键打开【旋转】属性，设置【旋转】的值为0，单击【旋转】左侧的码表■按钮，在当前位置设置关键帧。

步骤 06 将时间调整到00:00:09:24帧的位置，设置

【旋转】的值为5x，系统会自动设置关键帧，如图1.52所示；合成窗口效果如图1.53所示。

图1.52 设置旋转的值

图1.53 设置旋转后效果

步骤 07 这样就完成了缩放旋转动画的整体制作，按小键盘上的"0"键，即可在合成窗口中预览动画。

实例009 调整运动曲线

特效解析 本例主要讲解利用【图表编辑器】属性制作运动曲线效果。完成的动画流程画面如图1.54所示。

知识点
1. 【图表编辑器】属性
2. 【梯度渐变】特效

图1.54 动画流程画面

难易程度：★★☆☆☆
工程文件：下载文件\工程文件\第1章\运动曲线
视频位置：下载文件\movie\实例009 调整运动曲线.avi

操作步骤

步骤 01 执行菜单栏中的【文件】|【打开项目】命令，选择下载文件中的"工程文件\第1章\运动曲线\运动曲线练习.aep"文件并打开。

步骤 02 执行菜单栏中的【图层】|【新建】|【纯色】命令，打开【纯色设置】对话框，设置【名称】为"小球"，【颜色】为白色。

步骤 03 选择"小球"层，在工具栏中选择【椭圆工

具】■，在图层上绘制一个圆形。为"小球"层添加【梯度渐变】特效，在【效果和预设】面板中展开【生成】特效组，然后双击【梯度渐变】特效。

步骤 04 在【效果控件】面板中修改【梯度渐变】特效的参数，设置【渐变起点】的值为（362，289），【起始颜色】为白色，【渐变终点】的值为（290，270），【结束颜色】为绿色（R:23，

G:99，B:0），并从【渐变形状】下拉列表框中选择【径向渐变】选项，如图1.55所示；合成窗口效果如图1.56所示。

图1.55 设置【梯度渐变】特效参数　图1.56 设置【梯度渐变】
特效后效果

步骤 05 在时间线面板中选中"小球"层，将时间调整到00:00:00:00帧的位置，按P键打开【位置】属性，设置【位置】的值为（-50，-40），单击【位置】左侧的码表按钮，在当前位置设置关键帧。

步骤 06 将时间调整到00:00:00:16帧的位置，设置【位置】的值为（268，432），系统自动设置关键帧。

步骤 07 将时间调整到00:00:01:13帧的位置，设置【位置】的值为（1096，408），如图1.57所示。

图1.57 设置【位置】关键帧

步骤 08 在时间线面板中选中"小球"层，单击【图表编辑器】按钮，调整小球的形状，如图1.58所示。

图1.58 设置小球的形状

步骤 09 这样就完成了运动曲线动画的整体制作，按小键盘上的"0"键，即可在合成窗口中预览动画。

实例010 父子跟踪动画

特效解析　本例主要讲解利用父级绑定和【指数比例】命令制作跟踪动画。完成的动画流程画面如图1.59所示。

知识点　1. 父级绑定
2.【指数比例】命令

图1.59 动画流程画面

难易程度：★★☆☆☆
工程文件：下载文件\工程文件\第1章\放逐梦想
视频位置：下载文件\movie\实例010 父子跟踪动画.avi

操作步骤

步骤 01 执行菜单栏中的【文件】|【打开项目】命令，选择下载文件中的"工程文件\第1章\放逐梦想\放逐梦想练习.aep"文件并打开。

步骤 02 执行菜单栏中的【图层】|【新建】|【文本】命令，新建文字层，输入"ZOOM"，设置文字字体为Impact，字号为320像素，字体颜色为白色，如图1.60所示；合成窗口效果如图1.61所示。

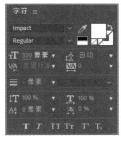

图1.60 设置字体参数　　图1.61 设置字体后效果

步骤03 选择"ZOOM"层，在【效果和预设】面板中展开【生成】特效组，然后双击【梯度渐变】特效。

步骤04 在【效果控件】面板中修改【梯度渐变】特效的参数，设置【渐变起点】的值为（360，0），【起始颜色】为橘色（R:255，G:192，B:0），【渐变终点】的值为（360，405），【结束颜色】为橙色（R:255，G:108，B:0），如图1.62所示；合成窗口效果如图1.63所示。

图1.62 设置【梯度渐变】特效的参数 图1.63 设置【梯度渐变】特效后效果

步骤05 在时间线面板中选择"ZOOM"层，将时间调整到00:00:00:00帧的位置，设置【位置】的值为（10，405），【缩放】的值为（100，100），单击【位置】和【缩放】左侧的码表■按钮，在当前位置设置关键帧，如图1.64所示；合成窗口效果如图1.65所示。

图1.64 设置【位置】和【缩放】参数 图1.65 设置属性参数后效果

步骤06 将时间调整到00:00:04:24帧的位置，设置【位置】的值为（-796，814），【缩放】的值为（1696，1696），系统会自动设置关键帧，如图1.66所示；合成窗口效果如图1.67所示。

图1.66 设置【位置】和【缩放】关键帧

图1.67 设置【位置】和【缩放】关键帧后效果

步骤07 在时间线面板中选择"ZOOM"层，单击【缩放】名称选中所有关键帧，然后在关键帧上单击鼠标右键，从弹出的快捷菜单中选择【关键帧辅助】|【指数比例】命令，应用指数比例后将添加多个关键帧，如图1.68所示。

图1.68 设置【指数比例】添加关键帧

步骤08 在时间线面板中选择"ZOOM"层，按Ctrl+D组合键复制出另一个新的图层，并将该图层重命名为"ZOOM 2"，然后删除所有关键帧，设置【缩放】的值为（5，5），【位置】的值为（93，356），如图1.69所示；合成窗口效果如图1.70所示。

图1.69 复制新图层并设置属性参数

图1.70 设置属性参数后效果

步骤09 在时间线面板中设置"ZOOM 2"层的子物体为"2.OOM"，如图1.71所示。

图1.71 设置子物体

步骤10 这样就完成了父子跟踪动画的整体制作，按小键盘上的"0"键，即可在合成窗口中预览动画。

第2章 蒙版与过渡转场动画

内容摘要

　　本章主要讲解【蒙版】、【形状图层】和【过渡转场】命令在动画中的运用。通过对本章内容的学习，读者可以掌握蒙版、形状图层及过渡转场动画的制作技巧。

教学目标

◆ 了解蒙版的创建
◆ 了解形状图层的使用
◆ 掌握蒙版的调整
◆ 掌握过渡转场特效的使用

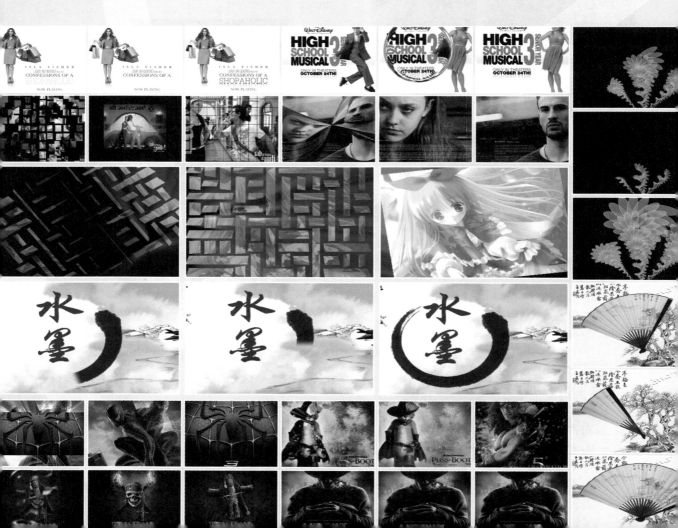

实例011 利用【轨道遮罩】制作扫光文字效果

特效解析 本例主要讲解利用【轨道遮罩】制作扫光文字动画效果。完成的动画流程画面如图2.1所示。

知识点
1.【钢笔工具】
2.【轨道遮罩】

图2.1 动画流程画面

难易程度：★★☆☆☆
工程文件：下载文件\工程文件\第2章\扫光文字效果
视频位置：下载文件\movie\实例011 利用【轨道遮罩】制作扫光文字效果.avi

操作步骤

步骤 01 执行菜单栏中的【文件】|【打开项目】命令，选择下载文件中的"工程文件\第2章\扫光文字效果\扫光文字效果练习.aep"文件并打开。

步骤 02 执行菜单栏中的【图层】|【新建】|【文本】命令，输入"A NIGHTMARE ON ELM STREET"，在【字符】面板中设置文字字号为40像素，字体颜色为红色（R:255，G:0，B:0），如图2.2所示；文字设置后的效果如图2.3所示。

图2.2 设置字体参数

图2.3 设置字体后的效果

步骤 03 执行菜单栏中的【图层】|【新建】|【纯色】命令，打开【纯色设置】对话框，设置【名称】为"光"，【颜色】为白色。

步骤 04 选中"光"层，在工具栏中选择【钢笔工具】，在图层上绘制一个长方形路径。按F键打开【蒙版羽化】属性，设置【蒙版羽化】的值为（16，16），效果如图2.4所示。

图2.4 蒙版羽化效果

步骤 05 选中"光"层，将时间调整到00:00:00:00帧的位置，按P键打开【位置】属性，设置【位置】的值为（304，254），单击【位置】左侧的码表按钮，在当前位置设置关键帧。

步骤 06 将时间调整到00:00:01:15帧的位置，设置【位置】的值为（840，332），系统会自动设置关键帧，如图2.5所示。

图2.5 设置【位置】关键帧

步骤 07 在时间线面板中，将"光"层拖动到文字层下面，并设置"光"层的【轨道遮罩】为【Alpha 遮罩"ANIGHTMARE ON ELM STREET"】，如图2.6所示；合成窗口效果如图2.7所示。

图2.6 设置【轨道遮罩】

图2.8 调整文字层顺序

图2.7 设置【轨道遮罩】后的效果

图2.9 扫光效果

步骤08 选中文字层，按Ctrl+D组合键复制出一个新的文字层，将其拖动到"光"层下面并显示，如图2.8所示；合成窗口效果如图2.9所示。

步骤09 这样就完成了利用【轨道遮罩】制作扫光文字效果的整体制作，按小键盘上的"0"键，即可在合成窗口中预览动画。

实例012 利用【矩形工具】制作文字倒影

特效解析 本例主要讲解利用【矩形工具】■制作文字倒影效果。完成的动画流程画面如图2.10所示。

知识点
1.【矩形工具】■
2.【蒙版羽化】

图2.10 动画流程画面

难易程度：★☆☆☆☆
工程文件：下载文件\工程文件\第2章\文字倒影
视频位置：下载文件\movie\实例012 利用【矩形工具】制作文字倒影.avi

操作步骤

步骤01 执行菜单栏中的【文件】|【打开项目】命令，选择下载文件中的"工程文件\第2章\文字倒影\文字倒影练习.aep"文件并打开。

步骤02 执行菜单栏中的【图层】|【新建】|【文本】命令，输入"SHOPAHOLIC"，在【字符】面板中设置文字字体为DilleniaUPC，字号为90像素，字体颜色为红色（R:240，G:9，B:8）。

步骤03 为"SHOPAHOLIC"层添加【投影】特效。在【效果和预设】面板中展开【透视】特效组，然后双击【投影】特效。

步骤04 在【效果控件】面板中修改【投影】特效的参数，设置【距离】的值为1，如图2.11所示。

步骤05 选中"SHOPAHOLIC"层，按Ctrl+D组合键将其复制一份，并重命名为"SHOPAHOLIC

2"层。选择"SHOPAHOLIC 2"层,在【效果控件】面板中删除【投影】特效,然后在时间线面板中单击【缩放】左侧的【约束比例】■按钮取消约束,并设置【缩放】的值为(100,-100),合成窗口效果如图2.12所示。

图2.11 设置【投影】特效的参数　图2.12 设置【缩放】参数后的效果

步骤 06 选中"SHOPAHOLIC 2"层,在工具栏中选择【矩形工具】■,在文字层上绘制一个矩形路径,如图2.13所示。选中【蒙版 1】右侧的【反转】复选框,按F键打开【蒙版羽化】属性,设置【蒙版羽化】的值为(38,38),效果如图2.14所示。

步骤 07 选中"SHOPAHOLIC 2"和"SHOPAHOLIC"层,将时间调整到00:00:01:00帧的位置,按T键打开【不透明度】属性,设置【不透明度】的值为1%,

单击【不透明度】左侧的码表■按钮,在当前位置设置关键帧。

图2.13 绘制矩形路径　　图2.14 蒙版羽化效果

步骤 08 将时间调整到00:00:02:15帧的位置,设置【不透明度】的值为100%,系统会自动设置关键帧,如图2.15所示。

图2.15 设置【不透明度】关键帧

步骤 09 这样就完成了利用【矩形工具】制作文字倒影效果的整体制作,按小键盘上的"0"键,即可在合成窗口中预览动画。

实例013 利用【形状图层】制作生长动画

特效解析 本例主要讲解利用【形状图层】制作生长动画效果。完成的动画流程画面如图2.16所示。

知识点 1.【椭圆工具】■
2.【形状图层】

图2.16 动画流程画面

难易程度:★★★☆☆
工程文件:下载文件\工程文件\第2章\生长动画
视频位置:下载文件\movie\实例013 利用【形状图层】制作生长动画.avi

操作步骤

步骤 01 执行菜单栏中的【合成】|【新建合成】命令,打开【合成设置】对话框,设置【合成名称】为"生长动画",【宽度】为720,【高

度】为576,【帧速率】为25,【持续时间】为00:00:05:00秒。

步骤 02 选择工具栏中的【椭圆工具】■,在合成窗口中绘制一个椭圆形路径,如图2.17所示。

图2.17 绘制椭圆形路径

步骤 03 选中"形状图层 1"层，设置【锚点】的值为（-57，-10），【位置】的值为（344，202），【旋转】的值为-90，如图2.18所示；合成窗口效果如图2.19所示。

图2.18 设置属性参数

图2.19 设置属性参数后的效果

步骤 04 在时间线面板中展开【形状图层1】|【内容】|【椭圆 1】|【椭圆路径1】选项组，单击【大小】左侧的【约束比例】 按钮取消约束，设置【大小】的值为（60，172），如图2.20所示。

图2.20 设置【椭圆路径1】选项组参数

步骤 05 展开【变换：椭圆 1】选项组，设置【位置】的值为（-58，-96），如图2.21所示。

图2.21 设置【变换：椭圆 1】选项组参数

步骤 06 单击【内容】右侧的【添加】 按钮，从弹出的菜单中选择【中继器】命令，然后展开【中继器 1】选项组，设置【副本】的值为150，从【合成】下拉列表框中选择【之上】选项；将时间调整到00:00:00:00帧的位置，设置【偏

移】的值为150，单击【偏移】左侧的码表 按钮，在当前位置设置关键帧。

步骤 07 将时间调整到00:00:03:00帧的位置，设置【偏移】的值为0，系统会自动设置关键帧，如图2.22所示。

图2.22 设置【偏移】关键帧

步骤 08 展开【变换：中继器 1】选项组，设置【位置】的值为（-4，0），【缩放】的值为（-98，-98），【旋转】的值为12，【起始点不透明度】的值为70%，如图2.23所示；合成窗口效果如图2.24所示。

图2.23 设置【变换：中继器1】选项组参数

图2.24 设置【变换：中继器1】参数后效果

步骤 09 选中"形状图层 1"层，单击工具栏中的【填充】文字，打开【填充选项】对话框，单击【径向渐变】 按钮，单击【确定】按钮，然后单击【填充】右侧的颜色块，打开【渐变编辑器】对话框，设置从淡紫色（R:255，G:0，B:192）到淡橘色（R:255，G:164，B:104）的渐变，单击【确定】按钮，如图2.25所示。

图2.25 【渐变编辑器】对话框

步骤10 选中"形状图层 1"层，按Ctrl+D组合键复制出两个新的形状图层，并分别重命名为"形状图层 2"和"形状图层3"层，然后修改其【位置】、【缩放】和【旋转】的参数，如图2.26所示；修改不同的渐变填充后合成窗口效果如图2.27所示。

步骤11 这样就完成了利用【形状图层】制作生长动画的整体制作，按小键盘上的"0"键，即可在合成窗口中预览动画。

图2.26 设置属性参数

图2.27 设置属性参数后效果

实例014　利用蒙版制作打开的折扇

特效解析 本例主要讲解利用蒙版制作打开的折扇效果。完成的动画流程画面如图2.28所示。

知识点
1.【向后平移（锚点）工具】
2.【选取工具】
3.【钢笔工具】

图2.28 动画流程画面

难易程度：★★★☆☆
工程文件：下载文件\工程文件\第2章\打开的折扇
视频位置：下载文件\movie\实例014 利用蒙版制作打开的折扇.avi

操作步骤

步骤01 执行菜单栏中的【文件】|【导入】|【文件】命令，打开【导入文件】对话框，选择下载文件中的"工程文件\第2章\打开的折扇\折扇.psd"文件，如图2.29所示。

步骤02 在【导入文件】对话框中单击【导入】按钮，打开"折扇.psd"对话框，在【导入种类】下拉列表框中选择【合成】选项，如图2.30所示。

步骤03 单击【确定】按钮，将素材导入到【项目】面板中，如图2.31所示，从中可以看到导入的"折扇"合成文件和一个文件夹。

步骤04 在【项目】面板中选择"折扇"合成文件，按Ctrl+K组合键快速打开【合成设置】对话框，设置【持续时间】为3秒。

步骤05 双击打开"折扇"合成，从该【合成】窗口可以看到合成素材的显示效果，如图2.32所示。

图2.29 【导入文件】对话框　图2.30 "折扇.psd"对话框

图2.31 导入的素材　图2.32 素材显示效果

步骤 06 此时，从时间线面板中可以看到导入合成中所带的三个层，分别是"扇柄""扇面"和"背景"，如图2.33所示。

图2.33 层分布

步骤 07 选择"扇柄"层，单击工具栏中的【向后平移（锚点）工具】 ![按钮] 按钮，在【合成】窗口中选择中心点并将其移动到扇柄的旋转位置，如图2.34所示。也可以通过设置时间线面板中的"扇柄"层参数来修改定位点的位置，如图2.35所示。

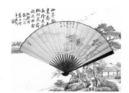

图2.34 操作过程

图2.35 定位点参数设置

步骤 08 将时间调整到00:00:00:00的位置，添加关键帧。在时间线面板中单击【旋转】左侧的码表 ![按钮] 按钮，在当前时间为【旋转】设置一个关键帧并修改【旋转】的值为-129°，如图2.36所示。这样就将扇柄旋转到了合适的位置，如图2.37所示。

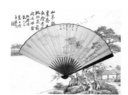

图2.36 设置关键帧

图2.37 旋转扇柄位置

步骤 09 将时间调整到00:00:02:00帧位置，在时间

线面板中修改【旋转】的值为0，系统将自动创建关键帧，如图2.38所示；扇柄旋转后的效果如图2.39所示。

图2.38 设置【旋转】参数

步骤 10 此时，拖动时间滑块或播放动画可以看到扇柄的旋转效果，其中几帧画面如图2.40所示。

图2.39 扇柄旋转效果

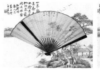 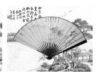

图2.40 其中几帧画面

步骤 11 选择"扇面"层，单击工具栏中的【钢笔工具】 ![按钮] 按钮，在图层上绘制一个蒙版轮廓，如图2.41所示。

图2.41 绘制蒙版轮廓

步骤 12 将时间调整到00:00:00:00帧的位置，在【蒙版 1】选项中单击【蒙版路径】左侧的码表 ![按钮] 按钮，在当前时间添加一个关键帧，如图2.42所示。

图2.42 在00:00:00:00帧位置添加关键帧

步骤 13 将时间调整到00:00:00:12帧位置，在【合成】窗口中利用【选取工具】 ![按钮] 选择节点并进行调整，然后在路径适当的位置利用【添加"顶点"

工具】添加节点，效果如图2.43所示。

步骤 14 利用【选取工具】将添加的节点向上移动，以完整显示扇面，如图2.44所示。

图2.43 添加节点效果　　图2.44 移动节点位置

步骤 15 将时间调整到00:00:01:00帧位置，在【合成】窗口中使用【选取工具】选择节点并进行调整，然后在路径适当的位置利用【添加"顶点"工具】添加节点，以更好地调整蒙版轮廓，系统将在当前时间自动添加关键帧，调整后的效果如图2.45所示。

图2.45 00:00:01:00帧位置的调整效果

步骤 16 分别将时间调整到00:00:01:12帧和0:00:02:00帧的位置，利用相同的方法调整并添加节点，以制作扇面展开动画，两帧的调整效果分别如图2.46和图2.47所示。

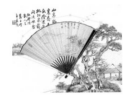

图2.46 展开动画　　图2.47 调整效果

步骤 17 此时，拖动时间滑块或播放动画可以看到扇面的展开动画效果，其中几帧画面如图2.48所示。

图2.48 其中几帧画面

步骤 18 从播放的动画中可以看到，虽然扇面出现了动画展开效果，但扇柄（手握位置）并没有出现，不符合现实，下面就来制作扇柄（手握位置）的动画效果。选择"扇面"层，单击工具栏中的【钢笔工具】按钮，在该层图像上绘制一个蒙版轮廓，如图2.49所示。

图2.49 绘制蒙版轮廓

步骤 19 将时间调整到00:00:00:00帧的位置，在时间线面板中展开"扇面"层选项列表，在"蒙版2"选项组中单击【蒙版路径】左侧的码表按钮，在当前时间添加一个关键帧，如图2.50所示。

图2.50 添加关键帧

步骤 20 将时间调整到00:00:01:00帧的位置，参考扇柄旋转的轨迹，调整蒙版路径的形状，如图2.51所示。

步骤 21 将时间调整到0:00:02:00帧的位置，参考扇柄旋转的轨迹，使用【选取工具】选择节点并进行调整，然后在路径适当的位置利用【添加"顶点"工具】添加节点，调整后的效果如图2.52所示。

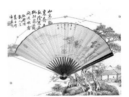

图2.51 调整蒙版路径的形状　　图2.52 调整后效果

步骤 22 此时，从时间线面板可以看到所有关键帧的位置，如图2.53所示。

图2.53 关键帧位置

步骤 23 至此，就完成了打开的折扇动画的制作，按小键盘上的"0"键，即可在合成窗口中预览动画。

实例015 利用【CC玻璃擦除】特效制作转场动画

特效解析 本例主要讲解利用CC Glass Wipe（CC玻璃擦除）特效制作转场动画效果。完成的动画流程画面如图2.54所示。

知识点 【CC玻璃擦除】特效

图2.54 动画流程画面

难易程度：★☆☆☆☆
工程文件：下载文件\工程文件\第2章\转场动画
视频位置：下载文件\movie\实例015 利用【CC玻璃擦除】特效制作转场动画.avi

操作步骤

步骤01 执行菜单栏中的【文件】|【打开项目】命令，选择下载文件中的"工程文件\第2章\转场动画\转场动画练习.aep"文件并打开。

步骤02 选择"图1.jpg"层，在【效果和预设】面板中展开【过渡】特效组，然后双击CC Glass Wipe（CC玻璃擦除）特效。

步骤03 在【效果控件】面板中修改CC Glass Wipe（CC玻璃擦除）特效的参数，从Layer to Reveal（显示层）下拉列表框中选择"图2"选项，从Gradient Layer（渐变层）下拉列表框中选择"图1"选项，设置Softness（柔化）的值为23，Displacement Amount（置换值）的值为13；将时间调整到00:00:00:00帧的位置，设置【过渡完成】的值为0，单击【过渡完成】左侧的码表按钮，在当前位置设置关键帧。

步骤04 将时间调整到00:00:01:13帧的位置，设置【过渡完成】的值为100%，系统会自动设置关键帧，如图2.55所示；合成窗口效果如图2.56所示。

图2.55 设置【CC玻璃擦除】特效参数

图2.56 设置【CC玻璃擦除】特效参数后效果

步骤05 这样就完成了利用CC Glass Wipe（CC玻璃擦除）特效制作转场动画的整体制作，按小键盘上的"0"键，即可在合成窗口中预览动画。

实例016 利用【CC 光线擦除】特效制作转场动画

特效解析 本例主要讲解利用CC Light Wipe（CC 光线擦除）特效制作转场效果。完成的动画流程画面如图2.57所示。

知识点 【CC 光线擦除】特效

图2.57 动画流程画面

难易程度：★☆☆☆☆
工程文件：下载文件\工程文件\第2章\过渡转场
视频位置：下载文件\movie\实例016 利用【CC 光线擦除】特效制作转场效果.avi

操作步骤

步骤 01 执行菜单栏中的【文件】|【打开项目】命令，选择下载文件中的"工程文件\第2章\过渡转场\过渡转场练习.aep"文件并打开。

步骤 02 选择"图1.jpg"层，在【效果和预设】面板中展开【过渡】特效组，然后双击CC Light Wipe（CC 光线擦除）特效。

步骤 03 在【效果控件】面板中修改CC Light Wipe（CC 光线擦除）特效的参数，从Shape（形状）下拉列表框中选择Doors（门）选项，选中Color from Source（颜色来源）复选框；将时间调整到00:00:00:00帧的位置，设置【过渡完成】的值为0，单击【过渡完成】左侧的码表 按钮，在当前位置设置关键帧。

步骤 04 将时间调整到00:00:02:00帧的位置，设置【过渡完成】的值为100%，系统会自动设置关键帧，如图2.58所示；合成窗口效果如图2.59所示。

图2.58 设置【CC 光线擦除】特效参数

图2.59 设置【CC 光线擦除】特效参数后效果

步骤 05 这样就完成了利用【CC 光线擦除】特效制作转场效果的整体制作，按小键盘上的"0"键，即可在合成窗口中预览动画。

实例017 利用【CC径向缩放擦除】特效制作转场动画

特效解析 本例主要讲解利用CC Radial ScaleWipe（CC径向缩放擦除）特效制作转场动画效果。完成的动画流程画面如图2.60所示。

知识点 【CC径向缩放擦除】特效

图2.60 动画流程画面

难易程度：★☆☆☆☆
工程文件：下载文件\工程文件\第2章\动画转场
视频位置：下载文件\movie\实例017 利用【CC径向缩放擦除】特效制作转场动画.avi

操作步骤

步骤01 执行菜单栏中的【文件】|【打开项目】命令，选择下载文件中的"工程文件\第2章\动画转场\动画转场练习.aep"文件并打开。

步骤02 选择"图1.jpg"层，在【效果和预设】面板中展开【过渡】特效组，然后双击CC Radial ScaleWipe（CC径向缩放擦除）特效。

步骤03 在【效果控件】面板中修改CC Radial ScaleWipe（CC径向缩放擦除）特效的参数，选中Reverse Transition（反向转换）复选框，设置Center（中心）的值为（304，230）；将时间调整到00:00:00:00帧的位置，设置【过渡完成】的值为0，单击【过渡完成】左侧的码表 ■ 按钮，在当前位置设置关键帧。

步骤04 将时间调整到00:00:01:19帧的位置，设置【过渡完成】的值为100%，系统会自动设置关键帧，如图2.61所示；合成窗口效果如图2.62所示。

图2.61 设置【CC径向缩放擦除】特效参数

图2.62 设置【CC径向缩放擦除】特效后效果

步骤05 这样就完成了利用【CC径向缩放擦除】特效制作转场动画的整体制作，按小键盘上的"0"键，即可在合成窗口中预览动画。

实例018 利用【CC 扭曲】特效制作转场动画

特效解析 本例主要讲解利用CC Twister（CC 扭曲）特效制作动画转场效果。完成的动画流程画面如图2.63所示。

知识点 CC Twister（CC 扭曲）特效

图2.63 动画流程画面

难易程度：★☆☆☆☆
工程文件：下载文件\工程文件\第2章\转场效果
视频位置：下载文件\movie\实例018 利用【CC 扭曲】特效制作动画转场.avi

操作步骤

步骤01 执行菜单栏中的【文件】|【打开项目】命令，选择下载文件中的"工程文件\第2章\转场效果\转场效果练习.aep"文件并打开。

步骤02 选择"图1"层，在【效果和预设】面板中展开【过渡】特效组，然后双击CC Twister（CC 扭曲）特效。

步骤03 在【效果控件】面板中修改CC Twister（CC 扭曲）特效的参数，从Backside（背面）下拉列表框中选择"图2.jpg"；将时间调整到00:00:00:00帧的位置，设置【过渡完成】的值为0，单击【过渡完成】左侧的码表按钮，在当前位置设置关键帧。

步骤04 将时间调整到00:00:02:00帧的位置，设置【过渡完成】的值为100%，系统会自动设置关键帧，如图2.64所示；合成窗口效果如图2.65所示。

图2.64 设置【CC 扭曲】特效参数

图2.65 设置【CC 扭曲】特效后效果

步骤05 这样就完成了利用【CC 扭曲】特效制作动画转场的整体制作，按小键盘上的"0"键，即可在合成窗口中预览动画。

实例019 利用【渐变擦除】和【线性擦除】特效制作过渡动画

特效解析	本例主要讲解利用【渐变擦除】和【线性擦除】特效制作过渡动画效果。完成的动画流程画面如图2.66所示。	知识点	1.【渐变擦除】特效 2.【线性擦除】特效

图2.66 动画流程画面

难易程度：★☆☆☆☆
工程文件：下载文件\工程文件\第2章\过渡动画
视频位置：下载文件\movie\实例019 利用【渐变擦除】和【线性擦除】特效制作过渡动画.avi

操作步骤

步骤01 执行菜单栏中的【文件】|【打开项目】命令，选择下载文件中的"工程文件\第2章\过渡动画\过渡动画练习.aep"文件并打开。

步骤02 选择"猫"层，在【效果和预设】面板中展开【过渡】特效组，然后双击【渐变擦除】特效。

步骤03 在【效果控件】面板中修改【渐变擦除】特效的参数，设置【过渡柔和度】的值为50%，从【渐变图层】下拉列表框中选择"猫.jpg"选项；将时间调整到00:00:00:00帧的位置，设置【过渡完成】的值为0，单击【过渡完成】左侧的码表█按钮，在当前位置设置关键帧。

步骤04 将时间调整到00:00:02:00帧的位置，设置【过渡完成】的值为100%，系统会自动设置关键帧。

步骤05 选中"骷髅"层，在【效果和预设】面板中展开【过渡】特效组，然后双击【线性擦除】特效。

步骤06 在【效果控件】面板中修改【线性擦除】特效的参数，将时间调整到00:00:02:00帧的位置，设置【过渡完成】的值为0，单击【过渡完成】左侧的码表█按钮，在当前位置设置关键帧。

步骤07 将时间调整到00:00:02:24帧的位置，设置

【过渡完成】的值为100%，系统会自动设置关键帧，如图2.67所示；合成窗口效果如图2.68所示。

图2.67 设置线性擦除参数

图2.68 设置线性擦除后效果

步骤08 这样就完成了利用【渐变擦除】和【线性擦除】特效制作过渡动画的整体制作，按小键盘上的"0"键，即可在合成窗口中预览动画。

实例020 利用【径向擦除】特效制作笔触擦除动画

特效解析
本例主要讲解利用【径向擦除】特效制作笔触擦除动画效果。完成的动画流程画面如图2.69所示。

知识点
【径向擦除】特效

图2.69 动画流程画面

难易程度：★☆☆☆☆
工程文件：下载文件\工程文件\第2章\笔触擦除动画
视频位置：下载文件\movie\实例020 利用【径向擦除】特效制作笔触擦除动画.avi

操作步骤

步骤01 执行菜单栏中的【文件】|【打开项目】命令，选择下载文件中的"工程文件\第2章\笔触擦除动画\笔触擦除动画练习.aep"文件并打开。

步骤02 选择"笔触.tga"层，在【效果和预设】面板中展开【过渡】特效组，然后双击【径向擦除】特效。

步骤03 在【效果控件】面板中修改【径向擦除】特效的参数，从【擦除】下拉列表框中选择【逆时针】选项，设置【羽化】的值为50；将时间调整到00:00:00:00帧的位置，设置【过渡完成】的值为100%，单击【过渡完成】左侧的码表■按钮，在当前位置设置关键帧。

步骤04 将时间调整到00:00:01:15帧的位置，设置【过渡完成】的值为0，系统会自动设置关键帧，如图2.70所示；合成窗口效果如图2.71所示。

图2.70 设置【径向擦除】特效参数

图2.71 设置【径向擦除】特效后效果

步骤05 这样就完成了利用【径向擦除】特效制作笔触擦除动画的整体制作，按小键盘上的"0"键，即可在合成窗口中预览动画。

实例021 利用【卡片擦除】特效制作拼合效果

特效解析 本例主要讲解利用【卡片擦除】特效制作拼合效果。完成的动画流程画面如图2.72所示。

知识点 【卡片擦除】特效

图2.72 动画流程画面

难易程度：★☆☆☆☆
工程文件：下载文件\工程文件\第2章\拼合效果
视频位置：下载文件\movie\实例021 利用【卡片擦除】特效制作拼合效果.avi

操作步骤

步骤01 执行菜单栏中的【文件】|【打开项目】命令，选择下载文件中的"工程文件\第2章\拼合效果\拼合效果练习.aep"文件并打开。

步骤02 选择"图.jpg"层，在【效果和预设】面板中展开【过渡】特效组，然后双击【卡片擦除】特效。

步骤03 在【效果控件】面板中修改【卡片擦除】特效的参数，将时间调整到00:00:00:08帧的位置，设置【过渡完成】的值为30%，【过渡宽度】的值为100%，单击【过渡完成】和【过渡宽度】左侧的码表■按钮，在当前位置设置关键帧，合成窗口效果如图2.73所示。

图2.73 设置【卡片擦除】特效后效果

步骤04 将时间调整到00:00:01:20帧的位置，设置【过渡完成】的值为100%，【过渡宽度】的值为0，系统会自动设置关键帧，如图2.74所示。

图2.74 设置1秒20帧关键帧

步骤05 从【翻转轴】下拉列表框中选择【随机】选项，从【翻转方向】下拉列表框中选择【正向】选项。

步骤06 展开【摄像机位置】选项组，设置【焦距】的值为65；将时间调整到00:00:00:00帧的位置，设置【Z轴旋转】的值为1x，单击【Z轴旋转】左侧的码表■按钮，在当前位置设置关键帧。

步骤07 将时间调整到00:00:01:22帧的位置，设置【Z轴旋转】的值为0，系统会自动设置关键帧，如图2.75所示；合成窗口效果如图2.76所示。

图2.75 设置【摄像机位置】选项组的参数

步骤08 选择"图.jpg"层，在【效果和预设】面板中展开Trapcode特效组，双击Shine（光）特效。

图2.76 设置【摄像机位置】参数后效果

步骤09 在【效果控件】面板中修改Shine（光）特效的参数，展开Pre-Process（预处理）选项组，将时间调整到00:00:00:00帧的位置，设置Source Point（源点）的值为（-24，286），单击Source Point（源点）左侧的码表■按钮，在当前位置设置关键帧。

步骤10 将时间调整到00:00:00:13帧的位置，设置Source Point（源点）的值为（546，406），系统会自动设置关键帧。

步骤11 将时间调整到00:00:01:06帧的位置，设置Source Point（源点）的值为（613，336）。

步骤12 将时间调整到00:00:01:20帧的位置，设置Source Point（源点）的值为（505，646），如图2.77所示；合成窗口效果如图2.78所示。

图2.77 设置【源点】参数

图2.78 设置【源点】参数后效果

步骤13 展开Shimmer（微光）选项组，设置Amount（数量）的值为180，Boost Light（光线亮度）的值为6.5；展开Colorize（着色）选项组，将时间调整到00:00:01:20帧的位置，设置Highlights（高光）为白色，单击Highlights（高光）左侧的码表■按钮，在当前位置设置关键帧。

步骤14 将时间调整到00:00:01:22帧的位置，设置Highlights（高光）为深蓝色（R:0，G:15，B:83），系统会自动设置关键帧。

步骤15 从Transfer Mode（转换模式）下拉列表框中选择Screen（屏幕）选项，如图2.79所示；合成窗口效果如图2.80所示。

图2.79 设置转换模式

图2.80 设置转换模式后效果

步骤16 这样就完成了利用【卡片擦除】特效制作拼合效果的整体制作，按小键盘上的"0"键，即可在合成窗口中预览动画。

实例022 利用【卡片擦除】特效制作动态卡片转场

特效解析 本例主要讲解利用【卡片擦除】特效制作动态卡片转场效果。完成的动画流程画面如图2.81所示。

知识点 【卡片擦除】特效

图2.81 动画流程画面

难易程度：★★☆☆☆
工程文件：下载文件\工程文件\第2章\卡片转场
视频位置：下载文件\movie\实例022 利用【卡片擦除】特效制作动态卡片转场.avi

操作步骤

步骤01 执行菜单栏中的【文件】|【打开项目】命令，选择下载文件中的"工程文件\第2章\卡片转场\卡片转场练习.aep"文件并打开。

步骤02 为"图1"层添加【卡片擦除】特效。在【效果和预设】面板中展开【过渡】特效组，然后双击【卡片擦除】特效，如图2.82所示；合成窗口效果如图2.83所示。

图2.82 添加【卡片擦除】特效

图2.83 卡片擦除效果

步骤03 在【效果控件】面板中修改【卡片擦除】特效的参数，设置【过渡宽度】的值为15%，从【背面图层】下拉列表框中选择"图2"选项，从【翻转轴】下拉列表框中选择【随机】选项；将

时间调整到00:00:00:00帧的位置，设置【过渡完成】的值为100%，【卡片缩放】的值为1，单击【过渡完成】和【卡片缩放】左侧的码表 ■ 按钮，在当前位置设置关键帧。

步骤04 将时间调整到00:00:04:24帧的位置，设置【过渡完成】的值为0，系统会自动设置关键帧，如图2.84所示。

图2.84 设置【过渡完成】关键帖参数

步骤05 将时间调整到00:00:01:00帧的位置，设置【卡片缩放】的值为0.6，系统会自动设置关键帧。

步骤06 将时间调整到00:00:04:24帧的位置，设置【卡片缩放】的值为1，如图2.85所示。

图2.85 设置【卡片缩放】关键帧参数

步骤07 展开【摄像机位置】选项组，设置【焦

距】的值为45，将时间调整到00:00:00:00帧的位置，设置【Z位置】的值为2，单击【Z位置】左侧的码表■按钮，在当前位置设置关键帧。

步骤 08 将时间调整到00:00:03:00帧的位置，设置【Z位置】的值为1.25，系统会自动设置关键帧，如图2.86所示；合成窗口效果如图2.87所示。

图2.86 设置摄像机位置参数

图2.87 设置摄像机位置后效果

步骤 09 展开【位置抖动】选项组，将时间调整到00:00:00:00帧的位置，设置【Z抖动量】的值为0，单击【Z抖动量】左侧的码表■按钮，在当前位置设置关键帧。

步骤 10 将时间调整到00:00:01:00帧的位置，设置

【Z抖动量】的值为10，系统会自动设置关键帧；将时间调整到00:00:03:00帧的位置，设置【Z抖动量】的值为10；将时间调整到00:00:04:00帧的位置，设置【Z抖动量】的值为0，如图2.88所示；合成窗口效果如图2.89所示。

图2.88 设置【Z抖动量】参数

图2.89 设置后的效果

步骤 11 这样就完成了动态卡片转场效果的整体制作，按小键盘上的"0"键，即可在合成窗口中预览动画。

第3章 音频与灯光控制

内容摘要

本章主要讲解音频特效与灯光的使用方法。音频的添加能增强影片的情感表现，而音频特效的添加则能更好地控制情感的体现；灯光主要用于渲染场景的气氛，也有加强情感的作用。

教学目标

◆ 掌握【音频频谱】特效的使用
◆ 掌握【音频波形】特效的使用
◆ 掌握【无线电波】特效的使用

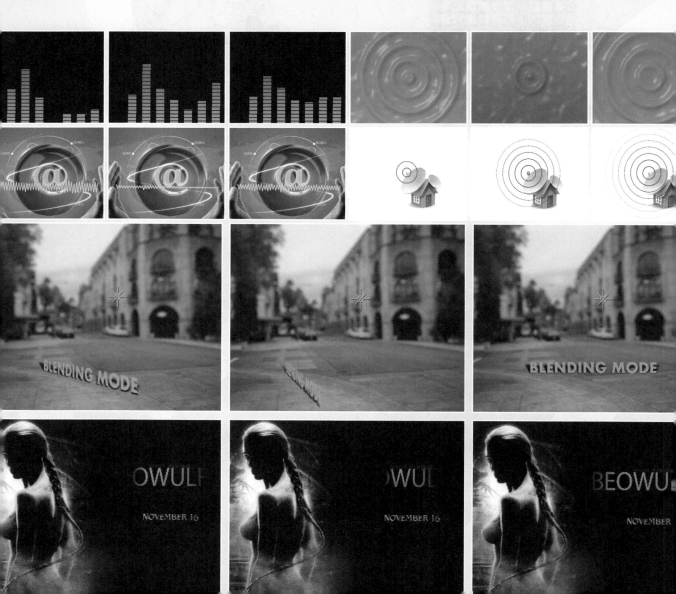

实例023 利用【音频频谱】特效制作跳动的声波

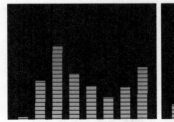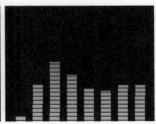

特效解析 本例主要讲解利用【音频频谱】特效制作跳动的声波效果。完成的动画流程画面如图3.1所示。

知识点
1. 【音频频谱】特效
2. 【梯度渐变】特效
3. 【网格】特效

图3.1 动画流程画面

难易程度：★★☆☆☆
工程文件：下载文件\工程文件\第3章\跳动的声波
视频位置：下载文件\movie\实例023 利用【音频频谱】特效制作跳动的声波.avi

操作步骤

步骤 01 执行菜单栏中的【文件】|【打开项目】命令，选择下载文件中的"工程文件\第3章\跳动的声波\跳动的声波练习.aep"文件并打开。

步骤 02 执行菜单栏中的【图层】|【新建】|【纯色】命令，打开【纯色设置】对话框，设置【名称】为"声谱"，【颜色】为黑色。

步骤 03 为"声谱"层添加【音频频谱】特效。在【效果和预设】面板中展开【生成】特效组，然后双击【音频频谱】特效。

步骤 04 在【效果控件】面板中修改【音频频谱】特效的参数，从【音频层】下拉列表框中选择"音频"选项，设置【起始点】的值为（72，592），【结束点】的值为（648，596），【起始频率】的值为10，【结束频率】的值为100，【频段】的值为8，【最大高度】的值为4500，【厚度】的值为50，如图3.2所示；合成窗口效果如图3.3所示。

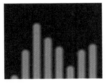

图3.2 设置【音频频谱】特效参数 　图3.3 设置【音频频谱】特效后效果

步骤 05 在"声谱"层右侧的属性栏中单击Quality（品质）██按钮，Quality（品质）之后按钮将会

变为██按钮，如图3.4所示；合成窗口效果如图3.5所示。

图3.4 单击【品质】按钮 　图3.5 单击【品质】按钮后效果

步骤 06 执行菜单栏中的【图层】|【新建】|【纯色】命令，打开【纯色设置】对话框，设置【名称】为"渐变"，【颜色】为黑色，将其拖动到"声谱"层下面。

步骤 07 为"渐变"层添加【梯度渐变】特效。在【效果和预设】面板中展开【生成】特效组，然后双击【梯度渐变】特效。

步骤 08 在【效果控件】面板中修改【梯度渐变】特效的参数，设置【渐变起点】的值为（360，288），【起始颜色】为浅蓝色（R:9，G:108，B:242），【结束颜色】为淡绿色（R:13，G:202，B:195），如图3.6所示；合成窗口效果如图3.7所示。

图3.6 设置【梯度渐变】特效参数

33

图3.7 设置【梯度渐变】特效后效果

步骤 09 为"渐变"层添加【网格】特效。在【效果和预设】面板中展开【生成】特效组，然后双击【网格】特效。

步骤 10 在【效果控件】面板中修改【网格】特效的参数，设置【锚点】的值为（-10，0），【边角】的值为（720，20），【边界】的值为18；选中【反转网格】复选框，设置【颜色】为黑色，从【混合模式】下拉列表框中选择【正常】选项，如图3.8所示；合成窗口效果如图3.9所示。

 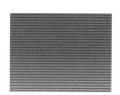

图3.8 设置【网格】特效参数　图3.9 设置【网格】特效后效果

步骤 11 在时间线面板中设置"渐变"层的【轨道遮罩】为"Alpha 遮罩'声谱'"，如图3.10所示；合成窗口效果如图3.11所示。

图3.10 设置【轨道遮罩】

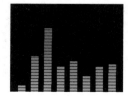

图3.11 设置【轨道遮罩】后效果

步骤 12 这样就完成了利用【音频频谱】特效制作跳动的声波的整体制作，按小键盘上的"0"键，即可在合成窗口中预览动画。

实例024 利用【音频波形】特效制作电光线效果

特效解析 本例主要讲解利用【音频波形】特效制作电光线效果。完成的动画流程画面如图3.12所示。

知识点
1. 创建纯色层
2. 【音频波形】特效

 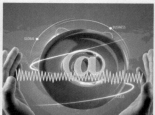 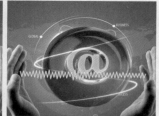

图3.12 动画流程画面

难易程度：★☆☆☆☆
工程文件：下载文件\工程文件\第3章\电光线效果
视频位置：下载文件\movie\实例024 利用【音频波形】特效制作电光线效果.avi

操作步骤

步骤 01 执行菜单栏中的【文件】|【打开项目】命令，选择下载文件中的"工程文件\第3章\电光线效果\电光线效果练习.aep"文件并打开。

步骤02 执行菜单栏中的【图层】|【新建】|【纯色】命令，打开【纯色设置】对话框，设置【名称】为"电光线"，【颜色】为黑色。

步骤03 为"电光线"层添加【音频波形】特效。在【效果和预设】面板中展开【生成】特效组，然后双击【音频波形】特效。

步骤04 在【效果控件】面板中修改【音频波形】特效的参数，在【音频层】下拉列表框中选择"音频.mp3"，【起始点】的值为（64，366），【结束点】的值为（676，370），【显示的范例】的值为80，【最大高度】的值为300，【音频持续时间】的值为900，【厚度】的值为6，【内部颜色】为白色，【外部颜色】为青色（R:0，

G:174，B:255），如图3.13所示；合成窗口效果如图3.14所示。

图3.13 设置【音频波形】特效参数　图3.14 设置【音频波形】特效后效果

步骤05 这样就完成了利用【音频波形】特效制作电光线效果的整体制作，按小键盘上的"0"键，即可在合成窗口中预览动画。

实例025 利用【无线电波】特效制作水波浪

特效解析 本例主要讲解利用【无线电波】特效制作水波浪效果。完成的动画流程画面如图3.15所示。

知识点
1. 【无线电波】特效
2. 【分形杂色】特效
3. 【快速方框模糊】特效
4. 【置换图】特效
5. CC Glass（CC 玻璃）特效

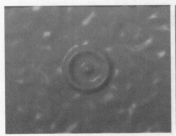  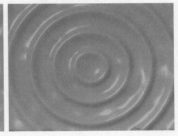

图3.15 动画流程画面

难易程度：★☆☆☆☆
工程文件：下载文件\工程文件\第3章\水波浪
视频位置：下载文件\movie\实例025 利用【无线电波】特效制作水波浪.avi

操作步骤

步骤01 执行菜单栏中的【合成】|【新建合成】命令，打开【合成设置】对话框，设置【合成名称】为"波浪纹理"，【宽度】为720，【高度】为576，【帧速率】为25，【持续时间】为00:00:10:00秒。

步骤02 执行菜单栏中的【图层】|【新建】|【纯色】命令，打开【纯色设置】对话框，设置【名称】为"噪波"，【颜色】为黑色。

步骤03 为"噪波"层添加【分形杂色】特效。在

【效果和预设】面板中展开【杂色和颗粒】特效组，然后双击【分形杂色】特效。

步骤04 在【效果控件】面板中修改【分形杂色】特效的参数，从【分形类型】下拉列表框中选择【涡漩】，设置【对比度】的值为110，【亮度】的值为-50；将时间调整到00:00:00:00帧的位置，设置【演化】的值为0，单击【演化】左侧的码表按钮，在当前位置设置关键帧。

步骤05 将时间调整到00:00:09:24帧的位置，设置

【演化】的值为3x，系统会自动设置关键帧，如图3.16所示；合成窗口效果如图3.17所示。

 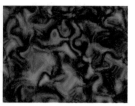

图3.16 设置【分形杂色】特效参数　图3.17 设置【分形杂色】特效后效果

步骤 06 执行菜单栏中的【图层】|【新建】|【纯色】命令，打开【纯色设置】对话框，设置【名称】为"波纹"，【颜色】为黑色。

步骤 07 为"波纹"层添加【无线电波】特效。在【效果和预设】面板中展开【生成】特效组，然后双击【无线电波】特效。

步骤 08 在【效果控件】面板中修改【无线电波】特效的参数，将时间调整到00:00:00:00帧的位置，展开【波动】选项组，设置【频率】的值为2，【扩展】的值为5，【寿命】的值10，单击【频率】、【扩展】和【寿命】左侧的码表按钮，在当前位置设置关键帧，合成窗口效果如图3.18所示。

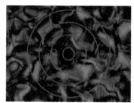

图3.18 设置0秒关键帧后效果

步骤 09 将时间调整到00:00:09:24帧的位置，分别设置【频率】、【扩展】和【寿命】的值为0，如图3.19所示。

图3.19 设置【波动】选项组参数

步骤 10 展开【描边】选项组，从【配置文件】下拉列表框中选择【高斯分布】选项，设置【颜色】为白色，【开始宽度】的值为30，【末端宽度】的值为50，如图3.20所示；合成窗口效果如图3.21所示。

步骤 11 执行菜单栏中的【图层】|【新建】|【调整图层】命令，添加一个调节层。为调节层添加【快速方框模糊】特效，在【效果和预设】面板中展开【模糊和锐化】特效组，然后双击【快速方框模糊】特效。

 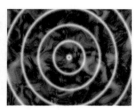

图3.20 设置【描边】选项组参数　图3.21 设置【描边】后效果

步骤 12 在【效果控件】面板中修改【快速方框模糊】特效的参数，选中【重复边缘像素】复选框；将时间调整到00:00:00:00帧的位置，设置【模糊度】的值为10，单击【模糊度半径】左侧的码表按钮，在当前位置设置关键帧。

步骤 13 将时间调整到00:00:09:24帧的位置，设置【模糊半径】的值为50，系统会自动设置关键帧，如图3.22所示；合成窗口效果如图3.23所示。

图3.22 设置【快速方框模糊】特效参数

图3.23 设置【快速方框模糊】特效后效果

步骤 14 在时间线面板中选择"波纹"层，按Ctrl+D组合键复制一个新的图层，并将其重命名为"波纹2"。在【效果控件】面板中修改【无线电波】特效的参数，展开【描边】选项组，从【配置文件】下拉列表框中选择【入点锯齿】选项，合成窗口效果如图3.24所示。

图3.24 设置【无线电波】特效后效果

步骤 15 为"波纹2"层添加【快速方框模糊】特效。在【效果和预设】面板中展开【模糊和锐化】特效组,然后双击【快速方框模糊】特效。

步骤 16 在【效果控件】面板中修改【快速方框模糊】特效的参数,设置【模糊半径】的值为3,合成窗口效果如图3.25所示。

图3.25 设置【快速方框模糊】特效后效果

步骤 17 执行菜单栏中的【合成】|【新建合成】命令,打开【合成设置】对话框,设置【合成名称】为"水波浪",【宽度】为720,【高度】为576,【帧速率】为25,【持续时间】为00:00:10:00秒。

步骤 18 执行菜单栏中的【图层】|【新建】|【纯色】命令,打开【纯色设置】对话框,设置【名称】为"背景",【颜色】为黑色。

步骤 19 为"背景"层添加【梯度渐变】特效。在【效果和预设】面板中展开【生成】特效组,然后双击【梯度渐变】特效。

步骤 20 在【效果控件】面板中修改【梯度渐变】特效的参数,设置【起始颜色】为蓝色(R:0,G:144,B:255);将时间调整到00:00:00:00帧的位置,设置【结束颜色】为深蓝色(R:1,G:67,B:101),单击【结束颜色】左侧的码表█按钮,在当前位置设置关键帧。

步骤 21 将时间调整到00:00:01:20帧的位置,设置【结束颜色】为蓝色(R:0,G:168,B:255),系统会自动设置关键帧。

步骤 22 将时间调整到00:00:09:24帧的位置,设置【结束颜色】为淡蓝色(R:0,G:140,B:212),如图3.26所示。

图3.26 设置【梯度渐变】特效参数

步骤 23 在【项目】面板中选择"波浪纹理"合成,将其拖动到"水波浪"合成的时间线面板中。

步骤 24 执行菜单栏中的【图层】|【新建】|【调整图层】命令,创建一个调节层。为调节层添加【置换图】特效,在【效果和预设】面板中展开【扭曲】特效组,然后双击【置换图】特效。

步骤 25 在【效果控件】面板中修改【置换图】特效的参数,从【置换图层】下拉列表框中选择【波浪纹理】选项,设置【最大水平置换】的值为60,【最大垂直置换】的值为10,选中【像素回绕】复选框,如图3.27所示。

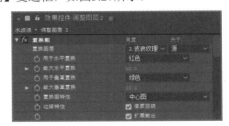

图3.27 设置【置换图】特效参数

步骤 26 为调节层添加CC Glass(CC 玻璃)特效。在【效果和预设】面板中展开【风格化】特效组,然后双击CC Glass(CC 玻璃)特效。

步骤 27 在【效果控件】面板中修改CC Glass(CC玻璃)特效的参数,展开Surface(表面)选项组,从Bump Map(凹凸贴图)下拉列表框中选择【波浪纹理】选项,合成窗口效果3.28所示。

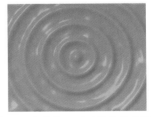

图3.28 设置【CC 玻璃】特效后效果

步骤 28 这样就完成了利用【无线电波】特效制作水波浪的效果,按小键盘上的"0"键,即可在合成窗口中预览动画。

实例026 利用【无线电波】特效制作无线电波

特效解析 本例主要讲解利用【无线电波】特效制作无线电波效果。完成的动画流程画面如图3.29所示。

知识点 【无线电波】特效

图3.29 动画流程画面

难易程度：★★☆☆☆
工程文件：下载文件\工程文件\第3章\无线电波
视频位置：下载文件\movie\实例026 利用【无线电波】特效制作无线电波.avi

操作步骤

步骤01 执行菜单栏中的【文件】|【打开项目】命令，选择下载文件中的"工程文件\第3章\无线电波\无线电波练习.aep"文件并打开。

步骤02 执行菜单栏中的【图层】|【新建】|【纯色】命令，打开【纯色设置】对话框，设置【名称】为"电波"，【颜色】为白色。

步骤03 为"电波"层添加【无线电波】特效。在【效果和预设】面板中展开【生成】特效组，然后双击【无线电波】特效。

步骤04 在【效果控件】面板中修改【无线电波】特效的参数，设置【产生点】的值为（356，294），【渲染品质】的值为1；展开【波动】选项组，设置【频率】的值为8.8，【扩展】的值为10，【寿命】的值为1，如图3.30所示；合成窗口效果如图3.31所示。

步骤05 展开【描边】选项组，设置【淡出时间】的值为4，【末端宽度】的值为1，如图3.32所示；合成窗口效果如图3.33所示。

图3.32 设置【描边】选项组参数

图3.33 设置【描边】参数后效果

步骤06 这样就完成了利用【无线电波】特效制作无线电波效果的整体制作，按小键盘上的"0"键，即可在合成窗口中预览动画。

图3.30 设置【无线电波】特效参数　图3.31 设置【无线电波】特效后效果

实例027 利用【灯光】特效制作立体文字

特效解析	本例主要讲解利用【灯光】特效制作立体文字效果。完成的动画流程画面如图3.34所示。	知识点	【灯光】特效

图3.34 动画流程画面

难易程度：★★☆☆☆
工程文件：下载文件\工程文件\第3章\立体文字动画
视频位置：下载文件\movie\实例027 利用【灯光】特效制作立体文字.avi

操作步骤

步骤01 执行菜单栏中的【文件】|【打开项目】命令，选择下载文件中的"工程文件\第3章\立体文字动画\立体文字效果练习.aep"文件并打开。

步骤02 执行菜单栏中的【图层】|【新建】|【文本】命令，输入"BLENDING MODE"，设置字号为114像素，字体颜色为暗黄色（R:187，G:178，B:76）。

步骤03 打开"BLENDING MODE"三维属性，将时间调整到00:00:00:00帧的位置，设置【位置】的值为（-92，582，1260），【Y轴旋转】的值为70，单击【Y轴旋转】左侧的码表按钮，在当前位置设置关键帧。

步骤04 将时间调整到00:00:02:00帧的位置，设置【Y轴旋转】的值为0，系统会自动设置关键帧，如图3.35所示；合成窗口效果如图3.36所示。

图3.35 设置关键帧

图3.36 设置关键帧后效果

步骤05 执行菜单栏中的【图层】|【新建】|【纯色】命令，打开【纯色设置】对话框，设置【名称】为"背影"，【颜色】为白色。

步骤06 选中"背影"层，打开"背影"三维属性，展开【变换】选项组，设置【位置】的值为（360，581，1670），【缩放】的值为（260，520，100）；展开【材质选项】选项组，设置【接受阴影】为【开】，如图3.37所示。

图3.37 设置"背影"层参数

步骤07 执行菜单栏中的【图层】|【新建】|【灯光】命令，打开|【灯光设置】对话框，设置【名称】为"灯光 1"，【灯光类型】为【点光】，【颜色】为白色，【强度】的值为50，选中【投影】复选框。

步骤08 单击"BLENDING MODE"文字层左侧的▶按钮，展开【材质选项】选项组，设置【投影】为【开】。

步骤09 在时间线面板中设置"背影"层的【模式】为【相乘】，如图3.38所示；合成窗口效果如图3.39所示。

图3.38 设置模式

步骤 10 这样就完成了利用【灯光】特效制作立体文字的效果,按小键盘上的"0"键,即可在合成窗口中预览动画。

图3.39 设置模式后的效果

实例028 利用【灯光】特效制作文字渐现效果

特效解析 本例主要讲解利用【灯光】特效制作文字渐现效果。完成的动画流程画面如图3.40所示。

知识点 【灯光】特效

图3.40 动画流程画面

难易程度:★★☆☆☆
工程文件:下载文件\工程文件\第3章\文字渐现动画
视频位置:下载文件\movie\实例028 利用【灯光】特效制作文字渐现效果.avi

操作步骤

步骤 01 执行菜单栏中的【文件】|【打开项目】命令,选择下载文件中的"工程文件\第3章\文字渐现动画\文字渐现动画练习.aep"文件并打开。

步骤 02 执行菜单栏中的【图层】|【新建】|【文本】命令,输入"BEOWULF"。设置文字字体为Arial,字号为72像素,字体颜色为橙色(R:218,G:143,B:0)。

步骤 03 执行菜单栏中的【图层】|【新建】|【灯光】命令,打开【灯光设置】对话框,设置【名称】为"灯光 1",【灯光类型】为【聚光】,【颜色】为白色,【强度】的值为100,【锥形角度】的值为90,【锥形羽化】的值为50。

步骤 04 打开"BEOWULF"三维属性,选中"灯光1"层,设置【目标点】的值为(516,242,0);

将时间调整到00:00:00:00帧的位置,设置【位置】的值为(524,163,12),单击【位置】左侧的码表 按钮,在当前位置设置关键帧。

步骤 05 将时间调整到00:00:02:00帧的位置,设置【位置】的值为(524,163,-341),系统会自动设置关键帧,如图3.41所示。

图3.41 设置灯光关键帧

步骤 06 这样就完成了文字渐现效果的整体制作,按小键盘上的"0"键,即可在合成窗口中预览动画。

第4章　三维空间与摄像机

内容摘要

　　本章主要讲解三维层和摄像机的使用。掌握三维层对制作有三维效果的动画非常方便，并且利用三维特效制作的效果更加真实，摄像机的添加则能让这份真实感更具体、更生动。

教学目标

◆ 掌握三维层的使用
◆ 掌握摄像机的使用
◆ 掌握三维空间动画的制作技巧

实例029 利用三维层制作文字动画

特效解析 本例主要讲解利用三维层制作文字动画效果。完成的动画流程画面如图4.1所示。

知识点 三维层的使用

图4.1 动画流程画面

难易程度：★☆☆☆☆
工程文件：下载文件\工程文件\第4章\文字动画
视频位置：下载文件\movie\实例029 利用三维层制作文字动画.avi

操作步骤

步骤01 执行菜单栏中的【文件】|【打开项目】命令，选择下载文件中的"工程文件\第4章\文字动画\文字动画练习.aep"文件并打开。

步骤02 执行菜单栏中的【图层】|【新建】|【文本】命令，输入"ORANGE"，设置文字字体为Arial，字号为92像素，字符间距为-33，字体颜色为灰色（R:114，G:114，B:114）。

步骤03 为"ORANGE"层添加【梯度渐变】特效。在【效果和预设】面板中展开【生成】特效组，然后双击【梯度渐变】特效。

步骤04 在【效果控件】面板中修改【梯度渐变】特效的参数，设置【渐变起点】的值为（362，276），【起始颜色】为淡蓝色（R:109，G:194，B:231），【渐变终点】的值为（116，312），【结束颜色】为深蓝色（R:5，G:29，B:98），从【渐变形状】下拉列表框中选择【径向渐变】选项，如图4.2所示；合成窗口效果如图4.3所示。

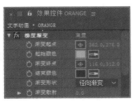

图4.2 设置【梯度渐变】特效参数　图4.3 设置【梯度渐变】特效参数后效果

步骤05 选中"ORANGE"层，将时间调整到00:00:00:00帧的位置，设置【锚点】的值为（138，0，0），【位置】的值为（360，310，-658），单击【位置】左侧的码表按钮，在当前位置设置关键帧。

步骤06 将时间调整到00:00:00:06帧的位置，设置【位置】的值为（360，310，0），系统会自动设置关键帧。

步骤07 将时间调整到00:00:01:02帧的位置，设置【位置】的值为（360，310，143）。

步骤08 将时间调整到00:00:01:08帧的位置，设置【位置】的值为（360，310，1620），如图4.4所示。

图4.4 设置【位置】关键帧

步骤09 选中"ORANGE"层，按T键打开【不透明度】属性，将时间调整到00:00:01:02帧的位置，设置【不透明度】的值为100%，单击【不透明度】左侧的码表按钮，在当前位置设置关键帧。

步骤10 将时间调整到00:00:01:07帧的位置，设置【不透明度】的值为0，系统会自动设置关键帧，如图4.5所示。

图4.5 设置【不透明度】关键帧

步骤11 选中"ORANGE"层，按Ctrl+D组合键复制一个新的文字层，并将其重命名为"APPLE"。

步骤12 选中"APPLE"层，将时间调整到00:00:01:00帧的位置，按[键，设置"APPLE"层

入点为00:00:01:00帧的位置，如图4.6所示。

图4.6 设置入点

步骤13 这样就完成了利用三维层制作文字动画效果，按小键盘上的"0"键，即可在合成窗口中预览动画。

实例030 利用三维层制作滚动字幕

特效解析 本例主要讲解利用三维层制作滚动字幕效果。完成的动画流程画面如图4.7所示。

知识点 三维层的使用

图4.7 动画流程画面

难易程度：★☆☆☆☆
工程文件：下载文件\工程文件\第4章\滚动字幕动画
视频位置：下载文件\movie\实例030 利用三维层制作滚动字幕.avi

操作步骤

步骤01 执行菜单栏中的【文件】|【打开项目】命令，选择下载文件中的"工程文件\第4章\滚动字幕动画\滚动字幕动画练习.aep"文件并打开。

步骤02 打开"文字"合成层的三维开关，选中"文字"层，设置【方向】的值为（282，0，0，）；将时间调整到00:00:00:00帧的位置，设置【位置】的值为（360，467，-844），单击【位置】左侧的码表 按钮，在当前位置设置关键帧。

步骤03 将时间调整到00:00:10:00帧的位置，设置【位置】的值为（360，292，-19），系统会自动设置关键帧，如图4.8所示；合成窗口效果如图4.9所示。

图4.8 设置【位置】关键帧　　图4.9 设置【位置】关键帧后效果

步骤04 这样就完成了利用三维层制作滚动字幕效果，按小键盘上的"0"键，即可在合成窗口中预览动画。

实例031 利用三维层制作魔方旋转动画

特效解析 本例主要讲解利用三维层制作魔方旋转动画效果。完成的动画流程画面如图4.10所示。

知识点
1. 三维层的使用
2. 父级关系

图4.10 动画流程画面

难易程度：★★★☆☆
工程文件：下载文件\工程文件\第4章\魔方旋转动画
视频位置：下载文件\movie\实例031 利用三维层制作魔方旋转动画.avi

操作步骤

步骤01 执行菜单栏中的【文件】|【打开项目】命令，选择下载文件中的"工程文件\第4章\魔方旋转动画\魔方旋转动画练习.aep"文件并打开。

步骤02 执行菜单栏中的【图层】|【新建】|【纯色】命令，打开【纯色设置】对话框，设置【名称】为"魔方1"，【宽度】为200，【高度】为200，【颜色】为灰色（R:183，G:183，B:183）。

步骤03 选择"魔方1"层，在【效果和预设】面板中展开【生成】特效组，然后双击【梯度渐变】特效。

步骤04 在【效果控件】面板中修改【梯度渐变】特效的参数，设置【渐变起点】的值为（100，103），【起始颜色】为白色，【渐变终点】的值为（231，200），【结束颜色】为暗绿色（R:31，G:70，B:73），从【渐变形状】下拉列表框中选择【径向渐变】选项。

步骤05 打开"魔方1"层三维开关，选中"魔方1"层，设置【位置】的值为（350，400，0），设置【X轴旋转】的值为90，如图4.11所示。

图4.11 设置"魔方1"层参数

步骤06 选中"魔方1"层，按Ctrl+D组合键复制一个新的图层，并将其重命名为"魔方2"，设置【位置】的值为（350，200，0），【X轴旋转】的值为90，如图4.12所示。

图4.12 设置"魔方2"层参数

步骤07 选中"魔方2"层，按Ctrl+D组合键复制一个新的图层，并将其重命名为"魔方3"，设置【位置】的值为（350，300，-100），【X轴旋转】的值为0，如图4.13所示。

图4.13 设置"魔方3"层参数

步骤 08 选中"魔方3"层，按Ctrl+D组合键复制一个新的图层，并将其重命名为"魔方4"，设置【位置】的值为（350，300，100），如图4.14所示。

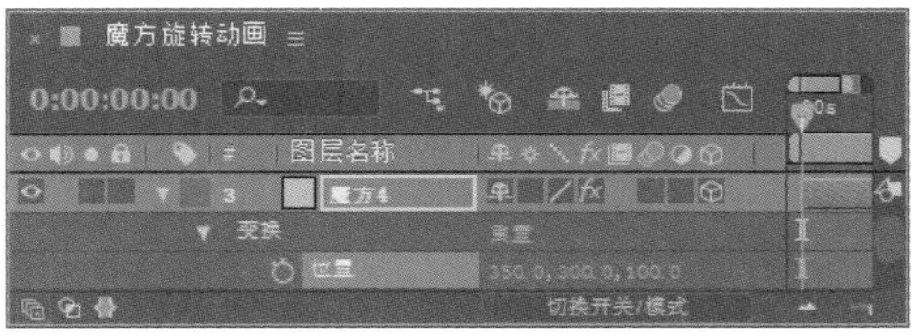

图4.14 设置"魔方4"层参数

步骤 09 选中"魔方4"层，按Ctrl+D组合键复制一个新的图层，并将其重命名为"魔方5"，设置【位置】的值为（450，300，0），【Y轴旋转】的值为90，如图4.15所示。

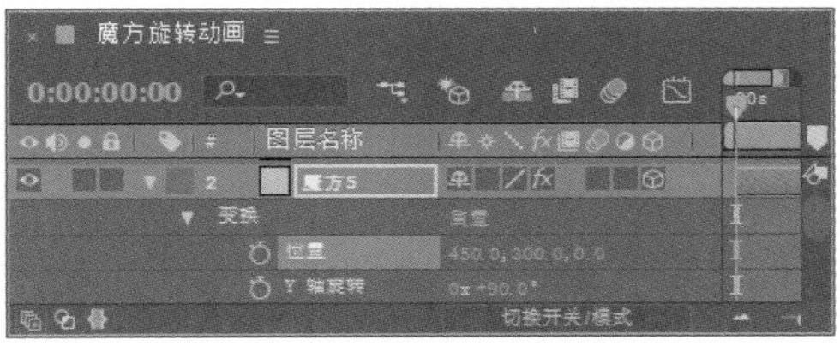

图4.15 设置"魔方5"层参数

步骤 10 选中"魔方5"层，按Ctrl+D组合键复制一个新的图层，并将其重命名为"魔方6"，设置【位置】的值为（250，300，0），【Y轴旋转】的值为90，如图4.16所示；合成窗口效果如图4.17所示。

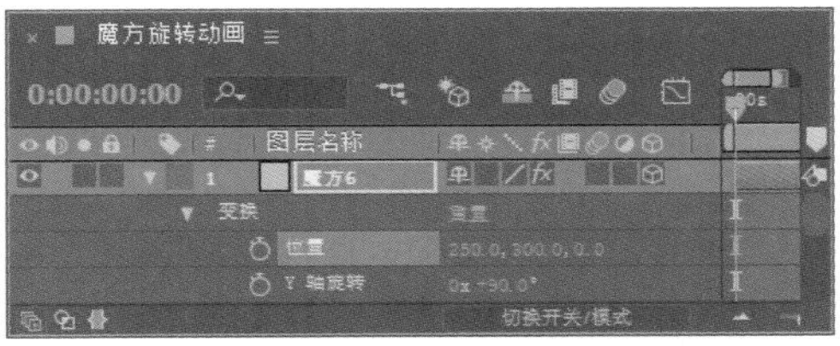

图4.16 设置"魔方6"层参数

图4.17 设置参数后效果

步骤 11 在时间线面板中选择"魔方2""魔方3""魔方4""魔方5"和"魔方6"层，将其设置为"魔方1"层的子物体，如图4.18所示。

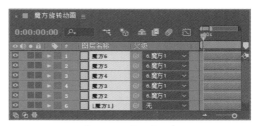

图4.18 设置父子约束

步骤 12 将时间调整到00:00:00:00帧的位置，选中"魔方1"层，按R键打开【旋转】属性，设置【方向】的值为（320，0，0），【Z轴旋转】的值为0，单击【Z轴旋转】左侧的码表■按钮，在当前位置设置关键帧。

步骤 13 将时间调整到00:00:04:24帧的位置，设置【Z轴旋转】的值为2x，系统会自动设置关键帧，如图4.19所示。

图4.19 设置【Z轴旋转】关键帧

步骤 14 这样就完成了利用三维层制作魔方旋转动画效果，按小键盘上的"0"键，即可在合成窗口中预览动画。

实例032 利用【摄像机】命令制作穿梭云层效果

特效解析 本例主要讲解利用【摄像机】命令制作穿梭云层效果。完成的动画流程画面如图4.20所示。

知识点
1. 【梯度渐变】特效
2. 【摄像机】命令
3. 父级关系

图4.20 动画流程画面

难易程度：★★☆☆☆
工程文件：下载文件\工程文件\第4章\穿梭云层
视频位置：下载文件\movie\实例032 利用【摄像机】命令制作穿梭云层效果.avi

操作步骤

步骤01 执行菜单栏中的【文件】|【打开项目】命令，选择下载文件中的"工程文件\第4章\穿梭云层\穿梭云层练习.aep"文件并打开。

步骤02 执行菜单栏中的【合成】|【新建合成】命令，打开【合成设置】对话框，设置【合成名称】为"穿梭云层"，【宽度】为720，【高度】为576，【帧速率】为25，【持续时间】为00:00:03:00秒。

步骤03 执行菜单栏中的【图层】|【新建】|【纯色】命令，打开【纯色设置】对话框，设置【名称】为"背景"。

步骤04 为"背景"层添加【梯度渐变】特效。在【效果和预设】面板中展开【生成】特效组，然后双击【梯度渐变】特效。

步骤05 在【效果控件】面板中修改【梯度渐变】特效的参数，设置【渐变起点】的值为（360，206），【起始颜色】为蓝色（R:0，G:48，B:255），【渐变终点】的值为（360，532），【结束颜色】为浅蓝色（R:107，G:131，B:255），如图4.21所示；合成窗口效果如图4.22所示。

步骤06 在【项目】面板中选择"云.tga"素材，将其拖动到"穿梭云层"合成的时间线面板中。

图4.21 设置【梯度渐变】特效参数 图4.22 设置【梯度渐变】特效后的效果

步骤07 打开"云.tga"层三维开关，选中"云.tga"层，按Ctrl+D组合键复制4个新的图层，分别重命名为"云2""云3""云4""云5"。选中"云.tga"层，设置【位置】的值为（256，162，-1954）；设置"云2"层【位置】的值为（524，418，-1807）；设置"云3"层【位置】的值为（162，446，-1393）；设置"云4"层【位置】的值为（520，160，-1058）；设置"云5"层【位置】的值为（106，136，-182），如图4.23所示；合成窗口效果如图4.24所示。

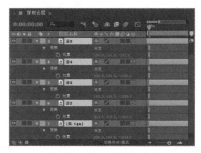

图4.23 设置【位置】参数

图4.24 设置【位置】参数后效果

步骤 08 执行菜单栏中的【图层】|【新建】|【摄像机】命令，打开【摄像机设置】对话框，选中【启用景深】复选框，如图4.25所示。

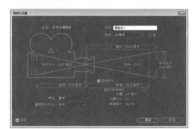

图4.25 设置摄像机

步骤 09 执行菜单栏中的【图层】|【新建】|【空对象】命令，创建"空1"。在时间线面板中设置【摄像机1】层的子物体为"空1"，如图4.26所示。

图4.26 设置子物体

步骤 10 将时间调整到00:00:00:00帧的位置，打开"空1"层三维开关，按P键打开【位置】属性，设置【位置】的值为（360，288，-592），单击【位置】左侧的码表■按钮，在当前位置设置关键帧。

步骤 11 将时间调整到00:00:03:00帧的位置，设置【位置】的值为（360，288，743），系统会自动设置关键帧，如图4.27所示；合成窗口效果如图4.28所示。

图4.27 设置空对象的关键帧

图4.28 设置空对象关键帧后的效果

步骤 12 这样就完成了利用【摄像机】命令制作穿梭云层效果，按小键盘上的"0"键，即可在合成窗口中预览动画。

实例033 利用【摄像机】命令制作文字穿梭运动

特效解析 本例主要讲解利用【摄像机】命令制作文字穿梭运动效果。完成的动画流程画面如图4.29所示。

知识点 摄像机的使用

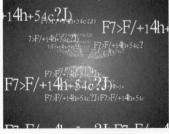

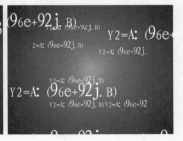

图4.29 动画流程画面

难易程度：★☆☆☆☆

工程文件：下载文件\工程文件\第4章\文字穿梭运动

视频位置：下载文件\movie\实例033 利用【摄像机】命令制作文字穿梭运动.avi

操作步骤

步骤 01 执行菜单栏中的【合成】|【新建合成】命令，打开【合成设置】对话框，设置【合成名称】为"文字随机动画"，【宽度】为720，【高度】为576，【帧速率】为25，【持续时间】为00:00:15:00秒。

步骤 02 执行菜单栏中的【图层】|【新建】|【文本】命令，输入"Y2=X*（16a+24b-B）"，设置文字字体为楷体_GB2312，字号为44像素，字体颜色为白色。

步骤 03 将时间调整到00:00:00:00帧的位置，展开文字层，单击【文本】右侧的【动画】三角形按钮，从弹出的菜单中选择【缩放】命令，设置【缩放】的值为（150，150）；展开【文本】|【动画制作工具 1】|【范围选择器 1】选项组，设置【偏移】的值为0，单击【偏移】左侧的码表按钮，在当前位置设置关键帧。

步骤 04 将时间调整到00:00:10:00帧的位置，设置【偏移】的值为100%，系统会自动设置关键帧，如图4.30所示。

图4.30 设置【偏移】参数

步骤 05 展开【高级】选项组，从【形状】下拉列表框中选择【平滑】选项，设置【随机排序】为【开】选项；单击【动画制作工具 1】右侧的【添加】三角形按钮，从弹出的菜单中选择【属性】|【字符位移】命令，设置【字符位移】的值为8，如图4.31所示；合成窗口效果如图4.32所示。

图4.31 设置【高级】选项组参数　图4.32 设置【高级】选项组后效果

步骤 06 执行菜单栏中的【合成】|【新建合成】命令，打开【合成设置】对话框，设置【合成名称】为"三维空间"，【宽度】为720，【高度】为576，【帧速率】为25，【持续时间】为00:00:15:00秒。

步骤 07 在【项目】面板中选择"文字随机动画"合成，将其拖动到"三维空间"合成的时间线面板中。选中"文字随机动画"层，按Ctrl+D组合键

复制6个新的图层，分别重命名为"文字随机动画1""文字随机动画2""文字随机动画3""文字随机动画4""文字随机动画5""文字随机动画6"。选择"文字随机动画1"层，按P键打开【位置】属性，设置【位置】的值为（634，528），如图4.33所示。

图4.33 复制图层

步骤 08 选中"文字随机动画2"层，设置【位置】的值为（284，528）；选中"文字随机动画3"层，设置【位置】的值为（284，374）；选中"文字随机动画4"层，设置【位置】的值为（596，188）；选中"文字随机动画5"层，设置【位置】的值为（262，28）；选中"文字随机动画6"层，设置【位置】的值为（156，146），如图4.34所示；设置位置后的合成窗口效果如图4.35所示。

图4.34 设置【位置】参数　图4.35 设置【位置】后效果

步骤 09 执行菜单栏中的【合成】|【新建合成】命令，打开【合成设置】对话框，设置【合成名称】为"摄像机运动"，【宽度】为720，【高度】为576，【帧速率】为25，【持续时间】为00:00:05:00秒。

步骤 10 执行菜单栏中的【图层】|【新建】|【纯色】命令，打开【纯色设置】对话框，设置【名称】为"渐变"，【颜色】为黑色。

步骤 11 选择"渐变"层，在【效果和预设】面板中展开【生成】特效组，然后双击【梯度渐变】特效。

步骤 12 在【效果控件】面板中修改【梯度渐变】特效的参数，设置【渐变起点】的值为（364，292），【起始颜色】为红色（R:255，G:0，B:0），【渐变终点】的值为（-98，622），【结束颜色】为黑色，从【渐变形状】右侧的下拉列

表框中选择【径向渐变】选项，如图4.36所示；合成窗口效果如图4.37所示。

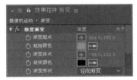 

图4.36 设置【梯度渐变】特效参数　图4.37 设置【梯度渐变】特效后效果

步骤13 在【项目】面板中选择"三维空间"合成，将其拖动到"摄像机运动"合成的时间线面板中。

步骤14 选中"三维空间"层，打开三维开关，按P键打开【位置】属性，按住Alt键单击【位置】左侧的码表■按钮，在右侧空白处输入表达式"transform.position+[0,0,（index*500）]"，如图4.38所示。

图4.38 设置表达式

步骤15 选中"三维合成"层，按Ctrl+D组合键复制6个新图层。

步骤16 执行菜单栏中的【图层】|【新建】|【摄像机】命令，打开【摄像机设置】对话框，选中【启用景深】复选框，如图4.39所示；调整摄像机后合成窗口效果如图4.40所示。

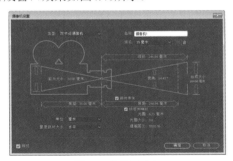

图4.39 设置摄像机

图4.40 调整摄像机后效果

步骤17 这样就完成了利用三维层制作文字穿梭运动效果，按小键盘上的"0"键，即可在合成窗口中预览动画。

实例034 利用【摄像机】命令制作摄像机动画

特效解析 本例首先应用【摄像机】命令创建一台摄像机；然后通过三维属性设置摄像机动画，并使用【灯光】命令制作出层次感；最后利用Shine（光）特效制作出流光效果。完成的动画流程画面如图4.41所示。

知识点
1. 【摄像机】命令
2. Shine（光）特效

图4.41 动画流程画面

难易程度：★★☆☆☆
工程文件：下载文件\工程文件\第4章\摄像机动画
视频位置：下载文件\movie\实例034 利用【摄像机】命令制作摄像机动画.avi

步骤 01 执行菜单栏中的【合成】|【新建合成】命令，打开【合成设置】对话框，设置【合成名称】为"摄像机动画"，【宽度】为352，【高度】为288，【帧速率】为25，【持续时间】为00:00:05:00秒。

步骤 02 执行菜单栏中的【文件】|【导入】|【文件】命令，打开【导入文件】对话框，选择下载文件中的"工程文件\第4章\摄像机动画\方块图.jpg"素材，单击【导入】按钮，将图片导入。

步骤 03 在【项目】面板中选择"方块图.jpg"素材，然后将其拖动到时间线面板中，并打开三维属性，如图4.42所示。

图4.42 添加素材

步骤 04 执行菜单栏中的【图层】|【新建】|【摄像机】命令，打开【摄像机设置】对话框，如图4.43所示。

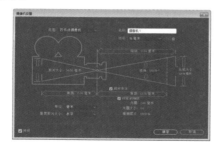

图4.43 【摄像机设置】对话框

步骤 05 将时间调整到00:00:00:00帧的位置，在时间线面板中展开【摄像机 1】参数，设置【目标点】的值为（176，177，0），【位置】的值为（176，502，-146），并为这两个选项设置关键帧，如图4.44所示。

图4.44 设置【目标点】和【位置】关键帧

步骤 06 按End键，将时间调整到时间线的末尾，即00:00:04:24帧处，设置【目标点】的值为（176，-189，0），【位置】的值为（176，250，-146），如图4.45所示。

图4.45 在00:00:04:24帧位置设置参数

步骤 07 此时，拖动时间滑块可以看到方块图由于摄像机的作用产生了图像推近效果，其中几帧画面如图4.46所示。

图4.46 其中几帧画面

步骤 08 为了表现出层次感，执行菜单栏中的【图层】|【新建】|【灯光】命令，打开【灯光设置】对话框，如图4.47所示。

步骤 09 在时间线面板中展开【灯光】参数，设置【位置】的值为（180，58，-242），【强度】的值为120%，如图4.48所示。此时，从合成窗口中可以看到添加灯光后的图像已经产生了很好的层次感。

图4.47 【灯光设置】对话框　图4.48 设置【灯光】参数

步骤 10 创建一个新的合成文件。执行菜单栏中的【合成】|【新建合成】命令，打开【合成设置】对话框，设置【合成名称】为"光特效"，【宽度】为352，【高度】为288，【帧速率】为25，并设置【持续时间】为00:00:05:00秒。

步骤 11 在【项目】面板中选择"摄像机动画"合成素材，然后将其拖动到时间线面板中，如图4.49所示。

图4.49 添加素材

步骤12 在【效果和预设】面板中展开RG Trapcode 特效组，然后双击Shine（光）特效，如图4.50 所示。此时从合成窗口中可以看到很强的光线效果，如图4.51所示。

图4.50 添加Shine（光）特效

图4.51 光线效果

步骤13 制作光效动画。将时间调整到00:00:00:00 帧的位置，在【效果控件】面板中设置Ray Length （光线长度）的值为6，Boost Light（光线亮度）的值为2；展开Colorize（着色）选项组，从Colorize（着色）下拉列表框中选择3-Color Gradient（三色渐变）选项，设置Highlights（高光色）为白色，Midtones（中间色）为浅绿色（R:136，G:255，B:153），Shadows（阴影色）为深绿色（R:0，G:114，B:0），Transfer Mode （转换模式）为Add（相加），Source Point（源点）的值为（176，265），并为该项设置关键帧，如图4.52所示。此时从合成窗口中可以看到添加光线后的效果，如图4.53所示。

图4.52 设置Source Point（源点）　图4.53 添加光线后效果
　　　关键帧

步骤14 按End键，将时间调整到结束位置，即 00:00:04:24帧处，修改Source Point（源点）的值为 （176，179），如图4.54所示；合成窗口中的图像效果如图4.55所示。

图4.54 修改Source Point（源点）位置

图4.55 图像效果

步骤15 这样就完成了摄像机动画的制作，按小键盘上的"0"键，即可在合成窗口中预览动画。

第5章 颜色调整与键控抠图

内容摘要

在影视制作中，经常需要对图像颜色进行调整，如图像的明暗、对比度、饱和度、色相等，以达到改善图像质量的目的，可以更好地控制影片的色彩信息，制作出理想的视频画面效果。

教学目标

◆ 掌握【更改为颜色】特效替换背景的方法
◆ 掌握【色阶】特效制作校正颜色的方法
◆ 掌握白背景的抠图技巧
◆ 掌握Keylight 1.2（抠像1.2）特效制作《忆江南》动画的技巧

实例035 利用【黑色和白色】特效制作黑白图像

特效解析 本例主要讲解利用【黑色和白色】特效制作黑白图像效果。完成的动画流程画面如图5.1所示。

知识点 【黑色和白色】特效

图5.1 动画流程画面

难易程度：★☆☆☆☆
工程文件：下载文件\工程文件\第5章\黑白图像
视频位置：下载文件\movie\实例035利用【黑色和白色】特效制作黑白图像.avi

操作步骤

步骤01 执行菜单栏中的【文件】|【打开项目】命令，选择下载文件中的"工程文件\第5章\黑白图像\黑白图像练习.aep"文件并打开，合成窗口效果如图5.2所示。

步骤02 为"图.jpg"层添加【黑色和白色】特效。在【效果和预设】面板中展开【颜色校正】特效组，然后双击【黑色和白色】特效，合成窗口效果如图5.3所示。

图5.2 特效前效果

图5.3 特效后效果

步骤03 在时间线面板中选中"图.jpg"层，在工具栏中选择【矩形工具】■，在图层上绘制一个矩

形路径，设置【蒙版羽化】的值为（118，118）；将时间调整到00:00:00:00帧的位置，单击【蒙版路径】左侧的码表■按钮，在当前位置设置关键帧，如图5.4所示。

步骤04 将时间调整到00:00:01:24帧的位置，选择左侧的两个锚点并向右拖动，系统会自动设置关键帧，如图5.5所示。

图5.4 0秒关键帧效果

图5.5 1秒24帧关键帧效果

步骤05 这样就完成了利用【黑色和白色】特效制作黑白图像效果，按小键盘上的"0"键，即可在合成窗口中预览动画。

实例036 利用【更改为颜色】特效改变影片颜色

特效解析
本例主要讲解利用【更改为颜色】特效制作改变影片颜色效果。完成的动画流程画面如图5.6所示。

知识点
【更改为颜色】特效

图5.6 动画流程画面

难易程度：★☆☆☆☆
工程文件：下载文件\工程文件\第5章\改变影片颜色
视频位置：下载文件\movie\实例036 利用【更改为颜色】特效改变影片颜色.avi

操作步骤

步骤01 执行菜单栏中的【文件】|【打开项目】命令，选择下载文件中的"工程文件\第5章\改变影片颜色\改变影片颜色练习.aep"文件并打开。

步骤02 为"动画学院大讲堂.mov"层添加【更改为颜色】特效。在【效果和预设】面板中展开【颜色校正】特效组，然后双击【更改为颜色】特效。

步骤03 在【效果控件】面板中修改【更改为颜色】特效的参数，设置【自】为蓝色（R:0，G:55，B:235），如图5.7所示；合成窗口效果如图5.8所示。

图5.8 设置【更改为颜色】特效后效果

图5.7 设置【更改为颜色】特效参数

步骤04 这样就完成了利用【更改为颜色】特效制作改变影片颜色效果，按小键盘上的"0"键，即可在合成窗口中预览动画。

实例037 利用【更改为颜色】特效为图片替换颜色

<table>
<tr><td>特效解析</td><td>本例主要讲解利用【更改为颜色】特效为图片替换颜色。完成的动画流程画面如图5.9所示。</td><td>知识点</td><td>【更改为颜色】特效</td></tr>
</table>

图5.9 动画流程画面

难易程度：★☆☆☆☆
工程文件：下载文件\工程文件\第5章\为图片替换颜色
视频位置：下载文件\movie\实例037 利用【更改为颜色】特效为图片替换颜色.avi

操作步骤

步骤 01 执行菜单栏中的【文件】|【打开项目】命令，选择下载文件中的"工程文件\第5章\为图片替换颜色\为图片替换颜色练习.aep"文件并打开。

步骤 02 为"图2"层添加【更改为颜色】特效。在【效果和预设】面板中展开【颜色校正】特效组，然后双击【更改为颜色】特效。

步骤 03 在【效果控件】面板中修改【更改为颜色】特效的参数，设置【自】为蓝色（R:2，G:90，B:101），如图5.10所示；合成窗口效果如图5.11所示。

图5.10 设置【更改为颜色】特效参数

图5.11 设置【更改为颜色】特效后效果

步骤 04 在时间线面板中选中"图.jpg"层，在工具栏中选择【矩形工具】，绘制一个矩形路径，如图5.12所示。按M键打开【蒙版路径】属性，将时间调整到00:00:00:00帧的位置，单击【蒙版路径】左侧的码表按钮，在当前位置设置关键帧。

步骤 05 将时间调整到00:00:02:00帧的位置，选择左侧的两个锚点并向右拖动，系统会自动设置关键帧，如图5.13所示。

图5.12 绘制矩形路径

图5.13 设置蒙版后效果

步骤 06 这样就完成了【更改为颜色】特效为图片替换颜色的整体制作，按小键盘上的"0"键，即可在合成窗口中预览动画。

实例038 利用【色阶】特效校正颜色

| 特效解析 | 本例主要讲解利用【色阶】特效校正颜色。完成的动画流程画面如图5.14所示。 | 知识点 | 【色阶】特效 |

图5.14 动画流程画面

难易程度：★☆☆☆☆
工程文件：下载文件\工程文件\第5章\校正颜色
视频位置：下载文件\movie\实例038 利用【色阶】特效校正颜色.avi

操作步骤

步骤 01 执行菜单栏中的【文件】|【打开项目】命令，选择下载文件中的"工程文件\第5章\校正颜色\校正颜色练习.aep"文件并打开。

步骤 02 在时间线面板中选择"图"层，按Ctrl+D组合键复制一个新的图层，并将其重命名为"图2"。

步骤 03 为"图2"层添加【色阶】特效。在【效果和预设】面板中展开【颜色校正】特效组，然后双击【色阶】特效。

步骤 04 在【效果控件】面板中修改【色阶】特效的参数，设置【输入黑色】的值为79，如图5.15所示；合成窗口效果如图5.16所示。

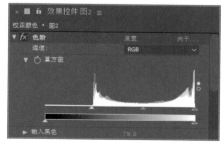

图5.15 设置【色阶】特效参数

图5.16 设置【色阶】特效后效果

步骤 05 在时间线面板中，将时间调整到00:00:00:00帧的位置，选择"图"层，在工具栏中选择【矩形工具】■，在图层上绘制一个矩形路径，如图5.17所示。按M键打开【蒙版路径】属性，单击【蒙版路径】左侧的码表●按钮，在当前位置设置关键帧。

步骤 06 将时间调整到00:00:02:00帧的位置，选择左侧的路径锚点并向右拖动，系统会自动设置关键帧，如图5.18所示。

图5.17 绘制矩形路径　　图5.18 设置蒙版后效果

步骤 07 这样就完成了校正颜色的整体制作，按小键盘上的"0"键，即可在合成窗口中预览动画。

实例039 利用【色光】特效制作彩虹

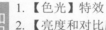

特效解析 本例主要讲解利用【色光】特效制作彩虹效果。完成的动画流程画面如图5.19所示。

知识点
1.【色光】特效
2.【亮度和对比度】特效
3.【单元格图案】特效

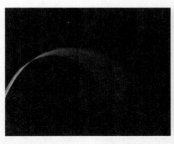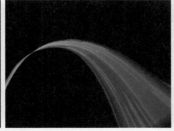

图5.19 动画流程画面

难易程度：★★☆☆☆
工程文件：下载文件\工程文件\第5章\彩虹
视频位置：下载文件\movie\实例039 利用【色光】特效制作彩虹.avi

操作步骤

步骤01 执行菜单栏中的【合成】|【新建合成】命令，打开【合成设置】对话框，设置【合成名称】为"彩色色块"，【宽度】为720，【高度】为576，【帧速率】为25，【持续时间】为00:00:05:00秒。

步骤02 执行菜单栏中的【图层】|【新建】|【纯色】命令，打开【纯色设置】对话框，设置【名称】为"渐变"，【颜色】为黑色。

步骤03 为"渐变"层添加【梯度渐变】特效。在【效果和预设】面板中展开【生成】特效组，然后双击【梯度渐变】特效。

步骤04 为"渐变"层添加【色光】特效。在【效果和预设】面板中展开【颜色校正】特效组，然后双击【色光】特效，如图5.20所示；合成窗口效果如图5.21所示。

图5.20 添加【色光】特效　图5.21 添加【色光】特效后效果

步骤05 执行菜单栏中的【图层】|【新建】|【纯色】命令，打开【纯色设置】对话框，设置【名称】为"噪点"，【颜色】为黑色。

步骤06 为"噪点"层添加【单元格图案】特效。

在【效果和预设】面板中展开【生成】特效组，然后双击【单元格图案】特效。

步骤07 在【效果控件】面板中修改【单元格图案】特效的参数，从【单元格图案】下拉列表框中选择【印板】选项，设置【分散】的值为0，【大小】的值为15；将时间调整到00:00:00:00帧的位置，设置【偏移】的值为（360，288），单击【偏移】左侧的码表按钮，在当前位置设置关键帧，如图5.22所示；合成窗口效果如图5.23所示。

图5.22 设置【单元格图案】　图5.23 设置【单元格图案】
特效参数　　　　　　　特效后效果

步骤08 将时间调整到00:00:02:00帧的位置，设置【偏移】的值为（5500，288），系统会自动设置关键帧，如图5.24所示；合成窗口效果如图5.25所示。

图5.24 设置【偏移】参数

步骤 09 为"噪点"层添加【亮度和对比度】特效。在【效果和预设】面板中展开【颜色校正】特效组，然后双击【亮度和对比度】特效，如图5.26所示。

图5.25 设置偏移后效果　图5.26 添加亮度和对比度特效

步骤 10 在【效果控件】面板中修改【亮度和对比度】特效的参数，设置【亮度】的值为-50，【对比度】的值为100，如图5.27所示。

图5.27 设置【亮度和对比度】特效参数

步骤 11 在时间线面板中设置"噪点"层的【模式】为【线形减淡】。

步骤 12 执行菜单栏中的【合成】|【新建合成】命令，打开【合成设置】对话框，设置【合成名称】为"彩虹"，【宽度】为720，【高度】为576，【帧速率】为25，【持续时间】为00:00:05:00秒。

步骤 13 在【项目】面板中选择"彩色色块"合成，将其拖动到"彩虹"合成的时间线面板中，如图5.28所示。

步骤 14 选中"彩色色块"图层，执行菜单栏中的【图层】|【蒙版】|【新建蒙版】命令，新建蒙版路径，如图5.29所示。

图5.28 添加合成 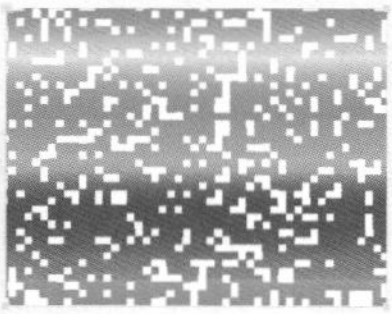　图5.29 新建蒙版路径效果

提示技巧

按Ctrl+Shift+N组合键可以快速执行【新建蒙版】命令。

步骤 15 选中"彩色色块"层，设置【蒙版羽化】的值为（100，100），【位置】的值为（360，355）；单击【缩放】左侧的【约束比例】按钮取消约束，设置【缩放】的值为（100，50），【不透明度】的值为70%，如图5.30所示；合成窗口效果如图5.31所示。

 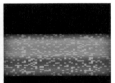

图5.30 设置属性参数　　图5.31 设置属性后效果

步骤 16 为"彩色色块"层添加【边角定位】特效。在【效果和预设】面板中展开【扭曲】特效组，然后双击【边角定位】特效

步骤 17 在【效果控件】面板中修改【边角定位】特效的参数，设置【左上】的值为（-11，-416），【右上】的值为（855，488），【左下】）的值为（-18，-384），【右下】的值为（551，992），如图5.32所示；合成窗口效果如图5.33所示。

 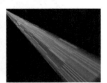

图5.32 设置【边角定位】特效参数　图5.33 设置【边角定位】特效后效果

步骤 18 为"彩色色块"层添加【贝塞尔曲线变形】特效。在【效果和预设】面板中展开【扭曲】特效组，然后双击【贝塞尔曲线变形】特效。

步骤 19 选择"彩色色块"层，在时间线面板中展开【蒙版】|【蒙版 1】选项，将时间调整到00:00:00:00帧的位置，将路径拖动到左侧，单击【蒙版路径】左侧的码表按钮，在当前位置设置关键帧。

步骤 20 将时间调整到00:00:01:15帧的位置，将路径从左拖动到右侧，系统会自动设置关键帧，如图5.34所示；合成窗口效果如图5.35所示。

图5.34 设置【蒙版路径】关键帧

图5.35 设置【蒙版路径】关键帧后效果

步骤 21 这样就完成了彩虹的整体制作，按小键盘上的"0"键，即可在合成窗口中预览动画。

实例040 利用【抠像1.2】特效去除红背景

特效解析　本例主要讲解利用Keylight（1.2）（抠像1.2）特效制作去除红背景效果。完成的动画流程画面如图5.36所示。

知识点　Keylight（1.2）（抠像1.2）特效

图5.36 动画流程画面

难易程度：★☆☆☆☆
工程文件：下载文件\工程文件\第5章\去除红背景
视频位置：下载文件\movie\实例040 利用Keylight（1.2）（抠像1.2）特效去除红背景.avi

操作步骤

步骤01 执行菜单栏中的【文件】|【打开项目】命令，选择下载文件中的"工程文件\第5章\去除红背景\去除红背景练习.aep"文件并打开。

步骤02 为"鞋子.jpg"层添加Keylight（1.2）（抠像1.2）特效。在【效果和预设】面板中展开【键控】特效组，然后双击Keylight（1.2）（抠像1.2）特效。

步骤03 在【效果控件】面板中修改Keylight（1.2）（抠像1.2）特效的参数，设置Screen Colour（屏幕颜色）为红色（R:255，G:0，B:0），Screen Balance（屏幕均衡）的值为0，如图5.37所示；合成窗口效果如图5.38所示。这样就完成了去除红背景的整体制作。

图5.37 设置（抠像1.2）特效参数

图5.38 设置（抠像1.2）特效后效果

实例041 利用【抠像1.2】特效制作《忆江南》

特效解析
本例主要讲解利用Keylight 1.2（抠像1.2）特效制作《忆江南》动画效果。完成的动画流程画面如图5.39所示。

知识点
Keylight 1.2（抠像1.2）特效

图5.39 动画流程画面

难易程度：★★☆☆☆
工程文件：下载文件\工程文件\第5章\制作忆江南动画
视频位置：下载文件\movie\实例041 制作《忆江南》.avi

操作步骤

步骤01 执行菜单栏中的【文件】|【打开项目】命令，选择下载文件中的"工程文件\第5章\制作忆江南动画\制作忆江南动画练习.aep"文件并打开。

步骤02 为"抠像动态素材.mov"层添加Keylight 1.2（抠像1.2）特效。在【效果和预设】面板中展开【键控】特效组，然后双击Keylight 1.2（抠像1.2）特效。

步骤03 在【效果控件】面板中修改Keylight 1.2（抠像1.2）特效的参数，设置Screen Colour（屏幕颜色）为蓝色（R:6，G:0，B:255），如图5.40所示；合成窗口效果如图5.41所示。

图5.40 设置（抠像1.2）特效参数

图5.41 设置抠像1.2参数后效果

步骤04 执行菜单栏中的【图层】|【新建】|【文本】命令，输入"忆江南"，字号为92像素，字体颜色为灰色（R:66，G:66，B:66）。

步骤05 将时间调整到00:00:00:17帧的位置，展开"忆江南"层，单击【文本】右侧的【动画】三角形按钮，从弹出的菜单中选择【不透明度】命令，设置【不透明度】的值为0；展开【文本】|【动画制作工具1】|【范围选择器1】选项组，设置【起始】的值为0，单击【起始】左侧的码表按钮，在当前位置设置关键帧。

步骤06 将时间调整到00:00:02:03帧的位置，设置【起始】的值为100%，系统会自动设置关键帧，如图5.42所示。

图5.42 设置关键帧

步骤07 这样就完成了《忆江南》的整体制作，按小键盘上的"0"键，即可在合成窗口中预览动画。

实例042 利用【亮度键】特效抠除白背景

特效解析 本例主要讲解利用【亮度键】特效制作抠除白背景效果。完成的动画流程画面如图5.43所示。

知识点 【亮度键】特效

图5.43 动画流程画面

难易程度：★☆☆☆☆
工程文件：下载文件\工程文件\第5章\抠除白背景
视频位置：下载文件\movie\实例042 抠除白背景.avi

操作步骤

步骤01 执行菜单栏中的【文件】|【打开项目】命令，选择下载文件中的"工程文件\第5章\抠除白背景\抠除白背景练习.aep"文件并打开。

步骤02 选中"相机.jpg"层，按P键打开【位置】属性，设置【位置】的值为（481，400）。

步骤03 为"相机.jpg"层添加【亮度键】特效。在【效果和预设】面板中展开【键控】特效组，然后双击【亮度键】特效。

步骤04 在【效果控件】面板中修改【亮度键】特效的参数，从【键控类型】菜单中选择【抠出较亮区域】命令，设置【阈值】的值为254，【薄化边缘】的值为1，【羽化边缘】的值为2，如图5.44所示；合成窗口效果如图5.45所示。这样就完成了抠除白背景的整体制作。

图5.44 设置【亮度键】特效参数

图5.45 设置【亮度键】特效后的效果

第6章 内置特效案例进阶

内容摘要

在影视作品中，一般都离不开特效的使用，Adobe After Effects中内置了上百种视频特效。掌握各种视频特效的应用是进行视频创作的基础，只有掌握了各种视频特效的应用特点，才能轻松制作出绚丽的视频作品。

教学目标

◆ 掌握【斜面 Alpha】特效制作玻璃效果的方法
◆ 掌握【CC 滚珠操作】特效制作三维立体球效果的方法
◆ 掌握【CC 融化】特效制作融化效果的方法
◆ 掌握CC Pixel Polly（CC像素多边形）特效制作风沙汇集效果的方法
◆ 掌握【CC 球体】特效制作地球自转效果的方法
◆ 掌握【动态拼贴】特效制作滚动的标志效果的方法
◆ 掌握【纹理化】特效制作浮雕效果的方法
◆ 掌握【写入】特效制作动画文字效果的方法

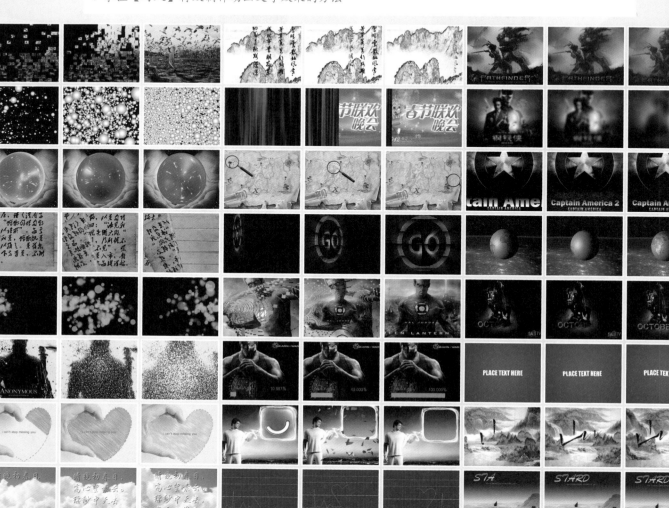

实例043 利用【斜面 Alpha】特效制作玻璃效果

特效解析 本例主要讲解利用【斜面 Alpha】特效制作玻璃效果。完成的动画流程画面如图6.1所示。

知识点
1. 【斜面 Alpha】特效
2. 【色相/饱和度】特效

图6.1 动画流程画面

难易程度：★☆☆☆☆
工程文件：下载文件\工程文件\第6章\玻璃效果
视频位置：下载文件\movie\实例043 利用【斜面 Alpha】特效制作玻璃效果.avi

操作步骤

步骤 01 执行菜单栏中的【文件】|【打开项目】命令，选择下载文件中的"工程文件\第6章\玻璃效果\玻璃效果练习.aep"文件并打开。

步骤 02 为"图2"层添加【色相/饱和度】特效。在【效果和预设】面板中展开【颜色校正】特效组，然后双击【色相/饱和度】特效。

步骤 03 在【效果控件】面板中修改【色相/饱和度】特效的参数，设置【主饱和度】的值为-100，如图6.2所示；合成窗口效果如图6.3所示。

图6.2 设置【色相/饱和度】特效的参数　　图6.3 设置【色相/饱和度】特效后效果

步骤 04 为"图2"层添加【斜面 Alpha】特效。在【效果和预设】面板中展开【透视】特效组，然后双击【斜面 Alpha】特效。

步骤 05 在【效果控件】面板中修改【斜面 Alpha】特效的参数，设置【边缘厚度】的值为5，如图6.4所示；合成窗口效果如图6.5所示。

图6.4 设置【斜面 Alpha】特效参数　图6.5 设置【斜面 Alpha】特效参数后效果

步骤 06 在时间线面板中选中"图2"层，在工具栏中选择【矩形工具】■，在图层上绘制一个矩形路径；按M键打开【蒙版路径】属性，将时间调整到00:00:01:04帧的位置，单击【蒙版路径】左侧的码表●按钮，在当前位置设置关键帧，如图6.6所示。

步骤 07 将时间调整到00:00:00:00帧的位置，选中路径，按住Shift+Ctrl组合键的同时拖动鼠标将其缩小，系统会自动设置关键帧，如图6.7所示。

图6.6 设置1秒4帧蒙版形状　　图6.7 设置0秒后蒙版形状

步骤 08 为"图"层添加【斜面 Alpha】特效。在【效果和预设】面板中展开【透视】特效组，然后双击【斜面 Alpha】特效。

步骤09 在【效果控件】面板中修改【斜面 Alpha】特效的参数，设置【边缘厚度】的值为5，如图6.8所示；合成窗口效果如图6.9所示。

图6.8 设置【斜面 Alpha】
特效参数

图6.9 设置【斜面Alpha】
特效后效果

步骤10 在时间线面板中选中"图"层，在工具栏中选择【矩形工具】 ，在图层上绘制一个矩形路径；按M键打开【蒙版路径】属性，将时间调整到00:00:01:04帧的位置，单击【蒙版路径】左侧的码表 按钮，在当前位置设置关键帧，如图6.10所示。

步骤11 将时间调整到00:00:00:00帧的位置，选中路径，拖动鼠标将其缩小，系统会自动设置关键帧，如图6.11所示。

图6.10 设置【蒙版路径】关键帧　　图6.11 缩小矩形

步骤12 在时间线面板中选择"图"层，按T键打开【不透明度】属性，设置【不透明度】的值为

50%，如图6.12所示；合成窗口效果如图6.13所示。

图6.12 设置【不透明度】参数　　图6.13 设置【不透明度】参数后效果

步骤13 在时间线面板中依次选择"图3""图2"和"图"层，执行菜单栏中的【动画】|【关键帧辅助】|【序列图层】命令，打开【序列图层】对话框，设置【持续时间】为00:00:08:00，单击【确定】按钮，如图6.14所示；时间线面板如图6.15所示。

图6.14 【序列图层】对话框

图6.15 设置关键帧辅助后的时间线面板

步骤14 这样就完成了玻璃效果的整体制作，按小键盘上的"0"键，即可在合成窗口中预览动画。

实例044 利用【双向模糊】特效制作对称模糊

特效解析 本例主要讲解利用【双向模糊】特效制作对称模糊效果。完成的动画流程画面如图6.16所示。

知识点 【双向模糊】特效

图6.16 动画流程画面

难易程度：★☆☆☆☆

工程文件：下载文件\工程文件\第6章\双向模糊

视频位置：下载文件\movie\实例044 利用【双向模糊】制作对称模糊.avi

步骤 01 执行菜单栏中的【文件】|【打开项目】命令，选择下载文件中的"工程文件\第6章\双向模糊\双向模糊练习.aep"文件并打开。

步骤 02 为"图片"层添加【双向模糊】特效。在【效果和预设】面板中展开【模糊和锐化】特效组，然后双击【双向模糊】特效。

步骤 03 在【效果控件】面板中修改【双向模糊】特效的参数，将时间调整到00:00:00:00帧的位置，设置【半径】的值为25，【阈值】的值为3，单击【半径】和【阈值】左侧的码表█按钮，在当前位置设置关键帧。

步骤 04 将时间调整到00:00:01:15帧的位置，设置【半径】的值为107，【阈值】的值为100，系统会自动设置关键帧，如图6.17所示；合成窗口效果如图6.18所示。

图6.17 设置【半径】和【阈值】关键帧

图6.18 设置【双向模糊】特效后效果

步骤 05 这样就完成了对称模糊的整体制作，按小键盘上的"0"键，即可在合成窗口中预览动画。

实例045 利用【方框模糊】特效制作图片模糊

特效解析 本例主要讲解利用【方框模糊】特效制作图片模糊效果。完成的动画流程画面如图6.19所示。

知识点 【方框模糊】特效

图6.19 动画流程画面

难易程度：★☆☆☆☆
工程文件：下载文件\工程文件\第6章\方框模糊
视频位置：下载文件\movie\实例045 利用【方框模糊】制作图片模糊.avi

步骤 01 执行菜单栏中的【文件】|【打开项目】命令，选择下载文件中的"工程文件\第6章\方框模糊\方框模糊练习.aep"文件并打开。

步骤 02 为"钢铁侠"层添加【方框模糊】特效。在【效果和预设】面板中展开【模糊和锐化】特效组，然后双击【方框模糊】特效。

步骤 03 在【效果控件】面板中修改【方框模糊】特效的参数，将时间调整到00:00:00:00帧的位置，设置【模糊半径】的值为0，【迭代】的值为1，单击【模糊半径】和【迭代】左侧的码表█按钮，在当前位置设置关键帧，如图6.20所示；合成窗口效果如图6.21所示。

图6.20 设置【方框模糊】特效参数

步骤 05 这样就完成了方框模糊的整体制作，按小键盘上的"0"键，即可在合成窗口中预览动画。

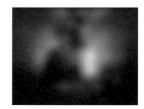

图6.22 设置1秒15帧关键帧

图6.21 设置【方框模糊】特效后效果

步骤 04 将时间调整到00:00:01:15帧的位置，设置【模糊半径】的值为16，【迭代】的值为6，系统会自动设置关键帧，如图6.22所示；合成窗口效果如图6.23所示。

图6.23 设置关键帧后效果

实例046 利用【卡片动画】特效制作梦幻汇集

特效解析　本例主要讲解利用【卡片动画】特效制作梦幻汇集效果。完成的动画流程画面如图6.24所示。

知识点　【卡片动画】特效

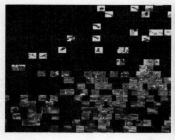

图6.24 动画流程画面

难易程度：★☆☆☆☆
工程文件：下载文件\工程文件\第6章\梦幻汇集
视频位置：下载文件\movie\实例046 利用【卡片动画】制作梦幻汇集.avi

操作步骤

步骤 01 执行菜单栏中的【文件】|【打开项目】命令，选择下载文件中的"工程文件\第6章\梦幻汇集\梦幻汇集练习.aep"文件并打开。

步骤 02 为"背景"层添加【卡片动画】特效。在【效果和预设】面板中展开【模拟】特效组，然后双击【卡片动画】特效。

步骤 03 在【效果控件】面板中修改【卡片动画】特效的参数，从【行数和列数】下拉列表框中选择【独立】选项，设置【行数】的值为25，分别从【渐变图层1、2】下拉列表框中选择"背景.jpg"层，如图6.25所示。

步骤 04 将时间调整到00:00:00:00帧的位置，展开【X位置】选项组，从【源】下拉列表框中选择【红色1】选项，设置【乘数】的值为24，【偏移】的值为11，单击【乘数】和【偏移】左侧的码表按钮，在当前位置设置关键帧，合成窗口效果如图6.26所示。

图6.25 设置【卡片动画】特效参数　图6.26 设置【卡片动画】
　　　　　　　　　　　　　　　　　特效后效果

步骤 05 将时间调整到00:00:04:11帧的位置，设置【乘数】的值为0，【偏移】的值为0，系统会自动设置关键帧，如图6.27所示。

图6.27 设置4秒11帧的关键帧

步骤 06 展开【Z位置】选项组，将时间调整到00:00:00:00帧的位置，设置【偏移】的值为10，单击【偏移】左侧的码表█按钮，在当前位置设置关键帧。

步骤 07 将时间调整到00:00:04:11帧的位置，设置【偏移】的值为0，系统会自动设置关键帧，如图6.28所示；合成窗口效果如图6.29所示。

图6.28 设置【Z位置】选项组的参数　图6.29 设置【Z位置】
　　　　　　　　　　　　　　　　　　　　后的效果

步骤 08 这样就完成了梦幻汇集的整体制作，按小键盘上的"0"键，即可在合成窗口中预览动画。

实例047 利用【CC 滚珠操作】特效制作三维立体球

特效解析 本例主要讲解利用CC Ball Action（CC 滚珠操作）特效制作三维立体球效果。完成的动画流程画面如图6.30所示。

知识点 CC Ball Action（CC 滚珠操作）特效

 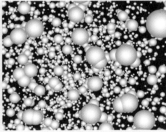 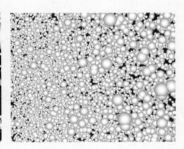

图6.30 动画流程画面

难易程度：★★☆☆☆
工程文件：下载文件\工程文件\第6章\三维立体球
视频位置：下载文件\movie\实例047 利用【CC 滚珠操作】特效制作三维立体球.avi

操作步骤

步骤 01 执行菜单栏中的【合成】|【新建合成】命令，打开【合成设置】对话框，设置【合成名称】为"三维立体球"，【宽度】为720，【高度】为576，【帧速率】为25，【持续时间】为00:00:06:00秒。

步骤 02 执行菜单栏中的【图层】|【新建】|【纯

色】命令，打开【纯色设置】对话框，设置【名称】为"背景"，【颜色】为白色。

步骤 03 为"背景"层添加CC Ball Action（CC 滚珠操作）特效。在【效果和预设】面板中展开【模拟】特效组，然后双击CC Ball Action（CC 滚珠操作）特效。

步骤 04 在【效果控件】面板中修改CC Ball Action（CC 滚珠操作）特效的参数，从Rotation Axis（旋转轴）下拉列表框中选择Y Axis（Y 轴）选项，从Twist Property（扭曲特性）下拉列表框中选择【半径】选项；将时间调整到00:00:00:00帧的位置，设置Scatter（扩散）的值为850，【旋转】的值为180，Twist Angle（扭曲角度）的值为200，Grid Spacing（网格间隔）的值为6，单击Scatter（扩散）、【旋转】、Twist Angle（扭曲角度）、Grid Spacing（网格间隔）左侧的码表██按钮，在当前位置设置关键帧，合成窗口效果如图6.31所示。

步骤 05 将时间调整到00:00:04:00帧的位置，设置Scatter（扩散）的值为0，【旋转】的值为0，Twist

Angle（扭曲角度）的值为0，Grid Spacing（网格间隔）的值为0，系统会自动设置关键帧，如图6.32所示。

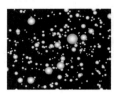 

图6.31 设置0秒关键帧后效果　　图6.32 设置4秒关键帧的效果

步骤 06 这样就完成了三维立体球的整体制作，按小键盘上的"0"键，即可在合成窗口中预览动画。

实例048 利用【CC 融化】特效制作融化效果

特效解析 本例主要讲解利用CC Blobbylize（CC 融化）特效制作融化效果。完成的动画流程画面如图6.33所示。

知识点 CC Blobbylize（CC 融化）特效

图6.33 动画流程画面

难易程度：★☆☆☆☆
工程文件：下载文件\工程文件\第6章\融化效果
视频位置：下载文件\movie\实例048 利用（CC 融化）特效制作融化效果.avi

操作步骤

步骤 01 执行菜单栏中的【文件】|【打开项目】命令，选择下载文件中的"工程文件\第6章\融化效果\融化效果练习.aep"文件并打开。

步骤 02 执行菜单栏中的【图层】|【新建】|【纯色】命令，打开【纯色设置】对话框，设置【名称】为"背景"，【颜色】为白色。

步骤 03 为"载体"层添加CC Blobbylize（CC 融化）特效。在【效果和预设】面板中展开【扭曲】特效组，然后双击CC Blobbylize（CC 融化）特效。

步骤 04 在【效果控件】面板中修改CC Blobbylize

（CC 融化）特效的参数，展开Blobbiness（融化层）选项组，设置Sofrness（柔化）的值为27；将时间调整到00:00:00:00帧的位置，设置Cut Away（剪切）的值为0，单击Cut Away（剪切）左侧的码表██按钮，在当前位置设置关键帧。

步骤 05 将时间调整到00:00:01:13帧的位置，设置Cut Away（剪切）的值为63，系统会自动设置关键帧，如图6.34所示；合成窗口效果如图6.35所示。

图6.34 设置CC Blobbylize（CC 融化）　图6.35 设置【CC融化】
　　　　特效参数　　　　　　　　　　　特效后的效果

步骤 06 这样就完成了融化效果的整体制作，按小键盘上的"0"键，即可在合成窗口中预览动画。

实例049 利用【CC 镜头】特效制作水晶球

特效解析　本例主要讲解利用CC Lens（CC 镜头）特效制作水晶球效果。完成的动画流程画面如图6.36所示。

知识点　CC Lens（CC 镜头）

图6.36 动画流程画面

难易程度：★☆☆☆☆
工程文件：下载文件\工程文件\第6章\水晶球
视频位置：下载文件\movie\实例049 利用【CC 镜头】特效制作水晶球.avi

　　　　操作步骤

步骤 01 执行菜单栏中的【文件】|【打开项目】命令，选择下载文件中的"工程文件\第6章\水晶球\水晶球练习.aep"文件并打开。

步骤 02 执行菜单栏中的【合成】|【新建合成】命令，打开【合成设置】对话框，设置【合成名称】为"水晶球背景"，【宽度】为720，【高度】为576，【帧速率】为25，【持续时间】为00:00:03:00秒。

步骤 03 在【项目】面板中选择"载体.jpg"素材，将其拖动到"水晶球背景"合成的时间线面板中。选中"载体.jpg"层，按P键打开【位置】属性，按住Alt键单击【位置】左侧的码表■按钮，在空白处输入"wiggle(1,200)"，如图6.37所示；合成窗口效果如图6.38所示。

步骤 04 打开"水晶球"合成，在【项目】面板中选择"水晶球背景"合成，将其拖动到"水晶球"合成的时间线面板中。

图6.37 设置表达式

图6.38 设置表达式后效果

步骤 05 为"水晶球背景"层添加CC Lens（CC 镜头）特效。在【效果和预设】面板中展开【扭曲】特效组，然后双击CC Lens（CC 镜头）特效。

步骤 06 在【效果控件】面板中修改CC Lens（CC 镜头）特效的参数，设置【大小】的值为48，如图6.39所示；合成窗口效果如图6.40所示。

图6.39 设置【CC镜头】特效参数　图6.40 设置【CC镜头】
特效后效果

步骤 07 这样就完成了水晶球的整体制作，按小键盘上的"0"键，即可在合成窗口中预览动画。

实例050 利用【CC 卷页】特效制作卷页效果

特效解析 本例主要讲解利用CC Page Turn（CC 卷页）特效制作卷页效果。完成的动画流程画面如图6.41所示。

知识点 CC Page Turn（CC 卷页）特效

图6.41 动画流程画面

难易程度：★★☆☆☆
工程文件：下载文件\工程文件\第6章\卷页效果
视频位置：下载文件\movie\实例050 利用【CC卷页】特效制作卷页效果.avi

操作步骤

步骤 01 执行菜单栏中的【文件】|【打开项目】命令，选择下载文件中的"工程文件\第6章\卷页效果\卷页效果练习.aep"文件并打开。

步骤 02 为"书页1"层添加CC Page Turn（CC 卷页）特效。在【效果和预设】面板中展开【扭曲】特效组，然后双击CC Page Turn（CC 卷页）特效。

步骤 03 在【效果控件】面板中修改CC Page Turn（CC 卷页）特效的参数，设置Fold Direction（折叠方向）的值为-104；将时间调整到00:00:00:00帧的位置，设置Fold Position（折叠位置）的值为（680，236），单击Fold Position（折叠位置）左侧的码表█按钮，在当前位置设置关键帧。

步骤 04 将时间调整到00:00:01:00帧的位置，设置Fold Position（折叠位置）的值为（-48，530），系统会自动设置关键帧，如图6.42所示；合成窗口效果如图6.43所示。

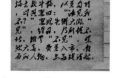

图6.42 设置CC Page Turn（CC　图6.43 设置CC Page Turn（CC
卷页）特效参数　　　　卷页）特效参数后效果

步骤 05 为"书页2"层添加CC Page Turn（CC卷页）特效。在【效果和预设】面板中展开【扭曲】特效组，然后双击CC Page Turn（CC卷页）特效。

步骤 06 在【效果控件】面板中修改CC Page Turn（CC 卷页）特效的参数，设置Fold Direction（折叠方向）的值为-104；将时间调整到00:00:01:00帧的位置，设置Fold Position（折叠位置）的值为（680，236），单击Fold Position（折叠位置）左侧的码表█按钮，在当前位置设置关键帧。

步骤 07 将时间调整到00:00:02:00帧的位置，设置

Fold Position（折叠位置）的值为（-48，530），系统会自动设置关键帧，如图6.44所示；合成窗口效果如图6.45所示。

图6.44 设置书页2的关键帧

图6.45 设置书页2关键帧后效果

步骤08 这样就完成了卷页效果的整体制作，按小键盘上的"0"键，即可在合成窗口中预览动画。

实例051 利用【CC仿真粒子世界】特效制作飞舞小球

特效解析 本例主要讲解利用CC Particle World（CC仿真粒子世界）特效制作飞舞小球效果。完成的动画流程画面如图6.46所示。

知识点 CC Particle World（CC仿真粒子世界）特效

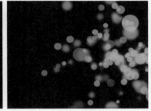

图6.46 动画流程画面

难易程度：★★☆☆☆
工程文件：下载文件\工程文件\第6章\飞舞小球
视频位置：下载文件\movie\实例051 利用CC Particle World（CC仿真粒子世界）特效制作飞舞小球.avi

操作步骤

步骤01 执行菜单栏中的【合成】|【新建合成】命令，打开【合成设置】对话框，设置【合成名称】为"飞舞小球"，【宽度】为720，【高度】为576，【帧速率】为25，【持续时间】为00:00:05:00秒。

步骤02 执行菜单栏中的【图层】|【新建】|【纯色】命令，打开【纯色设置】对话框，设置【名称】为"粒子"，【颜色】为蓝色（R:0，G:198，B:255）。

步骤03 为"粒子"层添加CC Particle World（CC粒子仿真世界）特效。在【效果和预设】面板中展开【模拟】特效组，然后双击CC Particle World（CC仿真粒子世界）特效。

步骤04 在【效果控件】面板中修改CC Particle World（CC仿真粒子世界）特效的参数，设置Birth Rate（生长速率）的值为0.6，Longevity（寿命）的值为2.09；展开Producer（发生器）选项组，设置Radius Z（Z轴半径）的值为0.435；将时间调整到00:00:00:00帧的位置，设置Position X（X轴位置）的值为-0.53，Position Y（Y轴位置）的值为0.03，同时单击Position X（X轴位置）和Position Y（Y轴位置）左侧的码表▓按钮，在当前位置设置关键帧。

步骤05 将时间调整到00:00:03:00帧的位置，设置Position X（X轴位置）的值为0.78，Position Y（Y轴位置）的值为0.01，系统会自动设置关键帧，如图6.47所示；合成窗口效果如图6.48所示。

图6.47 设置【位置】参数　　图6.48 设置【位置】参数
后的效果

步骤 06 展开Physics（物理学）选项组，从【动画】下拉列表框中选择Viscouse（粘性）选项，设置Velocity（速度）的值为1.06，Gravity（重力）的值为0；展开Particle（粒子）选项组，从Particle Type（粒子类型）下拉列表框中选择Lens Convex（凸透镜）选项，设置Birth Size（生长大小）的值为0.357，Death Size（消逝大小）的值为0.587，如图6.49所示；合成窗口效果如图6.50所示。

步骤 07 选中"粒子"层，按Ctrl+D组合键复制一个新的图层，并将其重命名为"粒子2"，并为"粒子2"文字层添加【快速方框模糊】特效。在【效果和预设】面板中展开【模糊和锐化】特效组，然后双击【快速方框模糊】特效。

步骤 08 在【效果控件】面板中修改【快速方框模糊】特效的参数，设置【模糊度】的值为15。

步骤 09 选中"粒子2"层，在【效果控件】面板中

修改CC Particle World（CC 仿真粒子世界）特效的参数，设置Birth Rate（生长速率）的值为1.7，Longevity（寿命）的值为1.87。

步骤 10 展开Physics（物理学）选项组，设置Velocity（速度）的值为0.84，如图6.51所示；合成窗口效果如图6.52所示。

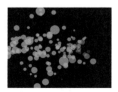

图6.49 设置【物理学】　　图6.50 设置【CC粒子仿真世界】
选项组参数　　　　特效后的效果

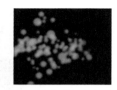

图6.51 设置【物理学】选项组参数 图6.52 设置"粒子2"层参
数后的效果

步骤 11 这样就完成了飞舞小球效果的整体制作，按小键盘上的"0"键，即可在合成窗口中预览动画。

实例052 利用【CC像素多边形】特效制作风沙汇集

特效解析 本例主要讲解利用CC Pixel Polly（CC像素多边形）特效制作风沙汇集效果。完成的动画流程画面如图6.53所示。

知识点 CC Pixel Polly（CC像素多边形）特效

图6.53 动画流程画面

难易程度：★☆☆☆☆
工程文件：下载文件\工程文件\第6章\风沙汇集动画
视频位置：下载文件\movie\实例052 利用CC Pixel Polly（CC像素多边形）特效制作风沙汇集.avi

操作步骤

步骤01 执行菜单栏中的【文件】|【打开项目】命令，选择下载文件中的"工程文件\第6章\风沙汇集动画\风沙汇集动画练习.aep"文件并打开。

步骤02 为"背景"层添加CC Pixel Polly（CC像素多边形）特效。在【效果和预设】面板中展开【模拟】特效组，然后双击CC Pixel Polly（CC像素多边形）特效。

步骤03 在【效果控件】面板中修改CC Pixel Polly（CC像素多边形）特效的参数，设置Grid Spacing（网格间隔）的值为2，从Object（对象）右侧的下拉列表框中选择Polygon（多边形）选项，如图

6.54所示；合成窗口效果如图6.55所示。

图6.54 设置CC Pixel Polly（CC 图6.55 设置CC Pixel Polly（CC
像素多边形）特效参数　　像素多边形）特效后效果

步骤04 这样就完成了风沙汇集效果的整体制作，按小键盘上的"0"键，即可在合成窗口中预览动画。

实例053 利用【CC散射】特效制作碰撞动画

特效解析 本例主要讲解利用CC Scatterize（CC散射）特效制作碰撞动画效果。完成的动画流程画面如图6.56所示。

知识点 CC Scatterize（CC散射）特效

图6.56 动画流程画面

难易程度：★★☆☆☆
工程文件：下载文件\工程文件\第6章\碰撞动画
视频位置：下载文件\movie\实例053 利用CC Scatterize（CC散射）特效制作碰撞动画.avi

操作步骤

步骤01 执行菜单栏中的【文件】|【打开项目】命令，选择下载文件中的"工程文件\第6章\碰撞动画\碰撞动画练习.aep"文件并打开。

步骤02 执行菜单栏中的【图层】|【新建】|【文本】命令，输入"Captain America 2"，设置文字字体为Franklin Gothic Heavy，字号为71像素，字体颜色为白色。

步骤03 选中"Captain America 2"层，按Ctrl+D组合键复制一个新的文字层，并将其重命名为"Captain America 3"，如图6.57所示。

图6.57 复制文字层

步骤04 为"Captain America 2"层添加CC Scatterize（CC散射）特效。在【效果和预设】面板中展开【模拟】特效组，然后双击CC Scatterize（CC散射）特效，如图6.58所示。

图6.58 添加【CC散射】特效

步骤 05 在【效果控件】面板中修改CC Scatterize（CC散射）特效的参数，从Transfer Mode（转换模式）下拉列表框中选择Alpha Add（通道相加）选项；将时间调整到00:00:01:01帧的位置，设置Scatter（扩散）的值为0，单击Scatter（扩散）左侧的码表 按钮，在当前位置设置关键帧。

步骤 06 将时间调整到00:00:02:01帧的位置，设置Scatter（扩散）的值为167，系统会自动设置关键帧，如图6.59所示；合成窗口效果如图6.60所示。

图6.59 设置CC Scatterize（CC散射）特效参数

图6.60 设置CC Scatterize（CC散射）特效参数后效果

步骤 07 选中"Captain America 2"层，将时间调整到00:00:01:00帧的位置，按T键打开【不透明度】属性，设置【不透明度】的值为0，单击【不透明度】左侧的码表 按钮，在当前位置设置关键帧。

步骤 08 将时间调整到00:00:01:01帧的位置，设置【不透明度】的值为100%，系统会自动设置关键帧。

步骤 09 将时间调整到00:00:01:11帧的位置，设置【不透明度】的值为100%。

步骤 10 将时间调整到00:00:01:18帧的位置，设置【不透明度】的值为0，如图6.61所示。

图6.61 设置【不透明度】关键帧

步骤 11 为"Captain America 3"层添加【梯度渐变】特效。在【效果和预设】面板中展开【生成】特效组，然后双击【梯度渐变】特效。

步骤 12 在【效果控件】面板中修改【梯度渐变】特效的参数，设置【渐变起点】的值为（362，438），【渐变终点】的值为（362，508），从【渐变形状】下拉列表框中选择【线性渐变】选项，如图6.62所示；合成窗口效果如图6.63所示。

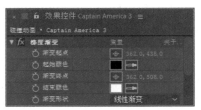

图6.62 设置【梯度渐变】特效参数

图6.63 设置【梯度渐变】特效后的效果

步骤 13 选中"Captain America 3"层，将时间调整到00:00:00:00帧的位置，设置【缩放】的值为（3407，3407），单击【缩放】左侧的码表 按钮，在当前位置设置关键帧。

步骤 14 将时间调整到00:00:01:01帧的位置，设置【缩放】的值为（100，100），系统会自动设置关键帧，如图6.64所示；合成窗口效果如图6.65所示。

图6.64 设置【缩放】关键帧

图6.65 设置【缩放】后的效果

步骤 15 这样就完成了碰撞动画的整体制作，按小键盘上的"0"键，即可在合成窗口中预览动画。

实例054 利用【CC 球体】特效制作地球自转

特效解析 本例主要讲解利用CC Sphere（CC 球体）特效制作地球自转效果。完成的动画流程画面如图6.66所示。

知识点 CC Sphere（CC 球体）特效

图6.66 动画流程画面

难易程度：★★☆☆☆
工程文件：下载文件\工程文件\第6章\地球自转动画
视频位置：下载文件\movie\实例054 利用CC Sphere（CC 球体）特效制作地球自转.avi

操作步骤

步骤01 执行菜单栏中的【文件】|【打开项目】命令，选择下载文件中的"工程文件\第6章\地球自转动画\地球自转动画练习.aep"文件并打开。

步骤02 选择"世界地图.jpg"层，按S键打开【缩放】属性，设置【缩放】的值为（36，36）。为"世界地图.jpg"层添加【色相/饱和度】特效，在【效果和预设】面板中展开【颜色校正】特效组，然后双击【色相/饱和度】特效。

步骤03 在【效果控件】面板中修改【色相/饱和度】特效的参数，设置【主色相】的值为1x+14，【主饱和度】的值为100，如图6.67所示。

图6.67 设置【色相/饱和度】特效参数

步骤04 为"世界地图.jpg"层添加CC Sphere（CC 球体）特效。在【效果和预设】面板中展开【透视】特效组，然后双击CC Sphere（CC 球体）特效。

步骤05 在【效果控件】面板中修改CC Sphere（CC 球体）特效的参数，展开【旋转】选项组，将时间调整到00:00:00:00帧的位置，设置Rotation Y（Y轴旋转）的值为0，单击RotationY（Y轴旋转）左

侧的码表█按钮，在当前位置设置关键帧，如图6.68所示。

图6.68 设置0秒关键帧

步骤06 将时间调整到00:00:04:24帧的位置，设置Rotation Y（Y轴旋转）的值为1x，系统会自动设置关键帧，如图6.69所示。

图6.69 设置4秒24帧关键帧

步骤07 设置【半径】的值为360，展开Shading（阴影）选项组，设置Ambient（环境光）的值为0，Specular（反光）的值为33，Roughness（粗糙度）的值为0.227，Metal（质感）的值为0，如图6.70所示；合成窗口效果如图6.71所示。

图6.70 设置CC Sphere（CC 球体）特效参数

图6.71 设置CC Sphere（CC 球体）特效后效果

步骤08 这样就完成了地球自转的整体制作，按小键盘上的"0"键，即可在合成窗口中预览动画。

实例055 利用【查找边缘】特效制作水墨画

特效解析 本例主要讲解利用【查找边缘】特效制作水墨画效果。完成的动画流程画面如图6.72所示。

知识点 【查找边缘】特效

图6.72 动画流程画面

难易程度：★★☆☆☆

工程文件：下载文件\工程文件\第6章\水墨画效果

视频位置：下载文件\movie\实例055 利用【查找边缘】特效制作水墨画.avi

操作步骤

步骤01 执行菜单栏中的【文件】|【打开项目】命令，选择下载文件中的"工程文件\第6章\水墨画效果\水墨画效果练习.aep"文件并打开。

步骤02 选中"背景"层，将时间调整到00:00:00:00帧的位置，按P键打开【位置】属性，设置【位置】的值为（427，288），单击【位置】左侧的码表■按钮，在当前位置设置关键帧。

步骤03 将时间调整到00:00:03:00帧的位置，设置【位置】的值为（293，288），系统会自动设置关键帧，如图6.73所示。

图6.73 设置【位置】关键帧

步骤04 为"背景"层添加【查找边缘】特效。在【效果和预设】面板中展开【风格化】特效组，

然后双击【查找边缘】特效。

步骤05 为"背景"层添加【色调】特效。在【效果和预设】面板中展开【颜色校正】特效组，然后双击【色调】特效。

步骤06 在【效果控件】面板中修改【色调】特效的参数，设置【将黑色映射到】为棕色（R:61，G:28，B:28），【着色数量】的值为77%，如图6.74所示；合成窗口效果如图6.75所示。

图6.74 设置【色调】特效参数　图6.75 设置【色调】参数后效果

步骤07 选中"字.tga"层，按S键打开【缩放】属性，设置【缩放】的值为（75，75）；在工

具栏中选择【矩形工具】■，在图层上绘制一个矩形路径，设置【蒙版羽化】的值为（50，50）；将时间调整到00:00:00:00帧的位置，按M键打开【蒙版路径】属性，单击【蒙版路径】左侧的码表■按钮，在当前位置设置关键帧，效果如图6.76所示。

step骤 08将时间调整到00:00:01:14帧的位置，将矩形路径从左向右拖动，系统会自动设置关键帧，效果如图6.77所示。

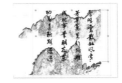 

图6.76 设置0秒蒙版形状　　图6.77 设置1秒14帧蒙版形状

步骤 09 这样就完成了水墨画效果的整体制作，按小键盘上的"0"键，即可在合成窗口中预览动画。

实例056 利用【分形杂色】特效制作幕布动画

特效解析　本例主要讲解利用【分形杂色】特效制作幕布动画效果。完成的动画流程画面如图6.78所示。

知识点　【分形杂色】特效

图6.78 动画流程画面

难易程度：★☆☆☆☆
工程文件：下载文件\工程文件\第6章\幕布动画
视频位置：下载文件\movie\实例056 利用【分形杂色】特效制作幕布动画.avi

操作步骤

步骤 01 执行菜单栏中的【文件】|【打开项目】命令，选择下载文件中的"工程文件\第6章\幕布动画\幕布动画练习.aep"文件并打开。

步骤 02 执行菜单栏中的【合成】|【新建合成】命令，打开【合成设置】对话框，设置【合成名称】为"幕布"，【宽度】为720，【高度】为576，【帧速率】为25，【持续时间】为00:00:05:00秒。

步骤 03 执行菜单栏中的【图层】|【新建】|【纯色】命令，打开【纯色设置】对话框，设置【名称】为"噪波"，【颜色】为白色。

步骤 04 为"噪波"层添加【分形杂色】特效。在【效果和预设】面板中展开【杂色和颗粒】特效

组，然后双击【分形杂色】特效。

步骤 05 在【效果控件】面板中修改【分形杂色】特效的参数，设置【对比度】的值为267，【亮度】的值为-39，从【溢出】下拉列表框中选择【反绕】选项；展开【变换】选项组，设置【缩放高度】的值为3318；将时间调整到00:00:00:00帧的位置，设置【演化】的值为0，单击【演化】左侧的码表■按钮，在当前位置设置关键帧。

步骤 06 将时间调整到00:00:04:00帧的位置，设置【演化】的值为2x，系统会自动设置关键帧，如图6.79所示；合成窗口效果如图6.80所示。

图6.79 设置【分形杂色】特效参数

图6.80 设置【分形杂色】特效后效果

步骤 07 打开"幕布动画"合成，在【项目】面板中选择"幕布"合成，将其拖动到"幕布动画"合成的时间线面板中。

步骤 08 执行菜单栏中的【图层】|【新建】|【纯色】命令，打开【纯色设置】对话框，设置【名称】为"染布"，【颜色】为红色（R:255，G:0，B:0）。

步骤 09 在时间线面板中设置"染布"层的【模式】为【相乘】，选择"染布"层作为"幕布"层的子物体，如图6.81所示。

图6.81 设置模式和子物体

步骤 10 在时间线面板中选择"幕布"层，设置【锚点】和【位置】的值为（-4，286）；将时间调整到00:00:00:00帧的位置，设置【缩放】的值为（100，100），单击【缩放】左侧的码表按钮，在当前位置设置关键帧，如图6.82所示；合成窗口效果如图6.83所示。

图6.82 设置0秒关键帧

图6.83 设置关键帧后效果

步骤 11 将时间调整到00:00:03:00帧的位置，单击【缩放】左侧的【约束比例】按钮取消约束，设置【缩放】的值为（0，100），系统会自动设置关键帧，如图6.84所示；合成窗口效果如图6.85所示。

图6.84 设置3秒关键帧

图6.85 设置【缩放】参数后效果

步骤 12 这样就完成了幕布动画的整体制作，按小键盘上的"0"键，即可在合成窗口中预览动画。

实例057 利用【放大】特效制作放大镜动画

特效解析 本例主要讲解利用【放大】特效制作放大镜动画效果。完成的动画流程画面如图6.86所示。

知识点 【放大】特效

图6.86 动画流程画面

难易程度：★★☆☆☆
工程文件：下载文件\工程文件\第6章\放大镜动画
视频位置：下载文件\movie\实例057 利用【放大】特效制作放大镜动画.avi

操作步骤

步骤01 执行菜单栏中的【文件】|【打开项目】命令，选择下载文件中的"工程文件\第6章\放大镜动画\放大镜动画练习.aep"文件并打开。

步骤02 选中"放大镜.tga"层，按S键打开【缩放】属性，设置【缩放】的值为（39，39）；将时间调整到00:00:00:00帧的位置，按P键打开【位置】属性，设置【位置】的值为（162，188），单击【位置】左侧的码表 按钮，在当前位置设置关键帧。

步骤03 将时间调整到00:00:02:24帧的位置，设置【位置】的值为（704，344），系统会自动设置关键帧，如图6.87所示。

图6.87 设置【位置】关键帧

步骤04 为"图.jpg"层添加【放大】特效。在【效果和预设】面板中展开【扭曲】特效组，然后双击【放大】特效。

步骤05 在【效果控件】面板中修改【放大】特效的参数，设置【放大率】的值为200，【大小】的值为52；将时间调整到00:00:00:00帧的位置，设置【中心】的值为（116，146），单击【中心】左侧的码表 按钮，在当前位置设置关键帧。

步骤06 将时间调整到00:00:02:24帧的位置，设置【中心】的值为（611，303），系统会自动设置关键帧，如图6.88所示；合成窗口效果如图6.89所示。

图6.88 设置【放大】特效参数

图6.89 设置【放大】特效后效果

步骤07 这样就完成了放大镜动画效果的整体制作，按小键盘上的"0"键，即可在合成窗口中预览动画。

实例058 利用【动态拼贴】特效制作滚动的标志

特效解析 本例主要讲解利用【动态拼贴】特效制作滚动的标志效果。完成的动画流程画面如图6.90所示。

知识点
1. 【动态拼贴】特效
2. 【网格】特效
3. 【梯度渐变】特效
4. Shine（光）特效

图6.90 动画流程画面

难易程度：★★★☆☆

工程文件：下载文件\工程文件\第6章\滚动的标志

视频位置：下载文件\movie\实例058 利用【动态拼贴】特效制作滚动的标志.avi

操作步骤

步骤01 执行菜单栏中的【合成】|【新建合成】命令，打开【合成设置】对话框，设置【合成名称】为"标志"，【宽度】为720，【高度】为576，【帧速率】为25，【持续时间】为00:00:05:00秒。

步骤02 执行菜单栏中的【图层】|【新建】|【纯色】命令，打开【纯色设置】对话框，设置【名称】为"网格"，【颜色】为黑色。

步骤03 为"网格"层添加【网格】特效。在【效果和预设】面板中展开【生成】特效组，然后双击【网格】特效。

步骤04 在【效果控件】面板中修改【网格】特效的参数，设置【锚点】的值为（359，288），从【大小依据】下拉列表框中选择【宽度滑块】选项，【宽度】的值为10，【边界】的值为6，【颜色】为青色（R:0，G:255，B:252），如图6.91所示。

步骤05 选中"网格"层，在工具栏中选择【椭圆工具】 ，在"网格"层绘制一个椭圆形状的路径，如图6.92所示。

图6.91 设置网格参数

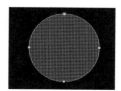

图6.92 路径设置

步骤06 单击"网格"层左侧的 按钮，展开【蒙版】选项组，选中【蒙版1】，按Ctrl+D组合键，复制出另一个蒙版并重命名为【蒙版2】。展开【蒙版2】选项组，设置【蒙版扩展】的值为-40，如图6.93所示；合成窗口效果如图6.94所示。

图6.93 设置蒙版参数

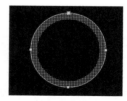

图6.94 设置蒙版后效果

步骤07 执行菜单栏中的【图层】|【新建】|【文本】命令，输入"GO"。设置文字字体为Adobe黑体 Std，字号为200像素，字体颜色为绿色（R:42，G:165，B:5）。

步骤08 选中"GO"文字层，执行菜单栏中的【图层】|【从文本创建蒙版】命令，系统会自动创建一个"'GO'轮廓"层，如图6.95所示；合成窗口效果6.96所示。

图6.95 创建蒙版图层

图6.96 创建图层后效果

步骤 09 选中" 'GO' 轮廓"层，按M键，打开"G""O""O"【蒙版路径】属性，全选"G""O""O"三个蒙版，按Ctrl+C组合键复制"G""O""O"三个蒙版，按Ctrl+V组合键粘贴到"网格"层上，单击" 'GO' 轮廓"层前面■隐藏与关闭按钮隐藏该层，如图6.97所示；合成窗口效果如图6.98所示。

图6.97 复制、粘贴蒙版　图6.98 粘贴蒙版后效果

步骤 10 执行菜单栏中的【图层】|【新建】|【纯色】命令，打开【纯色设置】对话框，设置【名称】为"运动拼贴"，【颜色】为黑色，

步骤 11 为"运动拼贴"层添加【梯度渐变】特效。在【效果和预设】面板中展开【生成】特效组，然后双击【梯度渐变】特效。

步骤 12 在【效果控件】面板中修改【梯度渐变】特效的参数，设置【渐变终点】的值为（360，288），如图6.99所示；合成窗口效果如图6.100所示。

步骤 13 为"运动拼贴"层添加【动态拼贴】特效。在【效果和预设】面板中展开【风格化】特效组，然后双击【动态拼贴】特效。

图6.99 设置【梯度渐变】特效参数　图6.100 修改【梯度渐变】特效后效果

步骤 14 在【效果控件】面板中修改【动态拼贴】

特效的参数，设置【拼贴高度】的值为18；将时间调整到00:00:00:00帧的位置，【拼贴中心】的值为（360，288），单击【拼贴中心】左侧的码表■按钮，在当前位置设置关键帧。

步骤 15 将时间调整到00:00:04:24帧的位置，设置【拼贴中心】的值为（360，3500），系统会自动设置关键帧，如图6.101所示；合成窗口效果如图6.102所示。

图6.101 设置【动态拼贴】特效参数

图6.102 设置【动态拼贴】特效后效果

步骤 16 在时间线面板中设置"网格"层的【轨道遮罩】为"亮度遮罩'[动态拼贴]'"，如图6.103所示；合成窗口效果6.104所示。

图6.103 设置【轨道遮罩】

图6.104 设置【轨道遮罩】后效果

步骤 17 执行菜单栏中的【合成】|【新建合成】命令，打开【合成设置】对话框，设置【合成名称】为"动画"，【宽度】为720，【高度】为576，【帧速率】为25，【持续时间】为00:00:05:00秒。

步骤 18 在【项目】面板中选择"标志"合成，将其拖动到"动画"合成的时间线面板中。

步骤 19 打开"标志"层的三维开关，将时间调整到00:00:00:00帧的位置，按R键打开【旋转】属性，设置【Y轴旋转】的值为0，单击【Y轴旋转】左侧的码表 按钮，在当前位置设置关键帧。

步骤 20 将时间调整到00:00:04:00帧的位置，设置【Y轴旋转】的值为1x，系统会自动设置关键帧，如图6.105所示。

图6.105 设置【旋转】关键帧

步骤 21 将时间调整到00:00:00:00帧的位置，按P键展开【位置】属性，设置【位置】的值为（-324，-56，0），单击【位置】左侧的码表 按钮，在当前位置设置关键帧。

步骤 22 将时间调整到00:00:04:00帧的位置，设置【位置】的值为（360，292，0），系统会自动设置关键帧，如图6.106所示。

步骤 23 为"标志"文字层添加Shine（光）特效。在【效果和预设】面板中展开Trapcode特效组，双击Shine（光）特效。

步骤 24 在【效果控件】面板中修改Shine（光）特效的参数，设置Ray Length（光线长度）的

值为4，从Colorize（着色）下拉列表框中选择Lysergic（化学）选项，Mid High的颜色为浅蓝色（R:0，G:240，B:255），Mid Low的颜色为浅蓝色（R:0，G:240，B:255），如图6.107所示；合成窗口效果如图6.108所示。

图6.106 设置【位置】关键帧

图6.107 设置【光】特效参数　图6.108 设置【光】特效后效果

步骤 25 这样就完成了滚动的标志动画的整体制作，按小键盘上的"0"键，即可在合成窗口中预览动画。

实例059 利用【卡片动画】特效制作卡片飞舞

特效解析 本例主要讲解利用【卡片动画】特效制作卡片飞舞的效果。完成的动画流程画面如图6.109所示。

知识点 【卡片动画】特效

图6.109 动画流程画面

难易程度：★☆☆☆☆
工程文件：下载文件\工程文件\第6章\卡片飞舞
视频位置：下载文件\movie\实例059 利用【卡片动画】特效制作卡片飞舞.avi

操作步骤

步骤01 执行菜单栏中的【文件】|【打开项目】命令，选择下载文件中的"工程文件\第6章\卡片飞舞\卡片飞舞练习.aep"文件并打开。

步骤02 执行菜单栏中的【合成】|【新建合成】命令，打开【合成设置】对话框，设置【合成名称】为"参考层"，【宽度】为720，【高度】为576，【帧速率】为25，【持续时间】为00:00:03:00秒。

步骤03 执行菜单栏中的【图层】|【新建】|【纯色】命令，打开【纯色设置】对话框，设置【名称】为"渐变"，【颜色】为灰色（R:162，G:162，B:162），如图6.110所示。

步骤04 在工具栏中选择【椭圆工具】 ，在"渐变层"上绘制一个椭圆形路径，合成窗口效果如图6.111所示。

 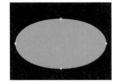

图6.110 纯色层设置　　图6.111 绘制椭圆形路径

步骤05 将时间调整到00:00:00:00帧的位置，展开【蒙版】|【蒙版 1】选项组，设置【蒙版羽化】的值为（500，500），【蒙版扩展】的值为180，单击【蒙版羽化】和【蒙版扩展】左侧的码表 按钮，在当前位置设置关键帧，如图6.112所示；合成窗口效果如图6.113所示。

图6.112 设置0秒关键帧

图6.113 设置0秒关键帧后效果

步骤06 将时间调整到00:00:02:00帧的位置，设置【蒙版羽化】的值为（0，0），【蒙版扩展】的值为0，系统会自动设置关键帧，如图6.114所示。

图6.114 设置2秒关键帧

步骤07 将时间调整到00:00:02:15帧的位置，设置【蒙版扩展】的值为350，如图6.115所示。

图6.115 设置蒙版扩展2秒15帧关键帧

步骤08 打开"卡片飞舞"合成，在【项目】面板中选择"绿灯侠1"合成，将其拖动到"卡片飞舞"合成的时间线面板中。

步骤09 为"绿灯侠1"层添加【卡片动画】特效。在【效果和预设】面板中展开【模拟】特效组，然后双击【卡片动画】特效。

步骤10 在【效果控件】面板中修改【卡片动画】特效的参数，设置【行数】的值为100，【列数】的值为100，从【背面图层】下拉列表框中选择【绿灯侠.jpg】选项，从【渐变图层1】下拉列表框中选择【参考层】选项，从【变换顺序】下拉列表框中选择【位置，旋转，缩放】选项，如图6.116所示。

步骤11 展开【Z位置】选项组，从【源】下拉列表框中选择【强度1】选项；将时间调整到00:00:00:00帧的位置，设置【乘数】的值为-200，单击【乘数】左侧的码表 按钮，在当前位置设置关键帧，如图6.117所示。

图6.116 设置【卡片动画】特效参数　图6.117 设置【Z位置】选项组参数

步骤12 将时间调整到00:00:02:00帧的位置，设置【乘数】的值为0，系统会自动设置关键帧，如图6.118所示。

图6.118 设置【Z位置】选项组关键帧

步骤13 展开【Y轴旋转】选项组，从【源】下拉列表框中选择【强度1】选项，设置【乘数】的值为0；将时间调整到00:00:00:00帧的位置，设置【偏移】的值为-20，单击【偏移】左侧的码表█按钮，在当前位置设置关键帧。

步骤14 将时间调整到00:00:02:00帧的位置，设置【偏移】的值为0，如图6.119所示；合成窗口效果如图6.120所示。

图6.119 设置【Y轴旋转】选项组关键帧

图6.120 设置【Y轴旋转】选项组后效果

步骤15 展开【Z轴旋转】选项组，从【源】下拉列表框中选择【强度1】选项；将时间调整到00:00:00:00帧的位置，设置【乘数】的值为100，单击【乘数】左侧的码表█按钮，在当前位置设置关键帧。

步骤16 将时间调整到00:00:02:00帧的位置，设置【乘数】的值为0，如图6.121所示；合成窗口效果图6.122所示。

图6.121 设置【Z轴旋转】选项组关键帧

图6.122 设置【Z轴旋转】选项组后效果

步骤17 这样就完成了卡片飞舞的整体制作，按小键盘上的"0"键，即可在合成窗口中预览动画。

实例060 利用【编号】特效制作载入状态条

特效解析 本例主要讲解利用【编号】特效制作载入状态条效果。完成的动画流程画面如图6.123所示。

知识点 1. 【编号】特效
2. 【基本文字】特效

图6.123 动画流程画面

难易程度：★★☆☆☆
工程文件：下载文件\工程文件\第6章\载入状态条动画
视频位置：下载文件\movie\实例060 利用【编号】特效制作载入状态条.avi

【操作步骤】

步骤 01 执行菜单栏中的【文件】|【打开项目】命令，选择下载文件中的"工程文件\第6章\载入状态条动画\载入状态条动画练习.aep"文件并打开。

步骤 02 执行菜单栏中的【图层】|【新建】|【纯色】命令，打开【纯色设置】对话框，设置【名称】为"状态条"，【宽度】为484像素，【高度】为88像素，【颜色】为红色（R:255，G:0，B:0）。

步骤 03 选中"状态条"层，设置【锚点】的值为（-2，42），【位置】的值为（90，504）；将时间调整到00:00:00:00帧的位置，单击【缩放】左侧的【约束比例】■按钮取消约束，设置【缩放】的值为（0，45），单击【缩放】左侧的码表■按钮，在当前位置设置关键帧。

步骤 04 将时间调整到00:00:03:00帧的位置，设置【缩放】的值为（100，45），系统会自动设置关键帧，如图6.124所示；合成窗口效果如图6.125所示。

图6.124 设置【缩放】关键帧

步骤 05 执行菜单栏中的【图层】|【新建】|【纯色】命令，打开【纯色设置】对话框，设置【名称】为"数字"，【颜色】为黑色。

步骤 06 为"数字"文字层添加【基本文字】特效。在【效果和预设】面板中展开【过时】特效组，然后双击【基本文字】特效。

步骤 07 打开【基本文字】对话框，输入"Loading.....”，单击【确定】按钮，即可创建文字，如图6.126所示。

图6.125 设置【缩放】关键　　图6.126 设置文字
　　　　帧后效果

步骤 08 在【效果控件】面板中修改【基本文字】特效的参数，设置【填充颜色】为红色（R:255，G:0，B:0），【大小】的值为57，如图6.127所示。

图6.127 设置【基本文字】特效参数

步骤 09 为"数字"文字层添加【编号】特效。在【效果和预设】面板中展开【文本】特效组，然后双击【编号】特效。

步骤 10 在【效果控件】面板中修改【编号】特效的参数，选中【在原始图像上合成】复选框；将时间调整到00:00:00:00帧的位置，设置【数值/位移/随机最大】的值为0，单击【数值/位移/随机最大】左侧的码表■按钮，在当前位置设置关键帧。

步骤 11 将时间调整到00:00:03:00帧的位置，设置【数值/位移/随机最大】的值为100，系统会自动设置关键帧，如图6.128所示；合成窗口效果如图6.129所示。

图6.128 设置【编号】特效参数

图6.129 设置编号后效果

步骤 12 执行菜单栏中的【图层】|【新建】|【文本】命令，输入"%"，设置字体颜色为红色（R:255，G:0，B:0），如图6.130所示；合成窗口效果如图6.131所示。

图6.130 设置字体参数　　图6.131 设置字体后效果

步骤 13 这样就完成了载入状态条的整体制作，按小键盘上的"0"键，即可在合成窗口中预览动画。

实例061 利用【涂写】特效制作手绘效果

特效解析 本例主要讲解利用【涂写】特效制作手绘效果。完成的动画流程画面如图6.132所示。

知识点 【涂写】特效

图6.132 动画流程画面

难易程度：★★☆☆☆
工程文件：下载文件\工程文件\第6章\手绘效果
视频位置：下载文件\movie\实例061 利用【涂写】特效制作手绘效果.avi

操作步骤

步骤01 执行菜单栏中的【文件】|【打开项目】命令，选择下载文件中的"工程文件\第6章\手绘效果\手绘效果练习.aep"文件并打开。

步骤02 执行菜单栏中的【图层】|【新建】|【纯色】命令，打开【纯色设置】对话框，设置【名称】为"心"，【颜色】为白色。

步骤03 选择"心"层，在工具栏中选择【钢笔工具】，在图层上绘制一个心形路径，如图6.133所示。

步骤04 为"心"层添加【涂写】特效。在【效果和预设】面板中展开【生成】特效组，然后双击【涂写】特效。

步骤05 在【效果控件】面板中修改【涂写】特效的参数，从【蒙版】下拉列表框中选择【蒙版1】选项，设置【颜色】为红色（R:255，G:20，B:20），【角度】的值为129，【描边宽度】的值为1.6；将时间调整到00:00:01:22帧的位置，设置【不透明度】的值为100%，单击【不透明度】左侧的码表按钮，在当前位置设置关键帧。

步骤06 将时间调整到00:00:02:06帧的位置，设置【不透明度】的值为1%，系统会自动设置关键帧，如图6.134所示。

步骤07 将时间调整到00:00:00:00帧的位置，设置

【结束】的值为0，单击【结束】左侧的码表按钮，在当前位置设置关键帧。

步骤08 将时间调整到00:00:01:00帧的位置，设置【结束】的值为100%，系统会自动设置关键帧，如图6.135所示；合成窗口效果如图6.136所示。

图6.133 绘制心形路径　图6.134 设置【不透明度】关键帧

图6.135 设置【结束】关键帧　图6.136 设置【结束】关键帧后效果

步骤09 这样就完成了手绘效果的整体制作，按小键盘上的"0"键，即可在合成窗口中预览动画。

实例062 利用【碎片】特效制作破碎动画

特效解析 本例主要讲解利用【碎片】特效制作破碎动画效果。完成的动画流程画面如图6.137所示。

知识点 【碎片】特效

图6.137 动画流程画面

难易程度：★☆☆☆☆
工程文件：下载文件\工程文件\第6章\破碎动画
视频位置：下载文件\movie\实例062 利用【碎片】特效制作破碎动画.avi

操作步骤

步骤01 执行菜单栏中的【文件】|【打开项目】命令，选择下载文件中的"工程文件\第6章\破碎动画\破碎动画练习.aep"文件并打开。

步骤02 为"破碎图.tga"层添加【碎片】特效。在【效果和预设】面板中展开【模拟】特效组，然后双击【碎片】特效。

步骤03 在【效果控件】面板中修改【碎片】特效的参数，在【视图】下拉列表框中选择【已渲染】选项；展开【形状】选项组，从【图案】下拉列表框中选择【玻璃】选项，设置【重复】的值为40，【凸出深度】的值为0.01；展开【作用力 1】选项组，设置【位置】的值为（424，150），如图6.138所示；合成窗口效果如图6.139所示。

步骤04 这样就完成了破碎动画的整体制作，按小键盘上的"0"键，即可在合成窗口中预览动画。

图6.138 设置【碎片】特效参数

图6.139 设置【碎片】特效后效果

第 6 章 内置特效案例进阶

实例063 利用【闪光灯】特效制作文字闪光

<table>
<tr><td>特效解析</td><td>本例主要讲解利用【闪光灯】特效制作文字闪光效果。完成的动画流程画面如图6.140所示。</td><td>知识点</td><td>【闪光灯】特效</td></tr>
</table>

图6.140 动画流程画面

难易程度：★★☆☆☆
工程文件：下载文件\工程文件\第6章\文字闪光
视频位置：下载文件\movie\实例063 利用【闪光灯】特效制作文字闪光.avi

操作步骤

步骤 01 执行菜单栏中的【文件】|【打开项目】命令，选择下载文件中的"工程文件\第6章\文字闪光\文字闪光练习.aep"文件并打开。

步骤 02 执行菜单栏中的【图层】|【新建】|【文本】命令，输入"OCTOBER 26"，设置文字字体为"汉仪水滴体简"，字号为71像素，字体颜色为红色，如图6.141所示；合成窗口效果如图6.142所示。

图6.141 设置字体参数　　图6.142 设置字体后效果

步骤 03 为"OCTOBER 26"层添加【线性擦除】特效。在【效果和预设】面板中展开【过渡】特效组，然后双击【线性擦除】特效。

步骤 04 在【效果控件】面板中修改【线性擦除】特效的参数，设置【擦除角度】的值为270，【羽化】的值为352；将时间调整到00:00:00:00帧的位置，设置【完成】的值为100%，单击【完成】左侧的码表█按钮，在当前位置设置关键帧，如图6.143所示。

图6.143 设置【线性擦除】特效参数

步骤 05 将时间调整到00:00:02:00帧的位置，设置【完成】的值为0，系统会自动设置关键帧，效果如图6.144所示。

图6.144 设置【线性擦除】特效后效果

步骤 06 为"OCTOBER 26"层添加【闪光灯】特效。在【效果和预设】面板中展开【风格化】特效组，然后双击【闪光灯】特效。

步骤 07 在【效果控件】面板中修改【闪光灯】特效的参数，设置【闪光颜色】为淡紫色（H:295；S:31，B:100），【闪光持续时间】的值为0.1，【闪光间隔时间】的值为0.33，如图6.145所示；合成窗口效果如图6.146所示。

图6.145 设置【闪光灯】特效参数

图6.146 设置【闪光灯】特效后效果

步骤08 这样就完成了文字闪光的整体制作，按小键盘上的"0"键，即可在合成窗口中预览动画。

实例064 利用【描边】特效制作笔触绘图

特效解析 本例主要讲解利用【描边】特效制作笔触绘图效果。完成的动画流程画面如图6.147所示。

知识点 【描边】特效

图6.147 动画流程画面

难易程度：★☆☆☆☆
工程文件：下载文件\工程文件\第6章\笔触绘图
视频位置：下载文件\movie\实例064 利用【描边】特效制作笔触绘图.avi

操作步骤

步骤01 执行菜单栏中的【文件】|【打开项目】命令，选择下载文件中的"工程文件\第6章\笔触绘图\笔触绘图练习.aep"文件并打开。

步骤02 执行菜单栏中的【图层】|【新建】|【纯色】命令，打开【纯色设置】对话框，设置【名称】为"路径"，【颜色】为黑色。

步骤03 选中"路径"层，单击该图层前面的显示与隐藏按钮，将"路径"层隐藏，如图6.148所示。在工具栏中选择【钢笔工具】，在合成窗口中沿着兔子的轮廓绘制一个兔子路径，合成窗口效果如图6.149所示。

图6.148 设置图层

图6.149 路径效果

步骤04 为"路径"层添加【描边】特效。在【效果和预设】面板中展开【生成】特效组，然后双击【描边】特效。

步骤 05 在【效果控件】面板中修改【描边】特效的参数，设置【颜色】为黑色，【画笔大小】的值为5，从【绘图样式】下拉列表框中选择【在透明背景上】选项，如图6.150所示。

图6.150 设置【描边】特效参数

步骤 06 将时间调整到00:00:00:00帧的位置，设置

End（结束）的值为0，单击End（结束）左侧的码表按钮，在当前位置设置关键帧。

步骤 07 将时间调整到00:00:02:00帧的位置，设置End（结束）的值为100%，系统会自动设置关键帧，如图6.151所示。

图6.151 设置2秒关键帧

步骤 08 这样就完成了笔触绘图的整体制作，按小键盘上的"0"键，即可在合成窗口中预览动画。

实例065 利用【纹理化】特效制作浮雕效果

特效解析 本例主要讲解利用【纹理化】特效制作浮雕效果。完成的动画流程画面如图6.152所示。

知识点 【纹理化】特效

图6.152 动画流程画面

难易程度：★☆☆☆☆
工程文件：下载文件\工程文件\第6章\浮雕效果
视频位置：下载文件\movie\实例065 利用【纹理化】特效制作浮雕效果.avi

操作步骤

步骤 01 执行菜单栏中的【文件】|【打开项目】命令，选择下载文件中的"工程文件\第6章\浮雕效果\浮雕效果练习.aep"文件并打开。

步骤 02 执行菜单栏中的【合成】|【新建合成】命令，打开【合成设置】对话框，设置【合成名称】为"文字动画"，【宽度】为720，【高度】为576，【帧速率】为25，【持续时间】为00:00:05:00秒。

步骤 03 执行菜单栏中的【图层】|【新建】|【文本】命令，输入"晴晓初春日，高心望素云。缥缈中天去，逍遥上界分。"，设置文字字体为

"华文行楷"，字号为85像素，行间距为109，字体颜色为白色，如图6.153所示；合成窗口文字效果如图6.154所示。

图6.153 设置字体参数　　图6.154 设置字体后效果

步骤 04 展开"晴晓初春日，高心望素云。缥缈中天去，逍遥上界分。"层，单击【文本】右侧的【动画】三角形按钮，从弹出的菜单中选择【位置】命令，设置【位置】的值为（-742，0）；展开【文本】|【动画制作工具1】|【范围选择器1】选项组，将时间调整到00:00:00:00帧的位置，设置Start（开始）的值为0，单击Start（开始）左侧的码表■按钮，在当前位置设置关键帧。

步骤 05 将时间调整到00:00:02:13帧的位置，设置Start（开始）的值为100%，系统会自动设置关键帧，如图6.155所示。

图6.155 设置【位置】关键帧

步骤 06 打开"浮雕效果"合成，在【项目】面板中选择"文字动画"素材，将其拖动到"浮雕效果"合成的时间线面板中。

步骤 07 为"视频素材"层添加【纹理化】特效。

在【效果和预设】面板中展开【风格化】特效组，然后双击【纹理化】特效。

步骤 08 在【效果控件】面板中修改【纹理化】特效的参数，从【纹理图层】下拉列表框中选择"文字动画"选项，如图6.156所示；合成窗口效果如图6.157所示。

图6.156 设置【纹理化】特效参数

图6.157 设置【纹理化】特效后效果

步骤 09 这样就完成了浮雕效果的整体制作，按小键盘上的"0"键，即可在合成窗口中预览动画。

实例066 利用【湍流置换】特效制作文字扭曲

特效解析 本例主要讲解利用【湍流置换】特效制作文字扭曲效果。完成的动画流程画面如图6.158所示。

知识点 【湍流置换】特效

图6.158 动画流程画面

难易程度：★★☆☆☆
工程文件：下载文件\工程文件\第6章\文字扭曲效果
视频位置：下载文件\movie\实例066 利用【湍流置换】特效制作文字扭曲.avi

操作步骤

步骤 01 执行菜单栏中的【合成】|【新建合成】命令，打开【合成设置】对话框，设置【合成名称】为"文字扭曲效果"，【宽度】为720，【高度】为576，【帧速率】为25，【持续时间】为00:00:05:00秒。

步骤 02 执行菜单栏中的【图层】|【新建】|【文本】命令，输入"PLACE TEXT HERE"，设置文字字

体为Impact，字号为55像素，字体颜色为白色，如图6.159所示。

图6.159 设置文字后效果

步骤 03 执行菜单栏中的【图层】|【新建】|【纯色】命令，打开【纯色设置】对话框，设置【名称】为"背景"，【颜色】为蓝色（R:0，G:104，B:193）。

步骤 04 为"背景"层添加【梯度渐变】特效。在【效果和预设】面板中展开【生成】特效组，然后双击【梯度渐变】特效。

步骤 05 在【效果控件】面板中修改【梯度渐变】特效的参数，设置【渐变起点】的值为（360，282），【起始颜色】为蓝色（R:0，G:73，B:240），【渐变终点】的值为（-46，588），【结束颜色】为深蓝色（R:0，G:16，B:99），从【渐变形状】下拉列表框中选择【径向渐变】选项。

步骤 06 为"PLACE TEXT HERE"层添加【湍流置换】特效。在【效果和预设】面板中展开【扭曲】特效组，然后双击【湍流置换】特效。

步骤 07 在【效果控件】面板中修改【湍流置换】

特效的参数，设置【数量】的值为-7，【复杂度】的值为3；将时间调整到00:00:00:00帧的位置，设置【偏移（湍流）】的值为（283，578），单击【偏移（湍流）】左侧的码表按钮，在当前位置设置关键帧。

步骤 08 将时间调整到00:00:04:24帧的位置，设置【偏移（湍流）】的值为（360，142），系统会自动设置关键帧，如图6.160所示；合成窗口效果如图6.161所示。

图6.160 设置【湍流置换】特效参数

图6.161 设置【湍流置换】特效后效果

步骤 09 这样就完成了文字扭曲效果的整体制作，按小键盘上的"0"键，即可在合成窗口中预览动画。

实例067 利用【勾画】特效制作心电图效果

特效解析 本例主要讲解利用【勾画】特效制作心电图效果。完成的动画流程画面如图6.162所示。

知识点 【勾画】特效

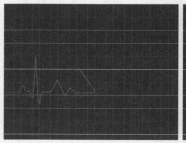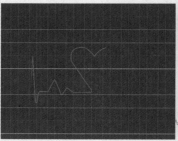

图6.162 动画流程画面

难易程度：★★☆☆☆
工程文件：下载文件\工程文件\第6章\心电图动画
视频位置：下载文件\movie\实例067 利用【勾画】特效制作心电图效果.avi

操作步骤

步骤 01 执行菜单栏中的【合成】|【新建合成】命令，打开【合成设置】对话框，设置【合成名称】为"心电图动画"，【宽度】为720，【高度】为576，【帧速率】为25，【持续时间】为00:00:10:00秒。

步骤 02 执行菜单栏中的【图层】|【新建】|【纯色】命令，打开【纯色设置】对话框，设置【名称】为"渐变"，【颜色】为黑色。

步骤 03 为"渐变"层添加【梯度渐变】特效。在【效果和预设】面板中展开【生成】特效组，然后双击【梯度渐变】特效。

步骤 04 在【效果控件】面板中修改【梯度渐变】特效的参数，设置【起始颜色】为深蓝色（R:0，G:45，B:84），【结束颜色】为墨绿色（R:0，G:63，B:79），如图6.163所示；合成窗口效果如图6.164所示。

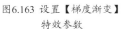

图6.163 设置【梯度渐变】　图6.164 设置【梯度渐变】
特效参数　　　　　　特效后效果

步骤 05 执行菜单栏中的【图层】|【新建】|【纯色】命令，打开【纯色设置】对话框，设置【名称】为"网格"，【颜色】为黑色。

步骤 06 为"网格"层添加【网格】特效。在【效果和预设】面板中展开【生成】特效组，然后双击【网格】特效。

步骤 07 在【效果控件】面板中修改【网格】特效的参数，设置【锚点】的值为（360，277），在【大小依据】下拉列表框中选择【宽度和高度滑块】选项，【宽度】的值为15，【高度】的值为55，【边界】的值为1.5，如图6.165所示；合成窗口效果如图6.166所示。

图6.165 设置【网格】特效参数　图6.166 设置【网格】特效后效果

步骤 08 执行菜单栏中的【图层】|【新建】|【纯色】命令，打开【纯色设置】对话框，设置【名称】为"描边"，【颜色】为黑色。

步骤 09 在时间线面板中选中"描边"层，在工具栏中选择【钢笔工具】，在图层上绘制一个路径，如图6.167所示。

步骤 10 为"描边"层添加【勾画】特效。在【效果和预设】面板中展开【生成】特效组，然后双击【勾画】特效，如图6.168所示。

图6.167 绘制路径　　图6.168 添加【勾画】特效

步骤 11 在【效果控件】面板中修改【勾画】特效的参数，从【描边】下拉列表框中选择【蒙版/路径】选项；展开【蒙版/路径】选项组，从【路径】下拉列表框中选择【蒙版1】选项；展开【片段】选项组，设置【片段】的值为1，【长度】的值为0.5；将时间调整到00:00:00:00帧的位置，设置【旋转】的值为0，单击【旋转】左侧的码表按钮，在当前位置设置关键帧，如图6.169所示。

步骤 12 将时间调整到00:00:09:22帧的位置，设置【旋转】的值为323，系统会自动设置关键帧，如图6.170所示。

图6.169 设置0秒关键帧　　图6.170 设置9秒22帧关键帧

步骤 13 展开【正在渲染】选项组，从【混合模式】下拉列表框中选择【透明】选项，设置【颜色】为绿色（R:0，G:150，B:25），【硬度】的值为0.14，【起始点不透明度】的值为0，【中点不透明度】的值为1，【中点位置】的值为0.366，【结束点不透明度】的值为1，如图6.171所示；合成窗口效果如图6.172所示。

图6.171 设置【勾画】特效参数　图6.172 设置【勾画】特效参数后效果

步骤 14 为"描边"层添加【发光】特效。在【效果和预设】面板中展开【风格化】特效组，然后双击【发光】特效。

步骤 15 在【效果控件】面板中修改【发光】特效的参数，设置【发光阈值】的值为43，【发光半径】的值为13，【发光强度】的值为1.5，从【发光颜色】下拉列表框中选择【A和B颜色】选项，【颜色 A】为白色，【颜色 B】为亮绿色（R:111，G:255，B:128），如图6.173所示；合成窗口效果如图6.174所示。

步骤 16 这样就完成了心电图效果的整体制作，按小键盘上的"0"键，即可在合成窗口中预览动画。

图6.173 设置【发光】特效参数　图6.174 设置【发光】特效后效果

实例068 利用【写入】特效制作动画文字

特效解析 本例主要讲解利用【写入】特效制作动画文字效果。完成的动画流程画面如图6.175所示。

知识点 【写入】特效

图6.175 动画流程画面

难易程度：★☆☆☆☆
工程文件：下载文件\工程文件\第6章\动画文字
视频位置：下载文件\movie\实例068 利用【写入】特效制作动画文字.avi

操作步骤

步骤 01 执行菜单栏中的【文件】|【打开项目】命令，选择下载文件中的"工程文件\第6章\动画文字\动画文字练习.aep"文件并打开。

步骤 02 为"山川"层添加【颜色键】特效。在【效果和预设】面板中展开【键控】特效组，然后双击【颜色键】特效。

步骤 03 在【效果控件】面板中修改【颜色键】特效的参数，设置【主色】为白色，【颜色容差】的值为255，如图6.176所示；合成窗口效果如图6.177所示。

图6.176 设置【颜色键】特效参数　图6.177 设置【颜色键】特效参数后效果

步骤 04 为"山川"层添加【简单阻塞工具】特效。在【效果和预设】面板中展开【遮罩】特效组，然后双击【简单阻塞工具】特效。

步骤 05 在【效果控件】面板中修改【简单阻塞工具】特效的参数，设置【阻塞遮罩】的值为1，如图6.178所示；合成窗口效果如图6.179所示。

图6.178 设置【简易阻塞工具】参数　图6.179 设置【简易阻塞工具】后效果

步骤 06 为"山川"层添加【写入】特效。在【效果和预设】面板中展开【生成】特效组，然后双击【写入】特效。

步骤 07 在【效果控件】面板中修改【写入】特效的参数，设置【画笔大小】的值为16，从【绘画样式】右侧的下拉列表框中选择【显示原始图像】选项；将时间调整到00:00:00:00帧的位置，设置【画笔位置】的值为（175，23），单击【画笔位置】左侧的码表按钮，在当前位置设置关键帧，如图6.180所示。

图6.180 设置0秒关键帧

步骤 08 根据文字的笔画效果多次调整时间，设置不同的画笔位置，直到将所有的文字写入完成，系统会自动设置关键帧，如图6.181所示。

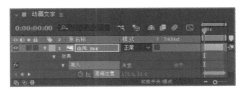

图6.181 设置5秒关键帧

步骤 09 选中"山川"层，将时间调整到00:00:00:00帧的位置，按S键展开【缩放】属性，设置【缩放】的值为（200，200），单击【缩放】左侧的码表按钮，在当前位置设置关键帧。

步骤 10 将时间调整到00:00:01:00帧的位置，设置

【缩放】的值为（100，100），系统会自动设置关键帧，如图6.182所示。

图6.182 设置【缩放】关键帧

步骤 11 选中"山水画"层，将时间调整到00:00:00:00帧的位置，按P键打开【位置】属性，设置【位置】的值为（223，202），单击【位置】左侧的码表按钮，在当前位置设置关键帧。

步骤 12 将时间调整到00:00:04:24帧的位置，设置【位置】的值为（497，202），系统会自动设置关键帧，如图6.183所示；合成窗口效果如图6.184所示。

图6.183 设置【位置】关键帧

图6.184 设置【位置】关键帧后效果

步骤 13 这样就完成了动画文字的整体制作，按小键盘上的"0"键，即可在合成窗口中预览动画。

实例069 利用【斜面和浮雕】特效制作金属字

特效解析	本例主要讲解利用【斜面和浮雕】特效制作金属字动画效果。完成的动画流程画面如图6.185所示。	知识点	【斜面和浮雕】特效

图6.185 动画流程画面

难易程度：★★☆☆☆
工程文件：下载文件\工程文件\第6章\金属字动画
视频位置：下载文件\movie\实例069 利用【斜面和浮雕】特效制作金属字.avi

操作步骤

步骤01 执行菜单栏中的【文件】|【打开项目】命令，选择下载文件中的"工程文件\第6章\金属字动画\金属字动画练习.aep"文件并打开。

步骤02 选中"纹理图"层，设置【位置】的值为（360，82），单击【缩放】左侧的【约束比例】█按钮取消约束，设置【缩放】的值为（19，100），【旋转】的值为-90，如图6.186所示；合成窗口效果如图6.187所示。

图6.186 设置"纹理图"层参数

图6.187 设置"纹理图"层参数后效果

步骤03 执行菜单栏中的【图层】|【新建】|【文本】命令，输入"STARDUSD"，设置文字字体为"华文行楷"，字号为100像素，字体颜色为白色。

步骤04 将时间调整到00:00:00:00帧的位置，展开"STARDUSD"文字层，单击【文本】右侧【动画】█████的三角形按钮，从弹出的菜单中选择【位置】命令，设置【位置】的值为（0，-115）；展开【文本】|【动画制作工具 1】|【范围选择器1】选项组，设置【偏移】的值为0，单击【偏移】左侧的码表█按钮，在当前位置设置关键帧。

步骤05 将时间调整到00:00:02:24帧的位置，设置【偏移】的值为100%，系统会自动设置关键帧，如图6.188所示；合成窗口效果如图6.189所示。

图6.188 设置文字参数

图6.189 设置文字参数后效果

步骤06 在时间线面板中设置"纹理图"层的【轨

道遮罩】为"亮度遮罩'STARDUSD'",如图
6.190所示；合成窗口效果如图6.191所示。

图6.190 设置【轨道遮罩】

图6.191 设置【轨道遮罩】后效果

步骤 07 执行菜单栏中的【图层】|【图层样式】|
【斜面和浮雕】命令，在时间线面板中展开【斜
面和浮雕】选项组，设置【大小】的值为2，如图

6.192所示；合成窗口效果如图6.193所示。

图6.192 设置【斜面和浮雕】选项组参数

图6.193 设置【斜面和浮雕】选项组后的效果

步骤 08 这样就完成了金属字的整体制作，按小键
盘上的"0"键，即可在合成窗口中预览动画。

第7章 摆动器、画面稳定与跟踪控制

内容摘要

本章主要讲解Adobe After Effects内置的动画辅助工具。合理运用动画辅助工具可以有效地提高动画制作效率并达到预期效果。

教学目标

◆ 掌握【摇摆器】命令的使用
◆ 掌握【画面稳定】命令的使用
◆ 掌握【跟踪运动】特效的使用

实例070 随机动画

本例主要讲解利用【摇摆器】命令制作随机动画。完成的动画流程画面如图7.1所示。

1. 【矩形工具】■
2. 【摇摆器】命令

图7.1 动画流程画面

难易程度：★★☆☆☆
工程文件：下载文件\工程文件\第7章\随机动画
视频位置：下载文件\movie\实例070 随机动画.avi

操作步骤

步骤01 执行菜单栏中的【合成】|【新建合成】命令，打开【合成设置】对话框，参数设置如图7.2所示。

图7.2 【合成设置】对话框

步骤02 执行菜单栏中的【文件】|【导入】|【文件】命令，打开【导入文件】对话框，选择下载文件中的"工程文件\第7章\花朵.jpg"文件，将其添加到时间线面板中。

步骤03 在时间线面板中选择"花朵.jpg"层，按Ctrl + D组合键复制一个副本并重命名为"花朵2"，如图7.3所示。

图7.3 复制图层

步骤04 单击工具栏中的【矩形工具】■按钮，在合成窗口的中间位置绘制一个矩形蒙版，为了更好地看到绘制效果，将最下面的层隐藏，如图7.4所示。

图7.4 绘制矩形蒙版区域

步骤05 在时间线面板中，将时间调整到00:00:00:00帧的位置，分别单击【位置】和【缩放】左侧的码表按钮，在当前位置添加关键帧，如图7.5所示。

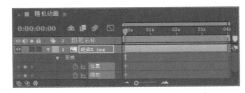

图7.5 在00:00:00:00帧处添加关键帧

步骤06 按End键，将时间调整到结束位置，即00:00:03:24帧的位置，在时间线面板中单击【位置】和【缩放】属性左侧的【在当前时间添加或移除关键帧】◇按钮，在00:00:03:24帧处添加一个延时帧，如图7.6所示。

图7.6 在00:00:03:24帧处添加延时帧

步骤 07 制作位置随机移动动画。在【位置】名称处单击，选择【位置】属性中的所有关键帧，如图7.7所示。

图7.7 选择所有关键帧

步骤 08 执行菜单栏中的【窗口】|【摇摆器】命令，打开【摇摆器】面板，在【应用到】右侧的下拉列表框中选择【空间路径】选项；在【杂色类型】右侧的下拉列表框中选择【平滑】选项；在【维数】右侧的下拉列表框中选择X，表示动画产生在水平位置，并设置【频率】的值为5，【数量级】的值为300，如图7.8所示。

图7.8 设置【摇摆器】参数

步骤 09 设置完成后单击【应用】按钮，将在选择的两个关键帧中自动建立关键帧，以产生摇摆动画的效果，如图7.9所示。

图7.9 建立关键帧

步骤 10 此时，从合成窗口中可以看到蒙版矩形的直线运动轨迹，并能看到很多的关键帧控制点，如图7.10所示。

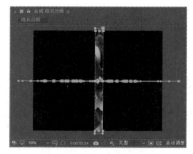

图7.10 关键帧控制点效果

步骤 11 利用相同的方法选择【缩放】右侧的两个关键帧，设置【摇摆器】的参数，将【数量级】设置为120，以减小变化的幅度，如图7.11所示。

图7.11 设置【摇摆器】参数

步骤 12 设置完成后单击【应用】按钮，将在选择的两个关键帧中自动建立关键帧，以产生摇摆动画的效果，如图7.12所示。

图7.12 建立关键帧

步骤 13 将隐藏的层显示，然后设置上层的【混合模式】为【屏幕】，以产生较亮的效果，如图7.13所示。

图7.13 修改层模式

步骤 14 这样就完成了随机动画的制作，按空格键或小键盘上的"0"键，即可在合成窗口预览动画。

实例071 稳定动画效果

特效解析 本例主要讲解利用【变形稳定器 VFX】特效制作稳定动画效果。完成的动画流程画面如图7.14所示。

知识点 【变形稳定器 VFX】特效

图7.14 动画流程画面

难易程度：★☆☆☆☆
工程文件：下载文件\工程文件\第7章\稳定动画
视频位置：下载文件\movie\实例071 稳定动画效果.avi

操作步骤

步骤01 执行菜单栏中的【文件】|【打开项目】命令，选择下载文件中的"工程文件\第7章\稳定动画\稳定动画练习.aep"文件并打开。

步骤02 为"视频素材.avi"层添加【变形稳定器 VFX】特效。在【效果和预设】面板中展开【扭曲】特效组，然后双击【变形稳定器 VFX】特效，合成窗口效果如图7.15所示。

图7.15 添加特效后的效果

步骤03 在【效果控件】面板中可以看到【变形稳定器 VFX】特效的参数，系统会自动进行稳定计算，如图7.16所示；计算完成后的合成窗口效果如图7.17所示。

图7.16 【变形稳定器 VFX】   图7.17 计算后稳定处理
　　　　特效参数

步骤04 这样就完成了稳定动画效果的整体制作，按小键盘上的"0"键，即可在合成窗口中预览动画。

实例072 位置跟踪动画

特效解析 本例主要讲解利用【跟踪运动】命令制作位置跟踪动画。完成的动画流程画面如图7.18所示。

知识点
1.【跟踪运动】特效
2. 位置跟踪

图7.18 动画流程画面

难易程度：★★★☆☆
工程文件：下载文件\工程文件\第7章\跟踪动画
视频位置：下载文件\movie\实例072 位置跟踪动画.avi

操作步骤

步骤01 执行菜单栏中的【文件】|【打开项目】命令，选择下载文件中的"工程文件\第7章\跟踪动画\跟踪动画练习.aep"文件并打开。

步骤02 执行菜单栏中的【图层】|【新建】|【纯色】命令，打开【纯色设置】对话框，设置【名称】为"镜头光晕"，【颜色】为黑色。

步骤03 设置"镜头光晕"层的混合模式为【相加】，并暂时隐藏该层。

步骤04 选中"视频素材.mov"层，执行菜单栏中的【动画】|【跟踪运动】命令，为"视频素材.mov"层添加【跟踪运动】，设置【运动源】为"视频素材.mov"，选中【位置】复选框，如图7.19所示。在合成窗口中移动跟踪范围框，并调整搜索区和特征区域的位置，效果如图7.20所示。在【跟踪器】面板中单击【向前分析】▶按钮，对跟踪进行分析。

图7.19 设置【跟踪运动】参数

图7.20 镜头框显示

步骤05 在【跟踪器】面板中单击【应用】按钮。然后单击【编辑目标】按钮，在打开的【运动目标】对话框中设置应用跟踪结果，如图7.21所示，单击【确定】按钮，完成跟踪运动动画如图7.22所示。

图7.21 【运动目标】对话框

图7.22 完成跟踪运动效果

步骤06 为"视频素材.mov"文字层添加【曲线】特效。在【效果和预设】面板中展开【颜色校正】特效组，然后双击【曲线】特效。

步骤07 在【效果控件】面板中修改【曲线】特效的参数，如图7.23所示；合成窗口效果如图7.24所示。

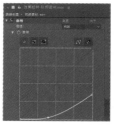

图7.23 设置【曲线】特效

图7.24 设置【曲线】特效后效果

步骤08 显示"镜头光晕"层并为其添加【镜头光晕】特效。在【效果和预设】面板中展开【生成】特效组，然后双击【镜头光晕】特效。

步骤 09 在【效果控件】面板中修改【镜头光晕】特效的参数，从【镜头类型】下拉列表框中选择【105毫米定焦】选项；将时间调整到00:00:00:00帧的位置，设置【光晕亮度】的值为41%，单击【光晕亮度】左侧的码表■按钮，在当前位置设置关键帧。

步骤 10 将时间调整到00:00:02:03帧的位置，设置【光晕亮度】的值为80%，系统会自动设置关键帧，如图7.25所示；合成窗口效果如图7.26所示。

步骤 11 按照以上方法制作另一个车灯跟踪动画，这样就完成了位置跟踪动画的整体制作，按小键盘上的"0"键，即可在合成窗口中预览动画。

图7.25 设置【镜头光晕】特效参数

图7.26 设置【镜头光晕】特效后效果

实例073 四点跟踪动画

特效解析 本例主要讲解利用【跟踪运动】命令制作四点跟踪动画效果。完成的动画流程画面如图7.27所示。

知识点 1.【跟踪运动】命令
2.【透视边角定位】选项

图7.27 动画流程画面

难易程度：★★★☆☆
工程文件：下载文件\工程文件\第7章\四点跟踪
视频位置：下载文件\movie\实例073 四点跟踪动画.avi

操作步骤

步骤 01 执行菜单栏中的【文件】|【打开项目】命令，选择下载文件中的"工程文件\第7章\四点跟踪\四点跟踪练习.aep"文件并打开。

步骤 02 执行菜单栏中的【合成】|【新建合成】命令，打开【合成设置】对话框，设置【合成名称】为"文字定版"，【宽度】为720，【高度】为576，【帧速率】为25，【持续时间】为00:00:02:00秒。

步骤 03 执行菜单栏中的【图层】|【新建】|【纯色】命令，打开【纯色设置】对话框，设置【名称】为"载体"，【颜色】为灰色（R:63，G:64，

B:46）。

步骤 04 执行菜单栏中的【图层】|【新建】|【文本】命令，输入"ABC"。设置文字字体为"金桥简粗黑"，字号为215像素，字体颜色为白色。

步骤 05 为"ABC"层添加【发光】特效。在【效果和预设】面板中展开【风格化】特效组，然后双击【发光】特效。

步骤 06 在【效果控件】面板中修改【发光】特效的参数，设置【发光半径】的值为92，如图7.28所示；合成窗口效果如图7.29所示。

图7.28 设置【发光】特效参数

图7.29 设置【发光】特效后效果

步骤 07 在【项目】面板中选择"文字定版"合成，将其拖动到"四点跟踪"合成的时间线面板中。

步骤 08 将时间视调整到00:00:00:00帧的位置，选中"视频素材.avi"层，执行菜单栏中的【窗口】|【跟踪器】命令，为"视频素材.avi"层添加跟踪，单击【跟踪运动】按钮，设置【运动源】为"视频素材.avi"，从【跟踪类型】下拉列表框中选择【透视边角定位】选项，如图7.30所示。在合成窗口中移动跟踪范围框，并调整搜索区和特征区域的位置，效果如图7.31所示。

图7.30 设置【四点跟踪】参数

图7.31 移动跟踪区域

步骤 09 在【跟踪器】面板中单击【向前分析】▶按钮，对跟踪进行分析。分析完成后单击【应用】按钮，如图7.32所示；合成窗口效果如图7.33所示。

图7.32 跟踪后"视频素材"层

图7.33 设置跟踪后效果

步骤 10 这样就完成了四点跟踪动画的整体制作，按小键盘上的"0"键，即可在合成窗口中预览动画。

第8章　精彩的文字特效

内容摘要

文字是动画的灵魂，一段动画中有了文字的出现才能使主题更为突出。因此，对文字进行编辑并添加特效，才更能为整体的动画添加点睛之笔。

教学目标

◆ 学习随机出字动画的制作方法
◆ 学习文字爆破效果动画的制作方法
◆ 学习飘缈出字动画的制作方法
◆ 掌握波浪文字动画的制作技巧
◆ 掌握烟雾文字动画的制作技巧
◆ 掌握沙粒文字动画的制作技巧

实例074 文字位移动画

特效解析 本例主要讲解利用【锚点】属性制作文字位移动画效果。完成的动画流程画面如图8.1所示。

知识点 【锚点】属性

图8.1 动画流程画面

难易程度：★★☆☆☆
工程文件：下载文件\工程文件\第8章\文字位移
视频位置：下载文件\movie\实例074 文字位移动画.avi

操作步骤

步骤01 执行菜单栏中的【文件】|【打开项目】命令，选择下载文件中的"工程文件\第8章\文字位移\文字位移练习.aep"文件并打开。

步骤02 执行菜单栏中的【图层】|【新建】|【文本】命令，新建文字层，输入"BODY OF LIES"，在【字符】面板中设置文字字体为Arial，字号为41像素，字体颜色为红色（R:255，G:0，B:0）。

步骤03 将时间调整到00:00:00:00帧的位置，展开"BODY OF LIES"层，单击【文本】右侧的 三角形按钮，从弹出的菜单中选择【锚点】命令，设置【锚点】的值为（-661，0）；展开【文本】|【动画制作工具1】|【范围选择器1】选项组，设置【起始】的值为0，单击【起始】左侧的码表 按钮，在当前位置设置关键帧，合成窗口效果如图8.2所示。

步骤04 将时间调整到00:00:02:00帧的位置，设置【起始】的值为100%，系统会自动设置关键帧，如图8.3所示。

图8.3 设置2秒关键帧

步骤05 这样就完成了文字位移动画的整体制作，按小键盘上的"0"键，即可在合成窗口中预览动画。

图8.2 设置0秒关键帧

实例075 逐渐显示的文字

<table>
<tr><td>特效解析</td><td>本例主要讲解利用【不透明度】属性制作逐渐显示的文字动画效果。完成的动画流程画面如图8.4所示。</td><td>知识点</td><td>【不透明度】属性</td></tr>
</table>

图8.4 动画流程画面

难易程度：★★☆☆☆
工程文件：下载文件\工程文件\第8章\逐渐显示文字动画
视频位置：下载文件\movie\实例075 逐渐显示的文字.avi

操作步骤

步骤01 执行菜单栏中的【文件】|【打开项目】命令，选择下载文件中的"工程文件\第8章\逐渐显示文字动画\逐渐显示文字动画练习.aep"文件并打开。

步骤02 执行菜单栏中的【图层】|【新建】|【文本】命令，输入"Final Destinstion 5"，设置文字字体为Behrensschrift，字号为70像素，字体颜色为白色。

步骤03 将时间调整到00:00:00:00帧的位置，展开文字层，单击【文本】右侧的【动画】动画按钮，从弹出的菜单中选择【不透明度】命令，设置【不透明度】的值为0；展开【文本】|【动画制作工具 1】|【范围选择器 1】选项组，设置【起始】的值为0，单击【起始】左侧的码表按钮，在当前位置设置关键帧。

步骤04 将时间调整到00:00:02:15帧的位置，设置【起始】的值为100%，系统会自动设置关键帧，如图8.5所示。

图8.5 设置关键帧

步骤05 这样就完成了逐渐显示的文字动画的整体制作，按小键盘上的"0"键，即可在合成窗口中预览动画。

实例076 出字效果动画

特效解析 本例主要讲解利用【位置】属性制作出字效果。完成的动画流程画面如图8.6所示。

知识点
1. 【位置】属性
2. 【相加】模式

图8.6 动画流程画面

难易程度：★★☆☆☆
工程文件：下载文件\工程文件\第8章\出字效果
视频位置：下载文件\movie\实例076 出字效果动画.avi

操作步骤

步骤01 执行菜单栏中的【文件】|【打开项目】命令，选择下载文件中的"工程文件\第8章\出字效果\出字效果练习.aep"文件并打开。

步骤02 执行菜单栏中的【图层】|【新建】|【文本】命令，输入"OTHING SPREADS LIKE FEAR"，设置文字字体为Arial，字号为41像素，字体颜色为青色（R:88，G:152，B:149）。

步骤03 选中文字层，设置【模式】为【相加】，如图8.7所示；合成窗口效果如图8.8所示。

图8.7 设置【相加】模式

图8.8 设置【相加】模式后效果

步骤04 将时间调整到00:00:00:00帧的位置，展开文字层，单击【文本】右侧的【动画】按钮，从弹出的菜单中选择【位置】命令，设置【位置】的值为（0，-1000）；展开【文本】|【动画制作工具1】|【范围选择器1】选项组，设置【结束】的值为100%，单击【结束】左侧的码表按钮，在当前位置设置关键帧。

步骤05 将时间调整到00:00:01:24帧的位置，设置【结束】的值为0，系统会自动设置关键帧，如图8.9所示。

图8.9 设置关键帧

步骤06 这样就完成了出字效果动画的整体制作，按小键盘上的"0"键，即可在合成窗口中预览动画。

实例077　路径文字动画

特效解析　本例主要讲解利用【路径文本】特效制作路径文字动画效果。完成的动画流程画面如图8.10所示。

知识点　【路径文本】特效

图8.10　动画流程画面

难易程度：★☆☆☆☆
工程文件：下载文件\工程文件\第8章\路径文字动画
视频位置：下载文件\movie\实例077 路径文字动画.avi

操作步骤

步骤01　执行菜单栏中的【文件】|【打开项目】命令，选择下载文件中的"工程文件\第8章\路径文字动画\路径文字动画练习.aep"文件并打开。

步骤02　执行菜单栏中的【图层】|【新建】|【纯色】命令，打开【纯色设置】对话框，设置【名称】为"载体"，【颜色】为黑色。

步骤03　为"载体"层添加【路径文本】特效。在【效果和预设】面板中展开【过时】特效组，然后双击【路径文本】特效。在弹出的【路径文本】对话框中输入"探索地球家园"文字。

步骤04　在【效果控件】面板中修改【路径文本】特效的参数，从【形状类型】下拉列表框中选择【循环】选项；展开【控制点】选项组，设置【切线1/圆点】的值为（263，135），【顶点1/圆心】的值为（356，280）；展开【填充和描边】选项组，设置【填充颜色】为白色；展开【字符】选项组，设置【大小】的值为50；将时间调整到00:00:00:00帧的位置，展开【段落】选项组，设置【左边距】的值为-770，单击【左边距】左侧的码表█按钮，在当前位置设置关键帧，如图8.11所示。

图8.11　设置【路径文本】特效参数

步骤05　将时间调整到00:00:02:24帧的位置，设置【左边距】的值为1450，系统会自动设置关键帧，如图8.12所示。

图8.12　设置【左边距】的值

步骤06　这样就完成了路径文字动画的整体制作，按小键盘上的"0"键，即可在合成窗口中预览动画。

实例078 随机出字

特效解析 本例主要讲解利用【字符位移】属性制作随机出字效果。完成的动画流程画面如图8.13所示。

知识点 【字符位移】属性

图8.13 动画流程画面

难易程度：★☆☆☆☆
工程文件：下载文件\工程文件\第8章\随机出字
视频位置：下载文件\movie\实例078 随机出字.avi

操作步骤

步骤 01 执行菜单栏中的【文件】|【打开项目】命令，选择下载文件中的"工程文件\第8章\随机出字\随机出字练习.aep"文件并打开。

步骤 02 执行菜单栏中的【图层】|【新建】|【文本】命令，输入"Marley & Me"，设置文字字体为"汉仪秀英体简"，字号为76像素，字体颜色为红色（R:255，G:0，B:0）。

步骤 03 将时间调整到00:00:00:00帧的位置，展开"Marley & Me"层，单击【文本】右侧的 动画 按钮，从弹出的菜单中选择【字符位移】命令，设置【字符位移】的值为19；单击【动画制作工具 1】右侧的 添加 按钮，从弹出的菜单中选择【属性】|【不透明度】命令，设置【不透明度】的值为0%；展开【文本】|【动画制作工具 1】|【范围选择器 1】选项组，设置【起始】的值为0，单击【起始】左侧的码表 按钮，在当前位置设置关键帧。

步骤 04 将时间调整到00:00:03:13帧的位置，设置【起始】的值为100%，系统会自动设置关键帧，如图8.14所示；合成窗口效果如图8.15所示。

图8.14 设置参数

图8.15 设置参数后效果

步骤 05 这样就完成了随机出字的整体制作，按小键盘上的"0"键，即可在合成窗口中预览动画。

实例079 积雪字

特效解析 本例主要讲解利用CC Snowfall（CC下雪）特效制作积雪字效果。完成的动画流程画面如图8.16所示。

知识点
1. CC Snowfall（CC下雪）特效
2. 【毛边】特效
3. 【发光】特效

图8.16 动画流程画面

难易程度：★★★☆☆
工程文件：下载文件\工程文件\第8章\积雪字
视频位置：下载文件\movie\实例079 积雪字.avi

操作步骤

步骤 01 执行菜单栏中的【文件】|【打开项目】命令，选择下载文件中的"工程文件\第8章\积雪字\积雪字练习.aep"文件并打开。

步骤 02 执行菜单栏中的【合成】|【新建合成】命令，打开【合成设置】对话框，设置【合成名称】为"文字1"，【宽度】为720，【高度】为576，【帧速率】为25，【持续时间】为00:00:04:00秒。

步骤 03 执行菜单栏中的【图层】|【新建】|【文本】命令，输入"雪"，设置字号为350像素，字体颜色为白色。

步骤 04 选中"雪"文字层，设置【位置】数值为（172，398）；单击【缩放】左侧的【约束比例】按钮取消约束；将时间调整到00:00:00:00帧的位置，设置【缩放】数值为（100，100），单击【缩放】左侧的码表按钮，在当前位置设置关键帧。

步骤 05 将时间调整到00:00:02:00帧的位置，设置【缩放】的值为（100，98），系统会自动设置关键帧，如图8.17所示；合成窗口效果如图8.18所示。

步骤 06 执行菜单栏中的【合成】|【新建合成】命令，打开【合成设置】对话框，设置【合成名称】为"文字2"，【宽度】为720，【高度】为576，【帧速率】为25，【持续时间】为00:00:04:00秒。

步骤 07 执行菜单栏中的【图层】|【新建】|【文本】命令，输入"雪"，设置字号为350像素，字体颜色为白色。

图8.17 设置2秒关键帧

图8.18 设置"文字1"后效果

步骤 08 选中"雪"文字层，设置【位置】的值为（172，398）；单击【缩放】左侧的【约束比例】按钮取消约束；将时间调整到00:00:00:00帧的位置，设置【缩放】的值为（100，100），单击【缩放】左侧的码表按钮，在当前位置设置关键帧。

步骤 09 将时间调整到00:00:02:00帧的位置，设置【缩放】的值为（100，102），系统自动设置关键帧，如图8.19所示。

图8.19 设置2秒关键帧

步骤10 执行菜单栏中的【合成】|【新建合成】命令，打开【合成设置】对话框，设置【合成名称】为"积雪"，【宽度】为720，【高度】为576，【帧速率】为25，【持续时间】为00:00:04:00秒。

步骤11 在【项目】面板中选择"文字1"和"文字2"合成，将其拖动到"积雪"合成的时间线面板中。

步骤12 在时间线面板中设置"文字2"层的【轨道遮罩】为"亮度反转遮罩'文字1'"，如图8.20所示；合成窗口效果如图8.21所示。

图8.20 设置【轨道遮罩】

图8.21 设置【轨道遮罩】后的效果

步骤13 打开"积雪字"合成，为"雪景"层添加CC Snowfall（CC下雪）特效，在【效果和预设】面板中展开【模拟】特效组，然后双击CC Snowfall（CC下雪）特效。

步骤14 在【效果控件】面板中修改CC Snowfall（CC下雪）特效的参数，设置Size（大小）的值为12，Opacity（不透明度）的值为100%，如图8.22所示；合成窗口效果如图8.23所示。

图8.22 设置【CC下雪】特效参数　图8.23 调整【CC下雪】
特效后效果

步骤15 执行菜单栏中的【图层】|【新建】|【文本】命令，输入"雪"，设置字号为350像素，字体颜色为蓝色（R:0，G:162，B:255；）。

步骤16 选中"雪"文字层，按P键展开"雪"文字层【位置】属性，设置【位置】的值为（172，398）。

步骤17 在【项目】面板中选择"积雪"合成，将其拖动到"积雪字"合成的时间线面板中。

步骤18 为"积雪"层添加【毛边】特效，在【效果和预设】面板中展开【风格化】特效组，然后双击【毛边】特效。

步骤19 在【效果控件】面板中修改【毛边】特效的参数，设置【边界】的值为3，【边缘锐度】的值为0.5，【演化】的值为90，如图8.24所示；合成窗口效果如图8.25所示。

图8.24 设置【毛边】特效参数　图8.25 设置【毛边】特效后效果

步骤20 为"积雪"层添加【发光】特效。在【效果和预设】面板中展开【风格化】特效组，然后双击【发光】特效。

步骤21 在【效果控件】面板中修改【发光】特效的参数，设置【发光强度】的值为1.5，如图8.26所示；合成窗口如图8.27所示。

图8.26 设置【发光】特效参数　图8.27 设置【发光】特效后效果

步骤22 这样就完成了积雪字效果的整体制作，按小键盘上的"0"键，即可在合成窗口中预览动画。

实例080 文字爆破效果

特效解析 本例主要讲解利用CC Pixel Polly（CC像素多边形）特效制作文字爆破效果。完成的动画流程画面如图8.28所示。

知识点
1.【梯度渐变】特效
2.CC Pixel Polly（CC像素多边形）特效

图8.28 动画流程画面

难易程度：★☆☆☆☆
工程文件：下载文件\工程文件\第8章\文字爆破效果
视频位置：下载文件\movie\实例080 文字爆破效果.avi

操作步骤

步骤01 执行菜单栏中的【文件】|【打开项目】命令，选择下载文件中的"工程文件\第8章\文字爆破效果\文字爆破效果练习.aep"文件并打开。

步骤02 执行菜单栏中的【图层】|【新建】|【文本】命令，新建文字层，输入"PREDATOR"，设置文字字体为Bitsumishi，字号为86像素，字体颜色为白色。

步骤03 为"PREDATOR"层添加【梯度渐变】特效。在【效果和预设】面板中展开【生成】特效组，然后双击【梯度渐变】特效。

步骤04 在【效果控件】面板中修改【梯度渐变】特效的参数，设置【渐变起点】的值为（460、137），【起始颜色】为白色，【渐变终点】的值为（460，160），【结束颜色】为深蓝色（R:23，G:47，B:92），如图8.29所示；合成窗口效果如图8.30所示。

图8.29 设置【梯度渐变】特效参数 图8.30 设置【梯度渐变】特效后效果

步骤05 为"PREDATOR"层添加CC Pixel Polly（CC像素多边形）特效。在【效果和预设】面板

中展开【模拟】特效组，然后双击CC Pixel Polly（CC像素多边形）特效。

步骤06 在【效果控件】面板中修改CC Pixel Polly（CC像素多边形）特效的参数，设置Force（力度）的值为200，Force Center（力度中心）的值为（450，156），Grid Spacing（网格间距）的值为1，如图8.31所示；合成窗口效果如图8.32所示。

图8.31 设置CC Pixel Polly（CC像素多边形）特效参数

图8.32 设置CC Pixel Polly（CC像素多边形）特效后效果

步骤07 这样就完成了文字爆破效果的整体制作，按小键盘上的"0"键，即可在合成窗口中预览动画。

实例081 波浪文字

特效解析 本例主要讲解利用【波形环境】特效制作波浪文字效果。完成的动画流程画面如图8.33所示。

知识点
1.【波形环境】特效
2.【焦散】特效
3.【发光】特效

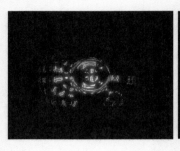

图8.33 动画流程画面

难易程度：★☆☆☆☆
工程文件：下载文件\工程文件\第8章\波浪文字
视频位置：下载文件\movie\实例081 波浪文字.avi

操作步骤

步骤01 执行菜单栏中的【合成】|【新建合成】命令，打开【合成设置】对话框，设置【合成名称】为"文字"，【宽度】为720，【高度】为576，【帧速率】为25，【持续时间】为00:00:04:00秒。

步骤02 执行菜单栏中的【图层】|【新建】|【文本】命令，输入"相信梦想是价值的源泉，相信眼光决定未来的一切，相信成功的信念比成功本身更重要，相信人生有挫折没有失败，相信生命的质量来自决不妥协的信念。"，设置文字字体为"方正黄草简体"，字号为42像素，字体颜色为白色。

步骤03 执行菜单栏中的【合成】|【新建合成】命令，打开【合成设置】对话框，设置【合成名称】为"波纹"，【宽度】为720，【高度】为576，【帧速率】为25，【持续时间】为00:00:04:00秒。

步骤04 执行菜单栏中的【图层】|【新建】|【纯色】命令，打开【纯色设置】对话框，设置【名称】为"水波"，【颜色】为黑色。

步骤05 为"水波"层添加【波形环境】特效。在【效果和预设】面板中展开【模拟】特效组，然后双击【波形环境】特效，如图8.34所示；合成窗口效果如图8.35所示。

步骤06 在【效果控件】面板中修改【波形环境】特效的参数，从【视图】右侧的下拉列表框中选择【高度地图】选项；展开【线框控制】选项

组，设置【水平旋转】的值为15，【垂直旋转】的值为15；展开【创建程序1】选项组，设置【频率】的值为0；将时间调整到00:00:00:00帧的位置，设置【振幅】的值为0.4，单击【振幅】左侧的码表按钮，在当前位置设置关键帧。

　　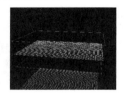

图8.34 添加【波形环境】特效　　图8.35 添加【波形环境】特效后效果

步骤07 将时间调整到00:00:03:15帧的位置，设置【振幅】的值为0，系统会自动设置关键帧，如图8.36所示；合成窗口效果如图8.37所示。

图8.36 设置【波形环境】特效参数　　图8.37 设置【波形环境】特效后效果

步骤 08　选中"水波"层，按T键展开【不透明度】属性，将时间调整到00:00:02:15帧的位置，设置【不透明度】的值为100%，单击【不透明度】左侧的码表■按钮，在当前位置设置关键帧。

步骤 09　将时间调整到00:00:03:00帧的位置，设置【不透明度】的值为0，系统会自动设置关键帧，如图8.38所示。

图8.38 设置【不透明度】关键帧

步骤 10　打开"文字"合成，在【项目】面板中选择"波纹"合成，将其拖动到"文字"合成的时间线面板中。

步骤 11　为文字层添加【焦散】特效。在【效果和预设】面板中展开【模拟】特效组，双击【焦散】特效。

步骤 12　在【效果控件】面板中修改【焦散】特效的参数，展开【水】选项组，从【水面】右侧的下拉列表框中选择"波纹"选项，设置【波形高度】的值为0.8，【平滑】的值为10，【水深度】的值为0.25，【折射率】的值为1.5，【表面颜色】为白色，【表面不透明度】的值为0，【焦散强度】的值为0.8。

步骤 13　展开【天空】选项组，设置【强度】和【融合】的值为0，如图8.39所示；合成窗口效果如图8.40所示。

图8.39 设置【焦散】特效参数　　图8.40 设置【焦散】特效后效果

步骤 14　展开【灯光】选项组，设置【灯光强度】的值为0，如图8.41所示；合成窗口效果如图8.42所示。

图8.41 设置【灯光】选项组参数　图8.42 设置【灯光】选项组后效果

步骤 15　执行菜单栏中的【合成】|【新建合成】命令，打开【合成设置】对话框，设置【合成名称】为"波浪文字"，【宽度】为720，【高度】为576，【帧速率】为25，【持续时间】为00:00:04:00秒。

步骤 16　在【项目】面板中选择"文字"合成，将其拖动到"波浪文字"合成的时间线面板中。

步骤 17　为"文字"层添加【发光】特效。在【效果和预设】面板中展开【风格化】特效组，然后双击【发光】特效。

步骤 18　在【效果控件】面板中修改【发光】特效的参数，设置【发光阈值】的值为25%，【发光半径】的值为20，【发光强度】的值为2，从【发光颜色】右侧的下拉列表框中选择【A和B颜色】选项，设置【颜色A】为蓝色（R:0，G:42，B:255），【颜色B】为浅蓝色（R:0，G:174，B:255），如图8.43所示；合成窗口效果如图8.44所示。

 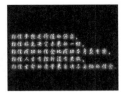

图8.43 设置【发光】特效参数　图8.44 设置【发光】特效后效果

步骤 19　这样就完成了波浪文字的整体制作，按小键盘上的"0"键，即可在合成窗口中预览动画。

实例082 3D文字

特效解析 本例主要讲解利用【残影】特效制作3D文字效果。完成的动画流程画面如图8.45所示。

知识点
1. 【残影】特效
2. Starglow（星光）特效

图8.45 动画流程画面

难易程度：★★☆☆☆
工程文件：下载文件\工程文件\第8章\3D文字
视频位置：下载文件\movie\实例082 3D文字.avi

操作步骤

步骤 01 执行菜单栏中的【合成】|【新建合成】命令，打开【合成设置】对话框，设置【合成名称】为"3D字"，【宽度】为720，【高度】为576，【帧速率】为25，【持续时间】为00:00:03:00秒。

步骤 02 执行菜单栏中的【图层】|【新建】|【文本】命令，输入"Fashion"，设置字号为100像素，字体颜色为浅蓝色（R:11，G:153，B:170）。

步骤 03 选中"Fashion"文字层，将时间调整到00:00:00:00帧的位置，按P键展开"Fashion"文字层【位置】属性，设置【位置】的值为（181，323），单击【位置】左侧的码表按钮，在当前位置设置关键帧。

步骤 04 将时间调整到00:00:01:00的帧的位置，设置"Fashion"文字层【位置】的值为（207，341），系统会自动创建关键帧，如图8.46所示。

图8.46 设置【位置】参数

步骤 05 选择"Fashion"文字层，按Ctrl+D组合键复制一个新的文字层，并将其重命名为"Fashion1"。

步骤 06 为"Fashion"文字层添加【残影】特效。

在【效果和预设】面板中展开【时间】特效组，然后双击【残影】特效。

步骤 07 在【效果控件】面板中修改【残影】特效的参数，设置【残影数量】的值为8，如图8.47所示；合成窗口效果如图8.48所示。

图8.47 设置【残影】特效参数　图8.48 设置【残影】特效后效果

步骤 08 执行菜单栏中的【合成】|【新建合成】命令，打开【合成设置】对话框，设置【合成名称】为"3D文字"，【宽度】为720，【高度】为576，【帧速率】为25，【持续时间】为00:00:03:00秒，将"3D字"合成拖动到时间线面板中。

步骤 09 选中"3D字"层，将时间调整到00:00:00:00帧的位置，执行菜单栏中的【图层】|【时间】|【冻结帧】命令，设置【时间重映射】为00:00:01:00帧位置，如图8.49所示。

图8.49 设置【时间重映射】

步骤 10 为"3D字"文字层添加Starglow（星光）特效。在【效果和预设】面板中展开Trapcode特效组，然后双击Starglow（星光）特效。

步骤 11 在【效果控件】面板中修改Starglow（星光）特效的参数，从Preser（预设）右侧的下拉列表框中选择Blue（蓝色）选项，如图8.50所示；合成窗口效果如图8.51所示。

图8.50 设置Starglow（星光）　图8.51 设置Starglow（星光）
　　　特效参数　　　　　　　　　特效后效果

步骤 12 执行菜单栏中的【图层】|【新建】|【摄像机】命令，打开【摄像机设置】对话框，设置【名称】为"摄像机"，在【预设】下拉列表框中选择35毫米，单击【确定】按钮，如图8.52所示。

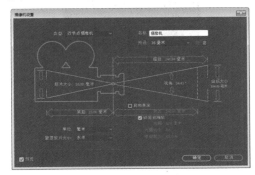

图8.52 【摄像机设置】对话框

步骤 13 选中"摄像机"层，将时间调整到00:00:00:00帧的位置，设置【位置】的值为（360，288，-700），【目标点】的值为（360，

288，0），单击【位置】和【目标点】左侧的码表按钮，在当前位置设置关键帧，如图8.53所示。

图8.53 设置摄像机0秒关键帧

步骤 14 将时间调整到00:00:00:15帧的位置，设置【位置】的值为（360，288，-307）；将时间调整到00:00:01:00帧的位置，设置【目标点】的值为（960，336，0），【位置】的值为（960，336，-710）。

步骤 15 将时间调整到00:00:01:10帧的位置，设置【目标点】的值为（512，348，237），【位置】的值为（179，317，-388）。

步骤 16 将时间调整到00:00:02:00帧的位置，设置【位置】的值为（393，337，14），系统会自动设置关键帧，如图8.54所示；合成窗口效果如图8.55所示。

图8.54 设置摄像机关键帧

图8.55 设置摄像机关键帧后效果

步骤 17 这样就完成了3D文字的整体制作，按小键盘上的"0"键，即可在合成窗口中预览动画。

实例083 烟雾文字

特效解析 本例主要讲解利用【分形杂色】特效制作烟雾文字的效果。完成动画流程画面如图8.56所示。

知识点
1. 【分形杂色】特效
2. 【色阶】特效
3. 【复合模糊】特效
4. 【置换图】特效

图8.56 动画流程画面

难易程度：★★☆☆☆
工程文件：下载文件\工程文件\第8章\烟雾文字
视频位置：下载文件\movie\实例083 烟雾文字.avi

操作步骤

步骤01 执行菜单栏中的【合成】|【新建合成】命令，打开【合成设置】对话框，设置【合成名称】为"文字"，【宽度】为720，【高度】为576，【帧速率】为25，【持续时间】为00:00:05:00秒。

步骤02 执行菜单栏中的【图层】|【新建】|【文本】命令，输入"相信自己"，设置字号为100像素，字体颜色为白色。

步骤03 为"文字"层添加【梯度渐变】特效。在【效果和预设】面板中展开【生成】特效组，然后双击【梯度渐变】特效。

步骤04 在【效果控件】面板中修改【梯度渐变】特效的参数，设置【渐变起点】的值为（192，296），【起始颜色】为紫色（R:202，G:47，B:216），【结束颜色】为白色，如图8.57所示；合成窗口效果如图8.58所示。

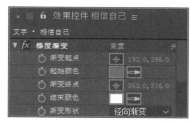

图8.57 设置【梯度渐变】特效参数

图8.58 设置【梯度渐变】特效后效果

步骤05 执行菜单栏中的【合成】|【新建合成】命令，打开【合成设置】对话框，设置【合成名称】为"噪波"，【宽度】为720，【高度】为576，【帧速率】为25，【持续时间】为00:00:05:00秒。

步骤06 执行菜单栏中的【图层】|【新建】|【纯色】命令，打开【纯色设置】对话框，设置【名称】为"噪波蒙版"，【颜色】为黑色。

步骤07 为"噪波蒙版"层添加【分形杂色】特效。在【效果和预设】面板中展开【杂色和颗粒】特效组，然后双击【分形杂色】特效。

步骤08 在【效果控件】面板中修改【分形杂色】特效的参数，将时间调整到00:00:00:00帧的位置，设置【演化】的值为0，单击【演化】左侧的码表按钮，在当前位置设置关键帧，如图8.59所示。

步骤 09 将时间调整到00:00:04:24帧的位置，设置【演化】的值为3x，系统会自动设置关键帧，如图8.60所示。

图8.59 设置0秒关键帧　　图8.60 设置4秒24帧关键帧

步骤 10 为"噪波蒙版"层添加【色阶】特效。在【效果和预设】面板中展开【颜色校正】特效组，然后双击【色阶】特效。

步骤 11 在【效果控件】面板中修改【色阶】特效的参数，从【通道】下拉列表框中选择【蓝色】通道，设置【蓝色输出黑色】的值为120，如图8.61所示；合成窗口效果如图8.62所示。

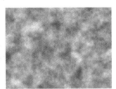

图8.61 设置【色阶】特效参数　图8.62 设置【色阶】特效后效果

步骤 12 选中"噪波蒙版"层，在工具栏中选择【矩形工具】■，绘制一个矩形路径，展开【蒙版】|【蒙版 1】选项组，设置【蒙版羽化】的值为（150，150）；将时间调整到00:00:00:00帧的位置，单击【蒙版路径】左侧的码表●按钮，在当前位置设置关键帧，如图8.63所示；合成窗口效果如图8.64所示。

图8.63 设置0秒关键帧

图8.64 设置0秒关键帧后效果

步骤 13 将时间调整到00:00:04:24帧的位置，从左向右拖动，系统会自动设置关键帧，如图8.65所示；合成窗口效果如图8.66所示。

图8.65 设置4秒24帧关键帧

图8.66 设置关键帧后效果

步骤 14 在【项目】面板中选中"噪波"层，按Ctrl+D组合键将其复制一个新的"噪波"合成，并将其重命名为"噪波2"。

步骤 15 打开"噪波2"合成，为"噪波蒙版"层添加【曲线】特效。在【效果和预设】面板中展开【颜色校正】特效组，然后双击【曲线】特效。

步骤 16 在【效果控件】面板中修改【曲线】特效的参数，如图8.67所示；合成窗口效果如图8.68所示。

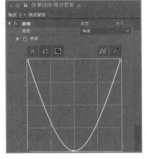
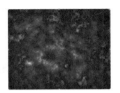

图8.67 调整【曲线】特效　　图8.68 修改【曲线】特效后效果

步骤 17 执行菜单栏中的【合成】|【新建合成】命令，打开【合成设置】对话框，设置【合成名称】为"烟雾文字"，【宽度】为720，【高度】为576，【帧速率】为25，【持续时间】为00:00:05:00秒。

步骤 18 执行菜单栏中的【图层】|【新建】|【纯色】命令，打开【纯色设置】对话框，设置【名称】为"背景"，【颜色】为黑色。

步骤 19 在【项目】面板中选择"噪波""噪波2"和"文字"合成，将其拖动到"烟雾文字"合成的时间线面板中。

步骤 20 为"背景"层添加【梯度渐变】特效。在【效果和预设】面板中展开【生成】特效组，然后双击【梯度渐变】特效。

步骤 21 在【效果控件】面板中修改【梯度渐变】特效的参数，设置【渐变起点】的值为（296，-142），【起始颜色】为淡紫色（R:218，G:105，B:255），【渐变终点】为（262，340），【结束颜色】为暗紫色（R:68，G:0，B:91），如图8.69所示；合成窗口效果如图8.70所示。

图8.69 设置【梯度渐变】特效参数　图8.70 设置【梯度渐变】特效后效果

步骤 22 单击"噪波"和"噪波2"层前的隐藏与显示按钮，隐藏两个层。为"文字"层添加【复合模糊】特效。在【效果和预设】面板中展开【模糊和锐化】特效组，然后双击【复合模糊】特效。

步骤 23 在【效果控件】面板中修改【复合模糊】特效的参数，从【模糊图层】下拉列表框中选择"噪波2"选项，设置【最大模糊】的值为300，如图8.71所示；合成窗口效果如图8.72所示。

图8.71 设置【复合模糊】特效参数　图8.72 设置【复合模糊】特效后效果

步骤 24 为"文字"层添加【置换图】特效。在【效果和预设】面板中展开【扭曲】特效组，然后双击【置换图】特效。

步骤 25 在【效果控件】面板中修改【置换图】特效的参数，从【置换图层】下拉列表框中选择"噪波"选项，设置【最大水平置换】的值为200，【最大垂直置换】的值为200，如图8.73所示；合成窗口效果如图8.74所示。

步骤 26 为"文字"层添加【投影】特效。在【效果和预设】面板中展开【透视】特效组，然后双击【投影】特效。

图8.73 设置【置换图】特效参数　图8.74 设置【置换图】特效后效果

步骤 27 为"文字"层添加CC Light Sweep（CC扫光）特效。在【效果和预设】面板中展开【生成】特效组，然后双击CC Light Sweep（CC扫光）特效。

步骤 28 在【效果控件】面板中修改CC Light Sweep（CC扫光）特效的参数，设置Width（宽度）的值为17，Edge Intensity（边缘强度）的值为200；将时间调整到00:00:04:17帧的位置，设置Center（中心）的值为（174，310），单击Center（中心）左侧的码表按钮，在当前位置设置关键帧，如图8.75所示；合成窗口效果如图8.76所示。

图8.75 设置CC Light Sweep（CC扫光）特效参数　图8.76 设置CC Light Sweep（CC扫光）特效后效果

步骤 29 将时间调整到00:00:04:24帧的位置，设置Center（中心）的值为（554，240），系统会自动设置关键帧，如图8.77所示；合成窗口效果如图8.78所示。

图8.77 设置4秒24帧关键帧　图8.78 设置关键帧后效果

步骤 30 这样就完成了烟雾文字的整体制作，按小键盘上的"0"键，即可在合成窗口中预览动画。

实例084 飘缈出字

<table>
<tr>
<td>特效解析</td>
<td>本例主要讲解利用【缩放】属性制作飘缈出字效果。完成的动画流程画面如图8.79所示。</td>
<td>知识点</td>
<td>1.【湍流置换】特效
2.【分形杂色】特效
3.【线性擦除】特效
4.【复合模糊】特效</td>
</tr>
</table>

图8.79 动画流程画面

难易程度：★★★☆☆
工程文件：下载文件\工程文件\第8章\飘缈出字
视频位置：下载文件\movie\实例084 飘缈出字.avi

操作步骤

步骤01 执行菜单栏中的【文件】|【打开项目】命令，选择下载文件中的"工程文件\第8章\飘缈出字\飘缈出字练习.aep"文件并打开。

步骤02 执行菜单栏中的【合成】|【新建合成】命令，打开【合成设置】对话框，设置【合成名称】为"噪波"，【宽度】为720，【高度】为576，【帧速率】为25，【持续时间】为00:00:05:00秒。

步骤03 执行菜单栏中的【图层】|【新建】|【纯色】命令，打开【纯色设置】对话框，设置【名称】为"载体"，【颜色】为黑色。

步骤04 为"载体"层添加【分形杂色】特效。在【效果和预设】面板中展开【杂色和颗粒】特效组，然后双击【分形杂色】特效。

步骤05 在【效果控件】面板中修改【分形杂色】特效的参数，设置【对比度】的值为200，从【溢出】下拉列表框中选择【剪切】选项；展开【变换】选项组，撤选【统一缩放】复选框，设置【缩放宽度】的值为200，【缩放高度】的值为150；将时间调整到00:00:00:00帧的位置，设置【偏移（湍流）】的值为（360，288），单击【偏移（湍流）】左侧的码表█按钮，在当前位置设置关键帧，如图8.80所示。

图8.80 设置0秒关键帧

步骤06 将时间调整到00:00:04:24帧的位置，设置【偏移（湍流）】的值为（0，288），系统会自动设置关键帧，如图8.81所示。

图8.81 设置4秒24帧关键帧

步骤 07 设置【复杂性】的值为5，展开【子设置】选项组，设置【子影响】的值为50，【子缩放】的值为70；将时间调整到00:00:00:00帧的位置，设置【演化】的值为0，单击【演化】左侧的码表按钮，在当前位置设置关键帧。

步骤 08 将时间调整到00:00:04:24帧的位置，设置【演化】的值为2x，系统会自动设置关键帧，如图8.82所示；合成窗口效果如图8.83所示。

 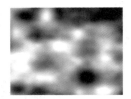

图8.82 设置4秒24帧关键帧　　图8.83 设置关键帧后效果

步骤 09 为"载体"层添加【线性擦除】特效。在【效果和预设】面板中展开【过渡】特效组，然后双击【线性擦除】特效。

步骤 10 在【效果控件】面板中修改【线性擦除】特效的参数，设置【擦除角度】的值为-90，【羽化】的值为850；将时间调整到00:00:00:00帧的位置，设置【过渡完成】的值为0，单击【过渡完成】左侧的码表按钮，在当前位置设置关键帧。

步骤 11 将时间调整到00:00:02:01帧的位置，设置【过渡完成】的值为100%，系统会自动设置关键帧。

步骤 12 将时间调整到00:00:04:24帧的位置，设置【过渡完成】的值为0，如图8.84所示；合成窗口效果如图8.85所示。

 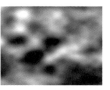

图8.84 设置【线性擦除】特效参数　图8.85 设置【线性擦除】特效后效果

步骤 13 打开"飘缈出字"合成，在【项目】面板中选择"噪波"合成，将其拖动到"飘缈出字"合成的时间线面板中。

步骤 14 执行菜单栏中的【图层】|【新建】|【文本】命令，输入"EXTINCTION"，设置文字字体为LilyUPC，字号为121像素，字体颜色为土黄色（R:195，G:150，B:41），如图8.86所示；合成窗口效果如图8.87所示。

图8.86 设置字体参数　　图8.87 设置字体后效果

步骤 15 为"EXTINCTION"层添加【复合模糊】特效。在【效果和预设】面板中展开【模糊和锐化】特效组，然后双击【复合模糊】特效。

步骤 16 在【效果控件】面板中修改【复合模糊】特效的参数，从【模糊图层】下拉列表框中选择"噪波"选项，设置【最大模糊】的值为100，撤选【伸缩对应图以适合】复选框，如图8.88所示；合成窗口效果如图8.89所示。

图8.88 设置【复合模糊】特效参数　图8.89 设置【复合模糊】特效后效果

步骤 17 为"EXTINCTION"层添加【湍流置换】特效。在【效果和预设】面板中展开【扭曲】特效组，然后双击【湍流置换】特效。

步骤 18 在【效果控件】面板中修改【湍流置换】特效的参数，设置【复杂度】的值为5；将时间调整到00:00:00:00帧的位置，设置【数量】的值为188，【大小】的值为125，【偏移（湍流）】的值为（360，288），单击【数量】、【大小】和【偏移（湍流）】左侧的码表按钮，在当前位置设置关键帧，如图8.90所示。

步骤 19 将时间调整到00:00:01:22帧的位置，设置【数量】的值为0，【大小】的值为194，【偏移（湍流）】的值为（1014，288），系统会自动设置关键帧；合成窗口效果如图8.91所示。

图8.90 设置【湍流置换】特效参数　图8.91 设置【湍流置换】特效后效果

步骤 20 执行菜单栏中的【图层】|【新建】|【调整图层】命令，创建一个调整图层，并将该层重命

名为"调节层"。

步骤21 为"调节层"层添加【发光】特效。在【效果和预设】面板中展开【风格化】特效组，然后双击【发光】特效。

步骤22 在【效果控件】面板中修改【发光】特效的参数，设置【发光阈值】的值为0，【发光半径】的值为30，【发光强度】的值为0.9，从【发光颜色】下拉列表框中选择【A 和 B 颜色】选项，从【颜色循环】下拉列表框中选择【三角形B>A>B】选项，【颜色A】为黄色（R:255，G:274，B:74），【颜色B】为橘色（R:253，G:101，B:10），如图8.92所示；合成窗口效果如图8.93所示。

图8.92 设置【发光】特效参数　　图8.93 设置【发光】特效后效果

步骤23 这样就完成了飘缈出字的整体制作，按小键盘上的"0"键，即可在合成窗口中预览动画。

实例085 聚散文字

| 特效解析 | 本例主要讲解利用文本动画属性制作聚散文字效果。完成的动画流程画面如图8.94所示。 | 知识点 | 1.【钢笔工具】
 2.【首字边距】 |

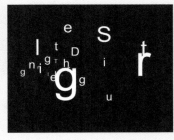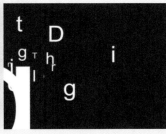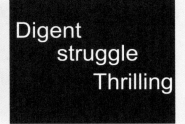

图8.94 动画流程画面

难易程度：★★☆☆☆
工程文件：下载文件\工程文件\第8章\聚散文字
视频位置：下载文件\movie\实例085 聚散文字.avi

操作步骤

步骤01 执行菜单栏中的【合成】|【新建合成】命令，打开【合成设置】对话框，设置【合成名称】为"飞出"，【宽度】为720，【高度】为576，【帧速率】为25，【持续时间】为00:00:03:00秒。

步骤02 执行菜单栏中的【图层】|【新建】|【文本】命令，输入"Struggle"，在【字符】面板中设置文字字体为Arial，字号为100像素，字体颜色为白色。

步骤03 打开文字层的三维开关，在工具栏中选择【钢笔工具】 ，绘制一个四边形路径，在【路径】下拉列表框中选择【蒙版1】选项，设置【反

转路径】为【开】，【垂直于路径】为【关】，【强制对齐】为【开】，【首字边距】的值为200，并分别调整单个字母的大小，使其参差不齐，如图8.95所示；合成窗口效果如图8.96所示。

图8.95 设置"Struggle"文字层参数

图8.96 "Struggle"文字层路径效果

步骤04 选择"Struggle"文字层，按Ctrl+D组合键复制一个新图层，并将其重命名为"Digent"，设置【缩放】的值为（50，50，50），【首字边距】的值为300，分别调整单个字母的大小，使其参差不齐。将"Struggle"文字层暂时关闭并查看效果，如图8.97所示；合成窗口效果如图8.98所示。

图8.97 设置"Digent"文字层参数

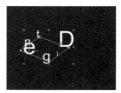

图8.98 "Digent"文字层路径效果

步骤05 以相同的方式建立文字层。选择"Struggle"文字层，按Ctrl+D组合键复制一个新图层，并将其重命名为"Thrilling"，设置【缩放】的值为（25，25，25），【首字边距】的值为90，分别调整单个字母的大小，使其参差不齐。将"Digent"文字层暂时关闭并查看效果，如图8.99所示；合成窗口效果如图8.100所示。

图8.99 设置"Thrilling"文字层参数

图8.100 "Thrilling"文字层路径效果

步骤06 选中"Struggle"文字层，将时间调整到00:00:00:00帧的位置，按P键展开"Struggle"文字层【位置】属性，设置【位置】的值为（152，302，0），单击【位置】左侧的码表按钮，在当前位置设置关键帧；将时间调整到00:00:01:00帧的位置，设置"Struggle"文字层【位置】的值为（149，302，-876），系统会自动创建关键帧，如图8.101所示。

图8.101 设置"Struggle"文字层关键帧

步骤07 选中"Digent"文字层，将时间调整到00:00:00:00帧的位置，按P键展开"Digent"文字层【位置】属性，设置【位置】的值为（152，302，0），单击【位置】左侧的码表按钮，在当前位置设置关键帧；将时间调整到00:00:01:15帧的位置，设置"Digent"文字层【位置】的值为（152，302，-1005），系统会自动创建关键帧，如图8.102所示。

图8.102 设置"Digent"文字层关键帧

步骤08 选中"Thrilling"文字层，将时间调整到00:00:00:00帧的位置，按P键展开"Thrilling"文字层【位置】属性，设置【位置】的值为（152，302，0），单击【位置】左侧的码表按钮，在当前位置设置关键帧；将时间调整到00:00:02:00帧的位置，设置"Thrilling"文字层【位置】的值为（152，302，-788），系统会自动创建关键帧，如图8.103所示。

图8.103 设置"Thrilling"文字层关键帧

步骤09 这样就完成了"飞出"动画的制作，按小键盘上的"0"键，即可在合成窗口中预览动画，效果如图8.104所示。

图8.104 "飞出"动画

步骤10 执行菜单栏中的【合成】|【新建合成】命令，打开【合成设置】对话框，设置【合成名称】为"飞入"，【宽度】为720，【高度】为576，【帧速率】为25，【持续时间】为00:00:03:00秒。

步骤11 执行菜单栏中的【图层】|【新建】|【文本】命令，输入"Struggle"，在【字符】面板中设置文字字体为Arial，字号为100像素，字体颜色为白色。

步骤12 为"Struggle"文字层添加【字母汤】特效。将时间调整到00:00:00:00帧的位置，在【效果和预设】面板中展开【动画预设】|Text（文本）|Multi-Line（多行）特效组，然后双击【字母汤】特效。

步骤13 单击"Struggle"文字层左侧的灰色三角形▶按钮，展开【文本】选项组，删除【动画-随机缩放】选项。

步骤14 单击"Struggle"文字层，展开【文本】|【动画-位置/旋转/不透明度】选项组，设置【位置】的值为（1000，-1000），【旋转】的值为2X，【摆动选择器-（按字符）】选项组下的【摇摆/秒】的值为0，如图8.105所示；合成窗口效果如图8.106所示。

图8.105 设置"Struggle"文字层参数

图8.106 "Struggle"文字层聚散效果

步骤15 选择"Struggle"文字层，按Ctrl+D组合键复制一个新图层，并将其重命名为"Digent"，按P键展开【位置】属性，设置【位置】的值为（24，189）；选中"Struggle"文字层，按P键展开【位置】属性，设置【位置】的值为（205，293），如图8.107所示；合成窗口效果如图8.108所示。

图8.107 设置"Struggle"文字参数

图8.108 设置文字位置后的效果

步骤16 选择"Digent"文字层，按Ctrl+D组合键复制一个新图层，并将其重命名为"Thrilling"，按P键展开【位置】属性，设置【位置】的值为（350，423），如图8.109所示；合成窗口效果如图8.110所示。

图8.109 设置"Thrilling"文字层位置

图8.110 设置文字位置后的效果

步骤17 这样就完成了"飞入"动画的制作，按小键盘上的"0"键，即可在合成窗口中预览动画，效果如图8.111所示。

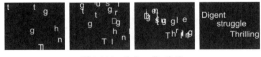

图8.111 "飞入"动画

步骤18 执行菜单栏中的【合成】|【新建合成】命令，打开【合成设置】对话框，设置【合成名称】为"聚散的文字"，【宽度】为720，【高度】为576，【帧速率】为25，【持续时间】为00:00:03:00秒。

步骤19 在【项目】面板中选择"飞出"和"飞入"合成，将其拖动到"聚散文字"合成的时间线面板中。

步骤20 选中"飞入"层，将时间调整到00:00:01:00帧的位置，按 [键，设置"飞入"层入点为00:00:01:00帧的位置，如图8.112所示。

图8.112 设置"飞入"层入点

步骤21 选中"飞入"层，将时间调整到00:00:01:00帧的位置，按T键展开【不透明度】属性，设置【不透明度】的值为0，单击左侧的码表 ⬛ 按钮，在当前位置设置关键帧；将时间调整到00:00:02:00

帧的位置，设置【不透明度】的值为100%，系统会自动设置关键帧，如图8.113所示。

图8.113 设置【不透明度】关键帧

步骤22 这样就完成了聚散文字的整体制作，按小键盘上的"0"键，即可在合成窗口中预览动画。

实例086 颗粒文字

特效解析 本例主要讲解利用CC Ball Action（CC滚珠操作）特效制作颗粒文字效果。完成的动画流程画面如图8.114所示。

知识点
1. CC Ball Action（CC滚珠操作）特效
2. 【四色渐变】特效
3. Starglow（星光）特效

 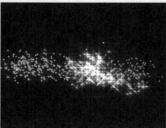 

图8.114 动画流程画面

难易程度：★★☆☆☆
工程文件：下载文件\工程文件\第8章\颗粒文字
视频位置：下载文件\movie\实例086 颗粒文字.avi

操作步骤

步骤01 执行菜单栏中的【合成】|【新建合成】命令，打开【合成设置】对话框，设置【合成名称】为"颗粒文字"，【宽度】为720，【高度】为576，【帧速率】为25，并设置【持续时间】为00:00:05:00秒。

步骤02 执行菜单栏中的【图层】|【新建】|【文本】命令，输入"Color"，设置字号为191像素，字体颜色为白色，如图8.115所示；合成窗口效果如图8.116所示。

步骤03 为"Color"层添加【四色渐变】特效。在【效果和预设】面板中展开【生成】特效组，然后双击【四色渐变】特效。

步骤04 在【效果控件】面板中修改【四色渐变】特效的参数，设置【点 1】的值为（118，218）；

【点 2】的值为（132，276）；【点 3】的值为（596，270），【颜色 3】为红色（R:250，G:0，B:0）；【点 4】的值为（592，368），【颜色 4】为黄绿色（R:156，G:255，B:0），如图8.117所示；合成窗口效果如图8.118所示。

图8.115 设置字体参数　　　图8.116 设置字体后效果

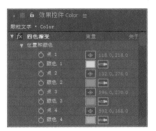

图8.117 设置【四色渐变】特效 参数

图8.118 设置【四色渐变】特效后效果

步骤 05 为"Color"层添加【发光】特效。在【效果和预设】面板中展开【风格化】特效组，然后双击【发光】特效。

步骤 06 在【效果控件】面板中修改【发光】特效的参数，从【发光颜色】下拉列表框中选择【A 和 B 颜色】选项。

步骤 07 为"Color"层添加CC Ball Action（CC 滚珠操作）特效。在【效果和预设】面板中展开【模拟】特效组，然后双击CC Ball Action（CC 滚珠操作）特效。

步骤 08 在【效果控件】面板中修改CC Ball Action（CC 滚珠操作）特效的参数，设置Grid Spacing（网格间隔）的值为4，Ball Size（滚球大小）的值为45；将时间调整到00:00:00:00帧的位置，设置【散布】的值为187，Twist Angle（扭曲角度）的值为1x+295，单击【散布】和Twist Angle（扭曲角度）左侧的码表■ 按钮，在当前位置设置关键帧，如图8.119所示；合成窗口效果如图8.120所示。

图8.119 设置0秒关键帧

图8.120 设置关键帧后效果

步骤 09 将时间调整到00:00:04:07帧的位置，设置Scatter（散射）和Twist Angle（扭曲角度）的值为0，系统会自动设置关键帧，如图8.121所示；合成窗口效果如图8.122所示。

步骤 10 为"Color"层添加Starglow（星光）特效。在【效果和预设】面板中展开Trapcode特效组，然后双击Starglow（星光）特效。

步骤 11 在【效果控件】面板中修改Starglow（星光）特效的参数，设置Boost Light（光线亮度）的值为12；展开Individual Colors（各个方向光线颜色）选项组，分别从Down（下）、Left（左）、

UP Right（右上）和Down Left（左下）下拉列表框中选择Colormap B（颜色贴图B）选项，如图8.123所示。

图8.121 设置4秒07帧关键帧

图8.122 设置关键帧后效果

图8.123 设置【星光颜色】特效参数

步骤 12 展开Colormap A（颜色贴图A）选项组，从Preset（预设）下拉列表框中选择3-Color Gradient（三色渐变）选项，设置Highlights（高光）为白色，Midtones（中间色）为淡绿色（R:166，G:255，B:0），Shadows（阴影色）为绿色（R:0，G:255，B:0），如图8.124所示。

步骤 13 展开Colormap B（颜色贴图 B）选项组，从Preset（预设）下拉列表框中选择3-Color Gradient（三色渐变）选项，设置Highlights（高光）为白色，Midtones（中间色）为橙色（R:255，G:166，B:0），Shadows（阴影色）为红色（R:255，G:0，B:0），如图8.125所示。

图8.124 设置【颜色贴图A】选项组参数　　图8.125 设置【颜色贴图B】选项组参数

步骤 14 这样就完成了颗粒文字的整体制作，按小键盘上的"0"键，即可在合成窗口中预览动画。

实例087 跳动的路径文字

<table>
<tr><td>特效解析</td><td>本例主要讲解利用【路径文本】特效制作跳动的路径文字效果。完成的动画流程画面如图8.126所示。</td><td>知识点</td><td>1.【路径文本】特效
2.【残影】特效
3.【彩色浮雕】特效</td></tr>
</table>

图8.126 动画流程画面

难易程度：★☆☆☆☆
工程文件：下载文件\工程文件\第8章\跳动的路径文字
视频位置：下载文件\movie\实例087 跳动的路径文字.avi

操作步骤

步骤 01 执行菜单栏中的【合成】|【新建合成】命令，打开【合成设置】对话框，设置【合成名称】为"跳动的路径文字"，【宽度】为720，【高度】为576，【帧速率】为25，【持续时间】为00:00:10:00秒。

步骤 02 执行菜单栏中的【图层】|【新建】|【纯色】命令，打开【纯色设置】对话框，设置【名称】为"路径文字"，【颜色】为黑色。

步骤 03 选中"路径文字"层，在工具栏中选择【钢笔工具】，在图层上绘制一个路径，如图8.127所示。

图8.127 绘制路径

步骤 04 为"路径文字"层添加【路径文本】特效。在【效果和预设】面板中展开【过时】特效组，然后双击【路径文本】特效，在【路径文本】对话框中输入"Rainbow"。

步骤 05 在【效果控件】面板中修改【路径文本】特效的参数，从【自定义路径】下拉列表框中选择【蒙版1】选项；展开【填充和描边】选项组，设置【填充颜色】为浅蓝色（R:0，G:255，

B:246）；将时间调整到00:00:00:00帧的位置，设置【大小】的值为30，【左边距】的值为0，单击【大小】和【左边距】左侧的码表按钮，在当前位置设置关键帧，如图8.128所示；合成窗口效果如图8.129所示。

图8.128 设置【大小】和【左边距】关键帧　　图8.129 设置【大小】和【右边距】关键帧后效果

步骤 06 将时间调整到00:00:02:00帧的位置，设置【大小】的值为80，系统会自动设置关键帧，如图8.130所示；合成窗口效果如图8.131所示。

图8.130 设置【大小】关键帧

图8.131 设置【大小】关键帧后效果

步骤 07 将时间调整到00:00:06:15帧的位置，设置【左边距】的值为2090，如图8.132所示；合成窗口效果如图8.133所示。

图8.132 设置【左侧空白】关键帧　图8.133 设置【左侧空白】关键帧后效果

步骤 08 展开【高级】|【抖动设置】选项组，将时间调整到00:00:00:00帧的位置，设置【基线抖动最大值】、【字偶间距抖动最大值】、【旋转抖动最大值】及【缩放抖动最大值】的值为0，单击【基线抖动最大值】、【字偶间距抖动最大】、【旋转抖动最大值】及【缩放抖动最大值】左侧的码表 按钮，在当前位置设置关键帧，如图8.134所示。

图8.134 设置0秒关键帧

步骤 09 将时间调整到00:00:03:15帧的位置，设置【基线抖动最大值】的值为122，【字偶间距抖动最大值】的值为164，【旋转抖动最大值】的值为132，【缩放抖动最大值】的值为150，如图8.135所示。

图8.135 设置3秒15帧关键帧

步骤 10 将时间调整到00:00:06:00帧的位置，设置【基线抖动最大值】、【字偶间距抖动最大值】、【旋转抖动最大值】及【缩放抖动最大值】的值为0，系统会自动设置关键帧，如图8.136所示；合成窗口效果如图8.137所示。

图8.136 设置6秒关键帧　　图8.137 设置【路径文本】特效后效果

步骤 11 为"路径文字"层添加【残影】特效。在【效果和预设】面板中展开【时间】特效组，然后双击【残影】特效。

步骤 12 在【效果控件】面板中修改【残影】特效的参数，设置【残影数量】的值为12，【衰减】的值为0.7，如图8.138所示；合成窗口效果如图8.139所示。

图8.138 设置【残影】特效参数　图8.139 设置【残影】特效后的效果

步骤 13 为"路径文字"层添加【投影】特效。在【效果和预设】面板中展开【透视】特效组，然后双击【投影】特效。

步骤 14 在【效果控件】面板中修改【投影】特效的参数，设置【柔和度】的值为15，如图8.140所示；合成窗口效果如图8.141所示。

图8.140 设置【投影】特效参数　图8.141 设置【投影】特效后的效果

步骤 15 为"路径文字"层添加【彩色浮雕】特效。在【效果和预设】面板中展开【风格化】特效组，然后双击【彩色浮雕】特效。

步骤 16 在【效果控件】面板中修改【彩色浮雕】特效的参数，设置【起伏】的值为1.5，【对比度】的值为169，如图8.142所示；合成窗口效果如图8.143所示。

图8.142 设置【彩色浮雕】特效参数　图8.143 设置【彩色浮雕】特效后的效果

步骤17 执行菜单栏中的【图层】|【新建】|【纯色】命令，打开【纯色设置】对话框，设置【名称】为"背景"，【颜色】为白色。

步骤18 为"背景"层添加【梯度渐变】特效。在【效果和预设】面板中展开【生成】特效组，然后双击【梯度渐变】特效。

步骤19 在【效果控件】面板中修改【梯度渐变】

特效的参数，设置【起始颜色】为蓝色（R:11，G:170，B:252），【渐变终点】的值为（380，400），【结束颜色】的值为淡蓝色（R:221，G:253，B:253），如图8.144所示；合成窗口效果如图8.145所示。

图8.144 设置【梯度渐变】特效参数　图8.145 设置【梯度渐变】特效后的效果

步骤20 在时间线面板中将"背景"层拖动到"路径文字"层下面。这样就完成了跳动的路径文字的整体制作，按小键盘上的"0"键，即可在合成窗口中预览动画。

实例088　果冻字

<table>
<tr><td>特效解析</td><td>本例主要讲解利用【倾斜】命令制作果冻字效果。完成的动画流程画面如图8.146所示。</td><td>知识点</td><td>【倾斜】特效</td></tr>
</table>

图8.146 动画流程画面

难易程度：★☆☆☆☆
工程文件：下载文件\工程文件\第8章\果冻字
视频位置：下载文件\movie\实例088 果冻字.avi

操作步骤

步骤01 执行菜单栏中的【文件】|【打开项目】命令，选择下载文件中的"工程文件\第8章\果冻字\果冻字练习.aep"文件并打开。

步骤02 执行菜单栏中的【图层】|【新建】|【文本】命令，输入"APPALOOSA"，设置文字字体为Bookman Old Style，字号为72像素，单击加粗 **T** 按钮，字体颜色为白色。

步骤03 将时间调整到00:00:00:00帧的位置，展开

"APPALOOSA"层，单击【文本】右侧的【动画】按钮，从弹出的菜单中选择【倾斜】命令，设置【倾斜】的值为70，【倾斜轴】的值为150；展开【文本】|【动画制作工具 1】|【范围选择器 1】选项组，设置【起始】的值为0，单击【起始】左侧的码表按钮，在当前位置设置关键帧，合成窗口效果如图8.147所示。

图8.147 0帧关键帧效果

图8.148 设置2秒关键帧参数

步骤 04 将时间调整到00:00:02:00帧的位置，设置【起始】的值为100%，系统会自动设置关键帧，如图8.148所示。

步骤 05 这样就完成了果冻字的整体制作，按小键盘上的"0"键，即可在合成窗口中预览动画。

实例089 飞舞的文字

特效解析 本例主要讲解利用CC Light Burst 2.5（CC 光线爆裂2.5）特效制作飞舞的文字效果。完成的动画流程画面如图8.149所示。

知识点
1. CC Light Burst 2.5（CC 光线爆裂2.5）特效
2. CC Mr. Mercury（CC 水银滴落）特效
3.【浮雕】特效

图8.149 动画流程画面

难易程度：★★☆☆☆
工程文件：下载文件\工程文件\第8章\飞舞的文字
视频位置：下载文件\movie\实例089 飞舞的文字.avi

操作步骤

步骤 01 执行菜单栏中的【文件】|【打开项目】命令，选择下载文件中的"工程文件\第8章\飞舞的文字\飞舞的文字练习.aep"文件并打开。

步骤 02 执行菜单栏中的【图层】|【新建】|【文本】命令，输入"KING KONG"，设置文字字体为Abduction，字号为74像素，字体颜色为白色。

步骤 03 在工具栏中选择【矩形工具】■，在文字层上绘制一个长方形路径，如图8.150所示。在时间线面板中，按F键，打开【蒙版羽化】属性，设置【蒙版羽化】的值为（60，60），如图8.151所示。

图8.150 绘制长方形路径

图8.151 设置【蒙版羽化】参数

步骤 04 将时间调整到00:00:00:00帧的位置，按M键，打开【蒙版路径】属性，单击【蒙版路径】左侧的码表 按钮，在当前位置设置关键帧，如图8.152所示。

图8.152 设置【蒙版路径】关键帧

步骤 05 将时间调整到00:00:03:00帧的位置，选中"king kong"层，向右侧将路径拉长，系统会自动设置关键帧，如图8.153所示；合成窗口效果如图8.154所示。

图8.153 调整路径效果

图8.154 自动创建关键帧

步骤 06 选中"king kong"文字层，按Ctrl+D组合键复制一个新的图层，并将其重命名为"king kong2"；将时间调整到00:00:00:00帧的位置，按U键打开所有关键帧并删除，在工具栏中选择【矩形工具】 ，在文字层上绘制一个正方形路径，如图8.155所示。按M键，打开【蒙版路径】属性，单击【蒙版路径】左侧的码表 按钮，在当前位置设置关键帧，如图8.156所示。

图8.155 绘制正方形路径

图8.156 设置【蒙版路径】关键帧

步骤 07 将时间调整到00:00:03:00帧的位置，在合成窗口中选择矩形路径从左向右拖动，系统会自动设置关键帧，如图8.157所示；合成窗口效果如图8.158所示。

图8.157 设置3秒关键帧

图8.158 设置关键帧后效果

步骤 08 为"king kong2"文字层添加CC Light Burst 2.5（CC 光线爆裂2.5）特效。在【效果和预设】面板中展开【生成】特效组，然后双击CC Light Burst 2.5（CC 光线爆裂2.5）特效。

步骤 09 在【效果控件】面板中修改CC Light Burst 2.5（CC 光线爆裂2.5）特效的参数，设置Ray Length（光线长度）的值为300；将时间调整到00:00:00:00帧的位置，设置Center（中心）的值为（-56，512），单击Center（中心）左侧的码表 按钮，在当前位置设置关键帧，如图8.159所示；合成窗口效果如图8.160所示。

图8.159 设置0秒关键帧参数

图8.160 设置0秒关键帧后效果

步骤10 将时间调整到00:00:03:00帧的位置，设置Center（中心）的值为（666，512），系统会自动设置关键帧，如图8.161所示；合成窗口效果如图8.162所示。

图8.161 设置3秒关键帧

图8.162 设置CC Light Burst 2.5（CC 光线爆裂2.5）特效后效果

步骤11 选中"king kong2"层，按T键打开【不透明度】的属性；将时间调整到00:00:03:00帧的位置，设置【不透明度】的值为100%，单击【不透明度】左侧的码表按钮，在当前位置设置关键帧，如图8.163所示。

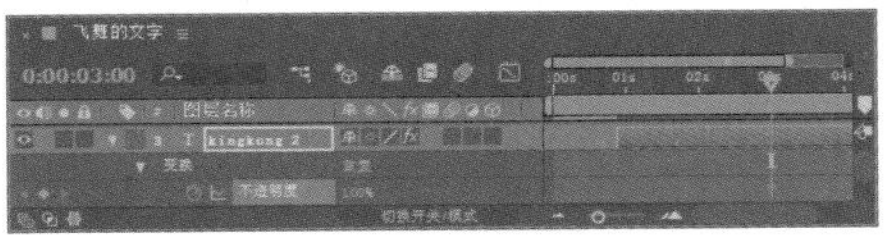

图8.163 设置【不透明度】关键帧

步骤12 将时间调整到00:00:03:10帧的位置，设置【不透明度】的值为0，系统会自动设置关键帧，如图8.164所示。

图8.164 设置3秒10帧关键帧

步骤13 选中"king kong2"文字层，按Ctrl+D组合键复制一个新的图层，并将其重命名为"king

kong3"，在【效果控件】面板中选中CC Light Burst 2.5（CC光线爆裂2.5）特效，将其删除。

步骤14 为"king kong3"文字层添加CC Mr. Mercury（CC 水银滴落）特效。在【效果和预设】面板中展开【模拟】特效组，然后双击CC Mr. Mercury（CC 水银滴落）特效。

步骤15 在【效果控件】面板中修改CC Mr. Mercury（CC 水银滴落）特效的参数，展开Light（灯光）选项组，从light Type（灯光类型）下拉列表框中选择Point Light（点光）选项；展开Shading（阴影）的选项组，设置Specular（反射）和Metal（质感）的值为0，如图8.165所示；合成窗口效果如图8.166所示。

图8.165 设置【灯光】和【阴影】选项组参数

图8.166 设置【灯光】和【阴影】选项组后效果

步骤16 将时间调整到00:00:00:00帧的位置，设置Producer（产生点）的值为（-54，516）；展开light（灯光）选项组，设置light Position（灯光位置）的值为（-54，518），同时单击Producer（产生点）和light Position（灯光位置）左侧的码表按钮，在当前位置设置关键帧，如图8.167所示。

图8.167 设置0秒关键帧

步骤17 将时间调整到00:00:03:00帧的位置，设置Producer（产生点）的值为（664，516），Light Position（灯光位置）的值为（664，518），系统会自动设置关键帧，如图8.168所示；合成窗口效果如图8.169所示。

图8.168 设置3秒关键帧

图8.169 设置CC Mr. Mercury（CC 水银滴落）特效后效果

步骤 18 选中"king kong2"文字层，按Ctrl+D组合键复制一个新的图层，并将其重命名为"king kong4"，在【效果控件】面板中选中CC Light Burst 2.5（CC光线爆裂2.5）特效，将其删除。

步骤 19 选中"king kong4"文字层，将时间调整到00:00:03:00帧的位置，设置【缩放】的值为（120，120），【不透明度】的值为50%，按住Alt键单击【位置】左侧的码表 按钮，输入表达式为wiggle（15,50），如图8.170所示；合成窗口效果，如图8.171所示。

图8.170 设置表达式

图8.171 设置表达式后效果

步骤 20 为"king kong"文字层添加【投影】特效。在【效果和预设】面板中展开【透视】特效组，然后双击【投影】特效。

步骤 21 在【效果控件】面板中修改【投影】特效的参数，设置【方向】的值为133，【距离】的值为5，如图8.172所示；合成窗口效果如图8.173所示。

图8.172 设置【投影】特效参数　　图8.173 设置【投影】特效后效果

步骤 22 为"king kong"文字层添加【浮雕】特效。在【效果和预设】面板中展开【风格化】特效组，然后双击【浮雕】特效。

步骤 23 在【效果控件】面板中修改【浮雕】特效的参数，设置【方向】的值为204，【起伏】的值为3.5，如图8.174所示；合成窗口效果如图8.175所示。

图8.174 设置【浮雕】特效参数　　图8.175 设置【浮雕】特效后效果

步骤 24 选中"king kong""king kong2""king kong3"和"king kong4"层，将时间调整到00:00:00:22帧的位置，按[键，设置"king kong""king kong2""king kong3"和"king kong4"层入点为00:00:00:22帧的位置，如图8.176所示。

图8.176 设置层入点

步骤 25 这样就完成了飞舞的文字整体制作，按小键盘上的"0"键，即可在合成窗口中预览动画。

实例090 分身文字

特效解析 本例主要讲解利用CC Particle World（CC粒子仿真世界）特效制作分身文字效果。完成的动画流程画面如图8.177所示。

知识点 1.CC Particle World（CC粒子仿真世界）特效
2.【摄像机】

图8.177 动画流程画面

难易程度：★☆☆☆☆
工程文件：下载文件\工程文件\第8章\分身文字
视频位置：下载文件\movie\实例090 分身文字.avi

操作步骤

步骤 01 执行菜单栏中的【合成】|【新建合成】命令，打开【合成设置】对话框，设置【合成名称】为"分身文字动画"，【宽度】为720，【高度】为576，【帧速率】为25，【持续时间】为00:00:05:00秒。

步骤 02 执行菜单栏中的【图层】|【新建】|【文本】命令，输入"Song VALO"，设置文字字体为Impact，字号为43像素，字体颜色为白色，打开文字层的三维开关。

步骤 03 执行菜单栏中的【图层】|【新建】|【纯色】命令，打开【纯色设置】对话框，设置【名称】为"粒子"，【颜色】为黑色。

步骤 04 为"粒子"层添加CC Particle World（CC粒子仿真世界）特效。在【效果和预设】面板中展开【模拟】特效组，然后双击CC Particle World（CC粒子仿真世界）特效。

步骤 05 在【效果控件】面板中修改CC Particle World（CC粒子仿真世界）特效的参数，设置Longevity（寿命）的值为1.29；将时间调整到00:00:00:00帧的位置，设置Birth Rate（生长速率）的值为3.9，单击Birth Rate（生长速率）左侧的码表按钮，在当前位置设置关键帧。

步骤 06 将时间调整到00:00:04:24帧的位置，设置Birth Rate（生长速率）的值为0，系统会自动设置关键帧，如图8.178所示。

图8.178 设置【生长速率】关键帧

步骤 07 展开Producer（产生点）选项组，设置Radius X（X轴半径）的值为0.625，Radius Y（Y轴半径）的值为0.485，Radius Z（Z轴半径）的值为7.215；展开Physics（物理学）选项组，设置Gravity（重力）的值为0，如图8.179所示。

图8.179 设置Producer（产生点）选项组参数

步骤 08 展开Particle（粒子）选项组，从Particle Type（粒子类型）下拉列表框中选择Textured Quadpolygon（纹理放行）选项；展开Texture（材质）选项组，从Texture Layer（材质层）下拉列表框中选择"Song VALO"文字层，设置Birth Size（生长大小）的值为11.36，Death Size（消逝大小）的值为9.76，如图8.180所示；合成窗口效果如图8.181所示。

图8.180 设置【粒子】选项组参数　图8.181 设置【粒子】选项组后效果

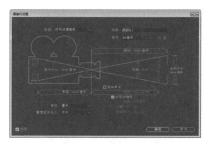

图8.182 设置摄像机

步骤09 执行菜单栏中的【图层】|【新建】|【摄像机】命令，打开【摄像机设置】对话框，设置【名称】为"摄像机1"，设置【预设】为24毫米，如图8.182所示；合成窗口效果如图8.183所示。

图8.183 设置摄像机后效果

步骤10 这样就完成了分身文字的整体制作，按小键盘上的"0"键，即可在合成窗口中预览动画。

实例091 变色字

特效解析 本例主要讲解利用【填充颜色】命令制作变色字效果。完成的动画流程画面如图8.184所示。

知识点
1.【填充颜色】命令
2.【填充色相】命令

图8.184 动画流程画面

难易程度：★★☆☆☆
工程文件：下载文件\工程文件\第8章\变色字
视频位置：下载文件\movie\实例091 变色字.avi

操作步骤

步骤01 执行菜单栏中的【文件】|【打开项目】命令，选择下载文件中的"工程文件\第8章\变色字\变色字练习.aep"文件并打开。

步骤02 执行菜单栏中的【图层】|【新建】|【文本】命令，输入"BANGKOK"，在【字符】面板中设置文字字体为Leelawadee，字号为44像素，单击倾斜 按钮，字体颜色为黄色（R:252，G:226，B:60）。

步骤03 将时间调整到00:00:00:00帧的位置，展开"BANGKOK"层，单击【文本】右侧的 按钮，从弹出的菜单中选择【填充颜色】|【色相】命令，设置【填充色相】的值为0，单击【填

充色相】左侧的码表按钮，在当前位置设置关键帧。

步骤 04 将时间调整到00:00:03:24帧的位置，设置【填充色相】的值为2x+65，系统会自动设置关键帧，如图8.185所示；合成窗口效果如图8.186所示。

图8.185 设置【填充色相】参数

图8.186 设置【填充色相】后效果

步骤 05 这样就完成了变色字的整体制作，按小键盘上的"0"键，即可在合成窗口中预览动画。

实例092 爆炸文字

特效解析 本例主要讲解利用【碎片】特效制作爆炸文字的效果。完成的动画流程画面如图8.187所示。

知识点
1. 【碎片】特效
2. 【镜头光晕】特效
3. Shine（光）特效

图8.187 动画流程画面

难易程度：★★☆☆☆
工程文件：下载文件\工程文件\第8章\爆炸文字
视频位置：下载文件\movie\实例092 爆炸文字.avi

操作步骤

步骤 01 执行菜单栏中的【合成】|【新建合成】命令，打开【合成设置】对话框，设置【合成名称】为"爆炸文字"，【宽度】为720，【高度】为576，【帧速率】为25，【持续时间】为00:00:05:00秒。

步骤 02 执行菜单栏中的【图层】|【新建】|【纯色】命令，打开【纯色设置】对话框，设置【名称】为"背景"，【颜色】为黑色。

步骤 03 为"背景"层添加【梯度渐变】特效。在【效果和预设】面板中展开【生成】特效组，然后双击【梯度渐变】特效。

步骤 04 在【效果控件】面板中修改【梯度渐变】

特效的参数，设置【渐变起点】的值为（360，69），【起始颜色】为蓝色（R:0，G:153，B:203），【结束颜色】为黑色，从【渐变形状】下拉列表框中选择【径向渐变】选项，如图8.188所示；合成窗口效果如图8.189所示。

图8.188 设置【梯度渐变】特效参数　图8.189 设置【梯度渐变】特效后效果

步骤 05 执行菜单栏中的【图层】|【新建】|【文本】命令，输入"Pleasanely"，设置文字字体为Arial，字号为100像素，字体颜色为青色（R:67，G:235，B:255）。

步骤 06 为"Pleasanely"文字层添加【碎片】特效。在【效果和预设】面板中展开【模拟】特效组，然后双击【碎片】特效。

步骤 07 在【效果控件】面板中修改【碎片】特效的参数，从【视图】下拉列表框中选择【已渲染】选项；展开【作用力 1】选项组，设置【半径】的值为0.12；将时间调整到00:00:00:14帧的位置，设置【位置】的值为（102，268），单击【位置】左侧的码表按钮，在当前位置设置关键帧，如图8.190所示；合成窗口效果如图8.191所示。

图8.192 设置Shine（光）特效参数　图8.193 设置Shine（光）特效后效果

图8.194 设置Source Point（源点）参数

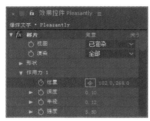

图8.190 设置【碎片】特效参数　图8.191 设置【碎片】特效后效果

步骤 08 将时间调整到00:00:04:24帧的位置，设置【位置】的值为（618，280），系统自动设置关键帧。

步骤 09 为"Pleasanely"文字层添加Shine（光）特效。在【效果和预设】面板中展开Trapcode特效组，双击Shine（光）特效。

步骤 10 在【效果控件】面板中修改Shine（光）特效的参数，展开Colorize（着色）选项组，从Colorize（着色）下拉列表框中选择Lysergic（化学）选项，从Bass On（基底）下拉列表框中选择Red（红）选项，从Blend Mode（混合模式）下拉列表框中选择Add（相加）选项；将时间调整到00:00:00:00帧的位置，设置Source Point（源点）的值为（101，278），单击Source Point（源点）左侧的码表按钮，在当前位置设置关键帧，如图8.192所示；合成窗口效果如图8.193所示。

步骤 11 将时间调整到00:00:04:07帧的位置，设置Source Point（源点）为（643，278），如图8.194所示；合成窗口效果如图8.195所示。

图8.195 破碎效果

步骤 12 执行菜单栏中的【图层】|【新建】|【纯色】命令，打开【纯色设置】对话框，设置【名称】为"光晕"，颜色为黑色。

步骤 13 选择"光晕"层，在【效果和预设】面板中展开【生成】特效组，然后双击【镜头光晕】特效。在时间线面板中，设置"光晕"层的【模式】为【相加】。

步骤 14 将时间调整到00:00:00:00帧的位置，在【效果控件】面板中单击【光晕中心】左侧的码表按钮，在当前位置设置关键帧，并设置【光晕中心】的值为（104，268），如图8.196所示；合成窗口效果如图8.197所示。

图8.196 设置【镜头光晕】特效参数

图8.197 设置【光晕中心】0秒后的效果

图8.198 设置【光晕中心】参数

步骤15 将时间调整到00:00:04:00帧的位置，设置【光晕中心】的值为（688，264），如图8.198所示；合成窗口效果如图8.199所示。

步骤16 这样就完成了爆炸文字的整体制作，按小键盘上的"0"键，即可在合成窗口中预览动画。

图8.199 设置【光晕中心】4秒后的效果

实例093 沙粒文字

特效解析 本例首先利用【横排文字工具】输入文字并修改文字效果；然后利用Animation Presets（动画预设）中的Center Spiral（中心旋转）特效完成旋转的文字效果；最后使用【散布】特效制作出沙粒文字效果。完成动画流程画面如图8.200所示。

知识点
1.【横排文字工具】
2.Animation Presets（动画预设）
3.【散布】特效

图8.200 动画流程画面

难易程度：★☆☆☆☆
工程文件：下载文件\工程文件\第8章\沙粒文字
视频位置：下载文件\movie\实例093 沙粒文字.avi

操作步骤

步骤01 执行菜单栏中的【文件】|【打开项目】命令，选择下载文件中的"工程文件\第8章\沙粒文字\沙粒文字练习.aep"文件并打开。

步骤02 单击工具栏中的【横排文字工具】按钮，在合成窗口中单击并输入文字"大漠孤烟直，长河落日圆"，如图8.201所示。

图8.201 输入文字

步骤 03 设置文字的字体为Adobe 黑体 Std，文字大小为26像素，并选择【在描边上填充】选项，设置描边的粗细为5像素，填充颜色为黄绿色（R:124，G:102，B:0），描边颜色为浅黄色（R:255，G:246，B:198），如图8.202所示。

图8.202 设置字体参数

步骤 04 在时间线面板中选择文字层，将时间调整到00:00:00:00帧的位置，在【效果和预设】面板中展开Animation Presets（动画预设）|Text（文字）|Animate In（进入动画）特效组，双击【中央螺旋】特效，如图8.203所示。

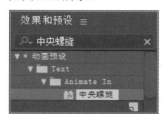

图8.203 添加【中央螺旋】特效

步骤 05 拖动时间滑块，从合成窗口中可以看到一个高速旋转的文字特效，其中一帧效果如图8.204所示。

步骤 06 在时间线面板中选择文字层，在【效果和预设】面板中展开【风格化】特效组，双击【散布】特效，如图8.205所示；效果如图8.206所示。

图8.204 其中一帧效果

图8.205 添加【散布】特效

图8.206 散布效果

步骤 07 将时间调整到00:00:00:00帧的位置，在【效果控件】面板中设置【散射数量】的值为0，并为其设置关键帧，如图8.207所示。

图8.207 设置0秒关键帧参数

步骤 08 将时间调整到00:00:02:00帧的位置，修改【散射数量】的值为200，如图8.208所示。

图8.208 设置2秒关键帧参数

步骤 09 将时间调整到00:00:03:00帧的位置，修改【散射数量】的值为0。

步骤 10 这样就完成了沙粒文字的制作，按小键盘上的"0"键，即可在合成窗口中预览动画。

第9章　常见自然特效表现

内容摘要

本章主要讲解常见的自然特效表现，如下雨、下雪、闪电、云彩、水滴等。

教学目标

◆ 掌握【高级闪电】特效制作闪电动画效果的方法
◆ 掌握CC Rain（CC 下雨）特效制作下雨效果的方法
◆ 掌握CC Snow（CC下雪）特效制作下雪动画效果的方法
◆ 掌握【分形杂色】特效制作白云效果的方法
◆ 掌握CC Mr. Mercury（CC 水银滴落）特效制作水珠滴落效果的方法
◆ 掌握CC 万花筒特效制作万花筒动画效果的方法
◆ 掌握【色光】特效制作出熔岩涌动效果的方法

实例094 下雨效果

特效解析　本例主要讲解利用CC Rainfall（CC 下雨）特效制作下雨效果。完成的动画流程画面如图9.1所示。

知识点　CC Rainfall（CC 下雨）特效

图9.1 动画流程画面

难易程度：★☆☆☆☆
工程文件：下载文件\工程文件\第9章\下雨效果
视频位置：下载文件\movie\实例094 下雨效果.avi

操作步骤

步骤 01 执行菜单栏中的【文件】|【打开项目】命令，选择下载文件中的"工程文件\第9章\下雨效果\下雨效果练习.aep"文件并打开。

步骤 02 为"小路"层添加CC Rainfall（CC 下雨）特效。在【效果和预设】面板中展开【模拟】特效组，然后双击CC Rainfall（CC 下雨）特效。

步骤 03 在【效果控件】面板中修改CC Rainfall（CC 下雨）特效的参数，设置Wind（风力）的值为800，【不透明度】的值为100，如图9.2所示；合成窗口效果如图9.3所示。

图9.3 设置CC Rainfall（CC 下雨）特效后的效果

步骤 04 这样就完成了下雨效果的整体制作，按小键盘上的"0"键，即可在合成窗口中预览动画。

图9.2 设置CC Rainfall（CC 下雨）特效参数

实例095 下雪效果

特效解析 本例主要讲解利用CC Snowfall（CC下雪）特效制作下雪动画效果。完成的动画流程画面如图9.4所示。

知识点 CC Snowfall（CC下雪）特效

图9.4 动画流程画面

难易程度：★☆☆☆☆
工程文件：下载文件\工程文件\第9章\下雪动画
视频位置：下载文件\movie\实例095 下雪效果.avi

操作步骤

步骤 01 执行菜单栏中的【文件】|【打开项目】命令，选择下载文件中的"工程文件\第9章\下雪动画\下雪动画练习.aep"文件并打开。

步骤 02 为"背景.jpg"层添加CC Snowfall（CC下雪）特效。在【效果和预设】面板中展开【模拟】特效组，然后双击CC Snowfall（CC下雪）特效。

步骤 03 在【效果控件】面板中修改CC Snowfall（CC下雪）特效的参数，设置Size（大小）的值为12，Speed（速度）的值为250，Wind（风力）的值为80，Opactity（不透明度）的值为100，如图9.5所示，合成窗口效果如图9.6所示。

图9.6 下雪效果

步骤 04 这样就完成了下雪效果的整体制作，按小键盘上的"0"键，即可在合成窗口中预览动画。

图9.5 设置CC Snowfall（CC下雪）特效参数

实例096 制作气泡

特效解析 本例主要讲解利用【泡沫】特效制作气泡效果。完成的动画流程画面如图9.7所示。

知识点
1. 【泡沫】特效
2. 【分形杂色】特效
3. 【置换图】特效

图9.7 动画流程画面

难易程度：★★☆☆☆
工程文件：下载文件\工程文件\第9章\气泡
视频位置：下载文件\movie\实例096 制作气泡.avi

操作步骤

步骤01 执行菜单栏中的【文件】|【打开项目】命令，选择下载文件中的"工程文件\第9章\气泡\气泡练习.aep"文件并打开。

步骤02 选择"海底世界"图层，按Ctrl+D组合键复制一个新图层，并将其重命名为"海底背景"。

步骤03 为"海底背景"层添加【泡沫】特效。在【效果和预设】面板中展开【模拟】特效组，然后双击【泡沫】特效。

步骤04 在【效果控件】面板中修改【泡沫】特效的参数，从【视图】下拉列表框中选择【已渲染】选项；展开【制作者】选项组，设置【产生点】的值为（345，580），【产生X大小】的值为0.45，【产生Y大小】的值为0.45，【产生速率】的值为2。

步骤05 展开【气泡】选项组，设置【大小】的值为1，【大小差异】的值为0.65，【寿命】的值为170，【气泡增长速率】的值为0.01，如图9.8所示；合成窗口效果如图9.9所示。

步骤06 展开【物理学】选项组，设置【初始速度】的值为3.3，【摇摆量】的值为0.07。

步骤07 展开【正在渲染】选项组，从【气泡纹理】下拉列表框中选择【水滴珠】选项，设置

【反射强度】的值为1，【反射融合】值为1，如图9.10所示；合成窗口效果如图9.11所示。

图9.8 设置【气泡】选项组参数 图9.9 调整参数后效果

图9.10 设置【正在渲染】选项组参数 图9.11 调整参数后效果

步骤08 执行菜单栏中的【合成】|【新建合成】命令，打开【合成设置】对话框，设置【合成名称】为"置换图"，【宽度】为720，【高

度】为576，【帧速率】为25，【持续时间】为00:00:20:00秒。

步骤 09 执行菜单栏中的【图层】|【新建】|【纯色】命令，打开【纯色设置】对话框，设置【名称】为"噪波"，【颜色】为黑色。

步骤 10 为"噪波"层添加【分形杂色】特效。在【效果和预设】面板中展开【杂色和颗粒】特效组，然后双击【分形杂色】特效。

步骤 11 选中"噪波"层，按S键展开【缩放】属性，单击【缩放】左侧的【约束比例】按钮取消约束，设置【缩放】的值为（200，209），如图9.12所示；合成窗口效果如图9.13所示。

图9.12 设置【缩放】参数　　图9.13 设置【缩放】后效果

步骤 12 在【效果控件】面板中修改【分形杂色】特效的参数，设置【对比度】的值为448，【亮度】的值为22；展开【变换】选项组，设置【缩放】的值为42，如图9.14所示；合成窗口效果如图9.15所示。

图9.14 设置【分形杂色】特效参数　图9.15 分形杂色效果

步骤 13 为"噪波"层添加【色阶】特效。在【效果和预设】面板中展开【颜色校正】特效组，然后双击【色阶】特效。

步骤 14 在【效果控件】面板中修改【色阶】特效的参数，设置【输入黑色】的值为95，【灰度系数】的值为0.28，如图9.16所示；合成窗口效果如图9.17所示。

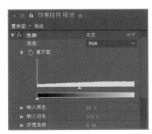 

图9.16 设置【色阶】特效参数　图9.17 添加【色阶】特效后效果

步骤 15 选中"噪波"层，将时间调整到00:00:00:00帧的位置，按P键展开【位置】属性，设置【位置】的值为（2，288），单击【位置】左侧的码表按钮，在当前位置设置关键帧。

步骤 16 将时间调整到00:00:18:24帧的位置，设置【位置】的值为（718，288），系统会自动设置关键帧，如图9.18所示。

图9.18 设置【位置】参数

步骤 17 执行菜单栏中的【图层】|【新建】|【调整图层】命令，创建一个调节层。

步骤 18 选中"调整图层 1"层，在工具栏中选择【矩形工具】，在合成窗口中拖动，可绘制一个矩形蒙版区域，合成窗口效果如图9.19所示。按F键展开【蒙版羽化】属性，设置【蒙版羽化】的值为（15，15）。

图9.19 蒙版羽化效果

步骤 19 在时间线面板中设置"噪波"层的【轨道遮罩】为"Alpha 遮罩'调整图层'1"，如图9.20所示；合成窗口效果如图9.21所示。

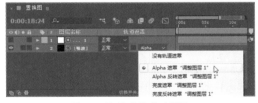

图9.20 设置【轨道遮罩】

图9.21 设置【轨道遮罩】后效果

步骤 20 打开"气泡"合成，在【项目】面板中选择"置换图"合成，将其拖动到"气泡"合成的时间线面板中并放置在底层，如图9.22所示。

图9.22 设置图层

步骤 21 选中"海底世界"层，在【效果和预设】面板中展开【扭曲】特效组，然后双击【置换图】特效。

步骤 22 在【效果控件】面板中修改【置换图】特效的参数，从【置换图层】下拉列表框中选择"置换图"选项，如图9.23所示；合成窗口效果如

图9.24所示。

图9.23 设置【置换图】特效参数　图9.24 设置【置换图】特效后效果

步骤 23 这样就完成了气泡的整体制作，按小键盘上的"0"键，即可在合成窗口中预览动画。

实例097　白云动画

特效解析 本例主要讲解利用【分形杂色】特效制作白云动画效果。完成的动画流程画面如图9.25所示。

知识点 【分形杂色】特效

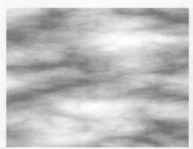

图9.25 动画流程画面

难易程度：★★☆☆☆
工程文件：下载文件\工程文件\第9章\白云动画
视频位置：下载文件\movie\实例097 白云动画.avi

操作步骤

步骤 01 执行菜单栏中的【合成】|【新建合成】命令，打开【合成设置】对话框，设置【合成名称】为"白云动画"，【宽度】为720，【高度】为576，【帧速率】为25，【持续时间】为00:00:04:00秒。

步骤 02 执行菜单栏中的【图层】|【新建】|【纯色】命令，打开【纯色设置】对话框，设置【名称】为"天空"，【颜色】为白色。

步骤 03 为"天空"层添加【分形杂色】特效。在【效果和预设】面板中展开【杂色和颗粒】特效组，然后双击【分形杂色】特效。

步骤 04 在【效果控件】面板中修改【分形杂色】

特效的参数，从【分形类型】下拉列表框中选择【湍流锐化】选项，从【杂色类型】下拉列表框中选择【样条】选项，从【溢出】下拉列表框中选择【剪切】选项；展开【变换】选项，取消【统一缩放】复选框，设置【缩放宽度】的值为350；将时间调整到00:00:00:00帧的位置，设置【偏移（湍流）】的值为（91，288），单击【偏移（湍流）】左侧的码表■按钮，在当前位置设置关键帧。

步骤 05 将时间调整到00:00:03:24帧的位置，设置【偏移（湍流）】的值为（523，288），系统会自动设置关键帧，如图9.26所示；合成窗口效果如图9.27所示。

图9.26 设置【偏移】参数

图9.27 设置【偏移】后效果

步骤 06 展开【子设置】选项组，设置【子影响】的值为60；将时间调整到00:00:00:00帧的位置，设置【子旋转】和【演化】的值为0，单击【子旋转】左侧的码表■按钮，在当前位置设置关键帧。

步骤 07 将时间调整到00:00:03:24帧的位置，设置【子旋转】的值为10，【演化】的值为240，系统会自动设置关键帧，如图9.28所示；合成窗口效果如图9.29所示。

图9.28 设置【子设置】选项组参数　图9.29 设置参数后效果

步骤 08 为"天空"层添加【色阶】特效。在【效果和预设】面板中展开【颜色校正】特效组，然后双击【色阶】特效。

步骤 09 在【效果控件】面板中修改【色阶】特效的参数，设置【输入黑色】的值为77，【输入白色】的值为237，如图9.30所示；合成窗口效果如图9.31所示。

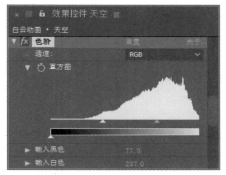

图9.30 设置【色阶】特效参数

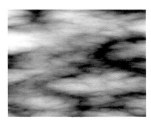

图9.31 设置【色阶】特效后效果

步骤 10 为"天空"层添加【色调】特效。在【效果和预设】面板中展开【颜色校正】特效组，然后双击【色调】特效。

步骤 11 在【效果控件】面板中修改【色调】特效的参数，设置【将黑色映射到】的颜色为蓝色（R:2，G:131，B:205），如图9.32所示；合成窗口效果如图9.33所示。

图9.32 设置【色调】特效参数　图9.33 设置【色调】特效后效果

步骤 12 这样就完成了白云动画的整体制作，按小键盘上的"0"键，即可在合成窗口中预览动画。

实例098 闪电动画

特效解析 本例主要讲解利用【高级闪电】特效制作闪电动画效果。完成的动画流程画面如图9.34所示。

知识点 【高级闪电】特效

图9.34 动画流程画面

难易程度：★☆☆☆☆
工程文件：下载文件\工程文件\第9章\闪电动画
视频位置：下载文件\movie\实例098 闪电动画.avi

操作步骤

步骤01 执行菜单栏中的【文件】|【打开项目】命令，选择下载文件中的"工程文件\第9章\闪电动画\闪电动画练习.aep"文件并打开。

步骤02 为"背景.jpg"层添加【高级闪电】特效。在【效果和预设】面板中展开【生成】特效组，然后双击【高级闪电】特效。

步骤03 在【效果控件】面板中修改【高级闪电】特效的参数，设置【源点】的值为（301，108），【方向】的值为（327，412），【衰减】的值为0.4，选中【主核心衰减】和【在原始图像上合成】复选框；将时间调整到00:00:00:00帧的位置，设置【传导率状态】的值为0，单击【传导率状态】左侧的码表 按钮，在当前位置设置关键帧。

步骤04 将时间调整到00:00:04:24帧的位置，设置【传导率状态】的值为18，系统会自动设置关键帧，如图9.35所示；合成窗口效果如图9.36所示。

图9.35 设置【高级闪电】特效参数

图9.36 设置【高级闪电】特效后效果

步骤05 这样就完成了闪电动画的整体制作，按小键盘上的"0"键，即可在合成窗口中预览动画。

实例099 星星效果

特效解析 本例主要讲解利用Particular（粒子）特效制作星星效果。完成的动画流程画面如图9.37所示。

知识点 Particular（粒子）特效

图9.37 动画流程画面

难易程度：★☆☆☆☆
工程文件：下载文件\工程文件\第9章\星星动画效果
视频位置：下载文件\movie\实例099 星星效果.avi

操作步骤

步骤 01 执行菜单栏中的【文件】|【打开项目】命令，选择下载文件中的"工程文件\第9章\星星动画效果\星星动画效果练习.aep"文件并打开。

步骤 02 执行菜单栏中的【图层】|【新建】|【纯色】命令，打开【纯色设置】对话框，设置【名称】为"粒子"，【颜色】为白色。

步骤 03 为"粒子"层添加Particular（粒子）特效。在【效果和预设】面板中展开RG Trapcode特效组，然后双击Particular（粒子）特效。

步骤 04 在【效果控件】面板中修改Particular（粒子）特效的参数，展开Emitter（Master）（发射器）选项组，设置Particles/sec（每秒发射粒子数）的值为20，从Emitter Type（发射类型）下拉列表框中选择Box（盒子）选项，Position（位置）的值为（358，164，0），Velocity（速度）的值为80，Velocity Random（速度随机）的值为0，Velocity Distribution（速度分布）的值为0，Emitter Size X（发射器X轴尺寸）的值为720，如图9.38所示。

图9.38 设置【发射器】参数

步骤 05 展开Particle（Master）（粒子）选项组，从Particle Type（粒子类型）下拉列表框中选择Star（No DOF）（星星）选项，设置【颜色】为土黄色（R:255，G:181，B:0），Color Random（颜色随机）的值为20，如图9.39所示；合成窗口效果如图9.40所示。

图9.39 设置Particular（粒子）特效参数　　图9.40 设置Particular（粒子）特效后效果

步骤 06 这样就完成了星星效果的整体制作，按小键盘上的"0"键，即可在合成窗口中预览动画。

实例100 水珠滴落

特效解析 本例主要讲解利用CC Mr. Mercury（CC 水银滴落）特效制作水珠滴落效果。完成的动画流程画面如图9.41所示。

知识点
1. CC Mr. Mercury（CC 水银滴落）特效
2. 【快速模糊（旧版）】

图9.41 动画流程画面

难易程度：★★☆☆☆
工程文件：下载文件\工程文件\第9章\水珠滴落
视频位置：下载文件\movie\实例100 水珠滴落.avi

操作步骤

步骤01 执行菜单栏中的【文件】|【打开项目】命令，选择下载文件中的"工程文件\第9章\水珠滴落\水珠滴落练习.aep"文件并打开。

步骤02 为"背景"层添加CC Mr. Mercury（CC 水银滴落）特效。在【效果和预设】面板中展开【模拟】特效组，然后双击CC Mr. Mercury（CC 水银滴落）特效。

步骤03 在【效果控件】面板中修改CC Mr. Mercury（CC 水银滴落）特效的参数，设置Radius X（X轴半径）的值为120，Radius Y（Y轴半径）的值为80，Producer（发生器）的值为（360，0），Velocity（速度）的值为0，Birth Rate（生长速率）的值为0.2，Gravity（重力）的值为0.2，Resistance（阻力）的值为0，从Animation（动画）下拉列表框中选择Direction（方向），从Influence Map（影响）下拉列表框中选择Constant Blobs（恒定滴落），Blob Birth Size（生长大小）的值为0.4，Blob Death Size（消逝大小）的值为0.36，如图9.42所示；合成窗口效果如图9.43所示。

步骤04 为"背景"层添加【快速方框模糊】特效。在【效果和预设】面板中展开【模糊和锐化】特效组，然后双击【快速方框模糊】特效。

步骤05 在【效果控件】面板中修改【快速方框模糊】特效的参数，将时间调整到00:00:02:10帧的

位置，设置【模糊半径】的值为0，单击【模糊半径】左侧的码表按钮，在当前位置设置关键帧。

图9.42 设置CC Mr. Mercury（CC 水银滴落）特效参数　图9.43 设置CC Mr. Mercury（CC 水银滴落）特效后效果

步骤06 将时间调整到00:00:03:00帧的位置，设置【模糊半径】的值为15，系统会自动设置关键帧，如图9.44所示；合成窗口效果如图9.45所示。

图9.44 设置【快速方框模糊】特效参数

图9.45 设置【快速方框模糊】特效后效果

步骤 07 为"背景2"层添加【快速方框模糊】特效。在【效果和预设】面板中展开【模糊和锐化】特效组，然后双击【快速方框模糊】特效。

步骤 08 在【效果控件】面板中修改【快速方框模糊】特效的参数，将时间调整到00:00:02:10帧的位置，设置【模糊半径】的值为15，单击【模糊半径】左侧的码表 按钮，在当前位置设置关键帧，合成窗口效果如图9.46所示。

图9.46 设置【快速方框模糊】特效后的效果

步骤 09 将时间调整到00:00:03:00帧的位置，设置【模糊半径】的值为0，系统会自动设置关键帧，如图9.47所示。

图9.47 设置3秒关键帧

步骤 10 这样就完成了水珠滴落的整体制作，按小键盘上的"0"键，即可在合成窗口中预览动画。

实例101 泡泡上升动画

特效解析 本例主要讲解利用CC Bubbles（CC 吹泡泡）特效制作泡泡上升动画效果。完成的动画流程画面如图9.48所示。

知识点 CC Bubbles（CC 吹泡泡）特效

图9.48 动画流程画面

难易程度：★☆☆☆☆
工程文件：下载文件\工程文件\第9章\泡泡上升动画
视频位置：下载文件\movie\实例101 泡泡上升动画.avi

操作步骤

步骤 01 执行菜单栏中的【文件】|【打开项目】命令，选择下载文件中的"工程文件\第9章\泡泡上升动画\泡泡上升动画练习.aep"文件并打开。

步骤 02 执行菜单栏中的【图层】|【新建】|【纯色】命令，打开【纯色设置】对话框，设置【名称】为"载体"，【颜色】为淡黄色（R:254，G:234，B:193）。

步骤 03 为"载体"层添加CC Bubbles（CC 吹泡泡）特效。在【效果和预设】面板中展开【模

拟】特效组，然后双击CC Bubbles（CC 吹泡泡）特效，合成窗口效果如图9.49所示。

图9.49 添加CC Bubbles（CC 吹泡泡）特效后效果

步骤 04 这样就完成了泡泡上升动画的整体制作，按小键盘上的"0"键，即可在合成窗口中预览动画。

实例102 水波纹效果

特效解析 本例主要讲解利用CC Drizzle（CC 细雨滴）特效制作水波纹动画效果。完成的动画流程画面如图9.50所示。

知识点 CC Drizzle（CC 细雨滴）特效

图9.50 动画流程画面

难易程度：★★☆☆☆
工程文件：下载文件\工程文件\第9章\水波纹动画
视频位置：下载文件\movie\实例102 水波纹效果.avi

操作步骤

步骤 01 执行菜单栏中的【文件】|【打开项目】命令，选择下载文件中的"工程文件\第9章\水波纹动画\水波纹动画练习.aep"文件并打开。

步骤 02 为"文字扭曲效果"层添加CC Drizzle（CC 细雨滴）特效。在【效果和预设】面板中展开【模拟】特效组，然后双击CC Drizzle（CC 细雨滴）特效。

步骤 03 在【效果控件】面板中修改CC Drizzle（CC 细雨滴）特效的参数，设置Displacement（置换）的值为28，Ripple Height（波纹高度）的值为156，Spreading（扩展）的值为148，如图9.51所示；合成窗口效果如图9.52所示。

步骤 04 这样就完成了水波纹效果的整体制作，按小键盘上的"0"键，即可在合成窗口中预览动画。

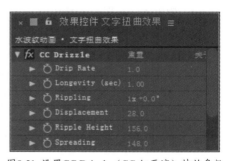

图9.51 设置CC Drizzle（CC 细雨滴）特效参数

图9.52 设置CC Drizzle（CC 细雨滴）特效后效果

实例103 万花筒效果

特效解析 本例主要讲解利用CC Kaleida（CC 万花筒）特效制作万花筒动画效果。完成的动画流程画面如图9.53所示。

知识点 CC Kaleida（CC 万花筒）特效

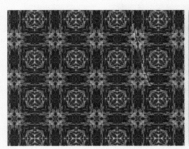

图9.53 动画流程画面

难易程度：★☆☆☆☆
工程文件：下载文件\工程文件\第9章\万花筒动画
视频位置：下载文件\movie\实例103 万花筒效果.avi

操作步骤

步骤01 执行菜单栏中的【文件】|【打开项目】命令，选择下载文件中的"工程文件\第9章\万花筒动画\万花筒动画练习.aep"文件并打开。

步骤02 为"花.jpg"层添加CC Kaleida（CC 万花筒）特效。在【效果和预设】面板中展开【风格化】特效组，然后双击CC Kaleida（CC 万花筒）特效。

步骤03 将时间调整到00:00:00:00帧的位置，在【效果控件】面板中修改CC Kaleida（CC 万花筒）特效的参数，设置Size（大小）的值为20，【旋转】的值为0，单击Size（大小）和【旋转】左侧的码表 按钮，在当前位置设置关键帧。

步骤04 将时间调整到00:00:02:24帧的位置，设置

Size（大小）的值为37，【旋转】的值为212，系统会自动设置关键帧，如图9.54所示；合成窗口效果如图9.55所示。

图9.54 设置CC万花筒参数　图9.55 设置CC万花筒后效果

步骤05 这样就完成了万花筒效果的整体制作，按小键盘上的"0"键，即可在合成窗口中预览动画。

实例104 林中光线

<table>
<tr><td>特效解析</td><td>本例主要讲解利用【镜头光晕】特效制作林中光线效果。完成的动画流程画面如图9.56所示。</td><td>知识点</td><td>1.【镜头光晕】特效
2. Shine（光）特效</td></tr>
</table>

图9.56 动画流程画面

难易程度：★☆☆☆☆
工程文件：下载文件\工程文件\第9章\林中光线
视频位置：下载文件\movie\实例104 林中光线.avi

操作步骤

步骤 01 执行菜单栏中的【文件】|【打开项目】命令，选择下载文件中的"工程文件\第9章\林中光线\林中光线练习.aep"文件并打开。

步骤 02 在时间线面板中选中"树林"层，按Ctrl+D组合键复制出另一个新的层，并将该层重命名为"光线"。

步骤 03 为"光线"层添加Shine（光）特效。在【效果和预设】面板中展开Trapcode特效组，然后双击Shine（光）特效。

步骤 04 在【效果控件】面板中修改Shine（光）特效的参数，设置Ray Length（发光长度）的值为6，Boost Light（发光亮度）的值为2；将时间调整到00:00:00:00帧的位置，设置Source Point（源点）的值为（347，-69），单击Source Point（源点）左侧的码表按钮，在当前位置设置关键帧。

步骤 05 将时间调整到00:00:05:24帧的位置，设置Source Point（源点）的值为（396，-69），系统会自动设置关键帧，如图9.57所示；合成窗口效果如图9.58所示。

图9.57 设置Shine（光）特效参数　图9.58 设置Shine（光）特效后效果

步骤 06 展开Colorize（着色）选项组，从Colorize（着色）下拉列表框中选择One Color（单色）选项，设置【颜色】为灰白色（R:237，G:237，B:237），如图9.59所示；合成窗口效果如图9.60所示。

图9.59 设置Colorize（着色）选项　图9.60 设置Colorize（着色）
　　　　　 组参数　　　　　　　　　选项组后效果

步骤 07 执行菜单栏中的【图层】|【新建】|【纯色】命令，打开【纯色设置】对话框，设置【名称】为"光晕"，【颜色】为黑色。

步骤 08 在时间线面板中设置"光晕"层的【模式】为【相加】，"光线"层的【模式】为【屏幕】，如图9.61所示。

图9.61 设置叠加模式

步骤 09 为"光晕"层添加【镜头光晕】特效。在【效果和预设】面板中展开【生成】特效组，然后双击【镜头光晕】特效。

步骤 10 在【效果控件】面板中修改【镜头光晕】特效的参数，设置【光晕中心】的值为（382，32），【与原始图像混合】的值为30%，如图9.62所示；合成窗口效果如图9.63所示。

步骤 11 这样就完成了林中光线的整体制作，按小键盘上的"0"键，即可在合成窗口中预览动画。

图9.62 设置【镜头光晕】特效参数　图9.63 设置【镜头光晕】特效后效果

实例105 涌动的火山熔岩

特效解析 本例主要讲解利用【色光】特效制作出涌动的火山熔岩效果。完成的动画流程画面如图9.64所示。

知识点
1. 【色光】特效
2. 【分形杂色】特效

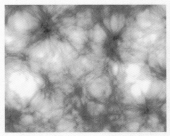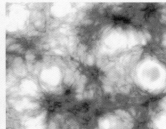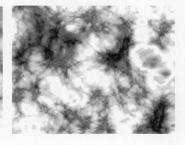

图9.64 动画流程画面效果

难易程度：★★☆☆☆
工程文件：下载文件\工程文件\第9章\涌动的火山熔岩
视频位置：下载文件\movie\实例105 涌动的火山熔岩.avi

操作步骤

步骤 01 执行菜单栏中的【合成】|【新建合成】命令，打开【合成设置】对话框，设置【合成名称】为"涌动的火山熔岩"，【宽度】为352，【高度】为288，【帧速率】为25，【持续时间】为00:00:05:00秒。

步骤 02 按Ctrl + Y组合键打开【纯色设置】对话框，修改【名称】为"熔岩"，设置【颜色】为黑色。创建一个名为"熔岩"的纯色层，如图9.65所示。

图9.65 新建纯色层

步骤 03 选择"熔岩"层，在【效果和预设】面板中展开【杂色和颗粒】特效组，双击【分形杂色】特效，如图9.66所示；合成窗口效果如图9.67所示。

图9.66 添加【分形杂色】特效　图9.67 分形杂色效果

步骤 04 在【效果控件】面板中为【分形杂色】特效设置参数，从【分形类型】下拉列表框中选择【动态】选项，从【杂色类型】下拉列表框中选择【柔和线性】选项；设置【对比度】的值为90，【亮度】的值为4；从【溢出】下拉列表框中选择【反绕】选项，如图9.68所示；合成窗口效果如图9.69所示。

图9.68 设置【分形杂色】特效参数　图9.69 设置【分形杂色】特效后效果

步骤05 将时间调整到00:00:00:00帧的位置，在【效果控件】面板中，分别单击【对比度】、【亮度】、【演化】左侧的码表 按钮，在当前位置设置关键帧；展开【变换】选项组，单击【偏移（湍流）】左侧的码表 按钮，在00:00:00:00帧的位置设置关键帧，如图9.70所示。

图9.70 在00:00:00:00帧的位置设置关键帧

步骤06 将时间调整到00:00:04:24帧的位置，修改【对比度】的值为300，【亮度】的值为25，【偏移（湍流）】的值为（180，40），【演化】的值为2x，系统将在当前位置自动设置关键帧，如图9.71所示。

图9.71 在00:00:04:24帧的位置设置关键帧

提示技巧

【变换】：该选项组主要控制图像的噪波大小、旋转角度、位置偏移等。【旋转】：设置噪波图案的旋转角度。【统一缩放】：选中该复选框，将对噪波图案进行宽度、高度的等比缩放。【缩放】：设置图案的整体大小，在选中【统一缩放】复选框时可用。【缩放宽度/高度】：在没有选中【统一缩放】复选框时，可用通过这两个选项，分别设置噪波图案的宽度和高度的大小。【偏移（湍流）】：设置噪波的动荡位置。

步骤07 这样就完成了利用分形杂色特效制作熔岩涌动的动画，其中几帧画面效果如图9.72所示。

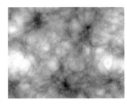

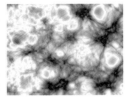

图9.72 其中几帧画面效果

步骤08 选择"熔岩"层，在【效果和预设】面板中展开【颜色校正】特效组，双击【色光】特效。

步骤09 在【效果控件】面板的【色光】特效中展开【输出循环】选项组，从【使用预设调板】下拉列表框中选择【火焰】选项，如图9.73所示；效果如图9.74所示。

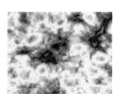

图9.73 选择【火焰】选项　图9.74 色光效果

提示技巧

【输入相位】：该选项中有很多其他的选项，应用比较简单，主要是对彩色光的相位进行调整。【输出循环】：通过【使用预设调板】可以选择预置的多种色样来改变颜色；【输出循环】可以调节三角色块来改变图像中对应的颜色，在色环的颜色区域单击，可以添加三角色块，将三角色块拉出色环即可删除三角色块；通过【色环重复次数】可以控制彩色光的色彩重复次数；【与原始图像混合】：设置修改图像与源图像的混合程度。

步骤10 这样就完成了涌动的火山熔岩的整体制作，按小键盘上的"0"键，即可在合成窗口中预览动画。

第10章　炫彩光线特效

内容摘要

本章主要讲解如何在Adobe Effects中制作出绚丽的光线效果，使整个动画更加华丽且更富有灵动感。

教学目标

◆ 掌握【勾画】特效制作游动光线效果
◆ 掌握【描边】特效制作延时光线效果
◆ 掌握【镜头光晕】特效制作光效出字效果
◆ 掌握【卡片擦除】特效制作动态背景效果
◆ 掌握【形状层】特效制作梦幻光效效果

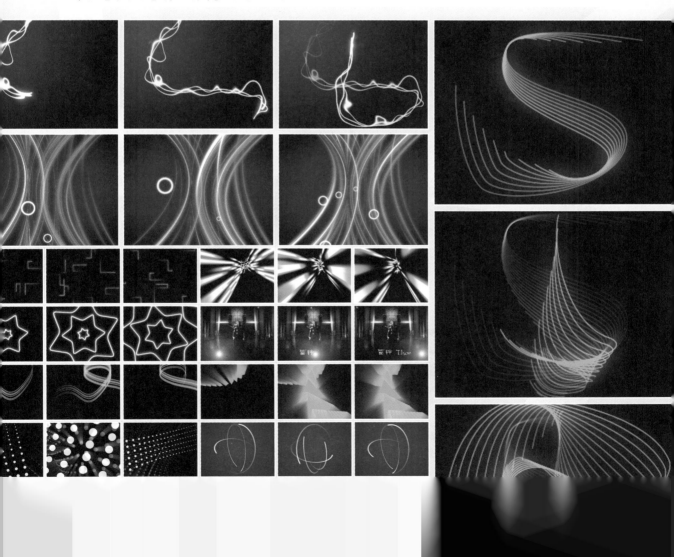

实例106 游动光线

本例主要讲解利用【勾画】特效制作游动光线效果。完成的动画流程画面如图10.1所示。

知识点
1.【勾画】特效
2.【发光】特效
3.【湍流置换】特效

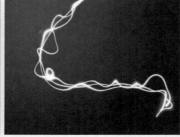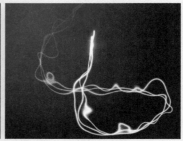

图10.1 动画流程画面

难易程度：★★★☆☆
工程文件：下载文件\工程文件\第10章\游动光线
视频位置：下载文件\movie\实例106 游动光线.avi

操作步骤

步骤 01 执行菜单栏中的【合成】|【新建合成】命令，打开【合成设置】对话框，设置【合成名称】为"光线"，【宽】为720，【高度】为576，【帧速率】为25，【持续时间】为00:00:05:00秒。

步骤 02 执行菜单栏中的【图层】|【新建】|【纯色】命令，打开【纯色设置】对话框，设置【名称】为"光线1"，【颜色】为黑色。

步骤 03 在时间线面板中选择"光线1"层，在工具栏中选择【钢笔工具】，绘制一条路径，如图10.2所示。

步骤 04 为"光线1"层添加【勾画】特效。在【效果和预设】面板中展开【生成】特效组，然后双击【勾画】特效，如图10.3所示。

图10.2 绘制路径

图10.3 添加【勾画】特效

步骤 05 在【效果控件】面板中修改【勾画】特效的参数，从【描边】下拉列表框中选择【蒙版/路径】选项；展开【片段】选项组，设置【片段】的值为1；将时间调整到00:00:00:00帧的位置，设置【旋转】的值为-75，单击【旋转】左侧的码表按钮，

在当前位置设置关键帧，如图10.4所示。

步骤 06 将时间调整到00:00:04:24帧的位置，设置【旋转】的值为-1x-75，系统会自动设置关键帧。

步骤 07 展开【正在渲染】选项组，设置【颜色】为白色，【硬度】的值为0.5，【起始点不透明度】的值为0.9，【中点不透明度】的值为-0.4，如图10.5所示。

图10.4 设置【勾画】特效参数　　图10.5 设置【渲染】参数

步骤 08 为"光线1"层添加【发光】特效。在【效果和预设】面板中展开【风格化】特效组，然后双击【发光】特效。

步骤 09 在【效果控件】面板中修改【发光】特效的参数，设置【发光阈值】的值为20%，【发光半径】的值为5，【发光强度】的值为2，从【发光颜色】下拉列表框中选择【A和B颜色】选项，【颜色A】为橙色（R:254，G:191，B:2），【颜色B】为红色（R:243，G:0，B:0），如图10.6所示；合成窗口效果如图10.7所示。

图10.6 设置【发光】特效参数　图10.7 设置发光后的效果

图10.12 设置叠加模式

步骤 10 在时间线面板中选择"光线1"层，按Ctrl+D组合键复制一个新的图层，将该图层重命名为"光线2"，在【效果控件】面板中修改【勾画】特效的参数，设置【长度】的值为0.05；展开【正在渲染】选项组，设置【宽度】的值为3，如图10.8所示；合成窗口效果如图10.9所示。

图10.13 设置叠加模式后效果

步骤 13 执行菜单栏中的【合成】|【新建合成】命令，打开【合成设置】对话框，设置【合成名称】为"游动光线"，【宽度】为720，【高度】为576，【帧速率】为25，并设置【持续时间】为00:00:05:00秒。

步骤 14 执行菜单栏中的【图层】|【新建】|【纯色】命令，打开【纯色设置】对话框，设置【名称】为"背景"，【颜色】为黑色。

步骤 15 为"背景"层添加【渐变】特效。在【效果和预设】面板中展开【生成】特效组，然后双击【梯度渐变】特效。

图10.8 修改【勾画】特效参数　图10.9 修改【勾画】特效
参数后效果

步骤 11 选择"光线2"层，在【效果控件】面板中修改【发光】特效的参数，设置【发光半径】的值为30，【颜色 A】为蓝色（R:0，G:149，B:254），【颜色 B】为暗蓝色（R:1，G:93，B:164），如图10.10所示；合成窗口效果如图10.11所示。

步骤 16 在【效果控件】面板中修改【梯度渐变】特效的参数，设置【渐变起点】的值为（123，99），【起始颜色】为紫色（R:78，G:1，B:118），【结束颜色】为黑色，从【渐变形状】下拉列表框中选择【径向渐变】，如图10.14所示；合成窗口效果如图10.15所示。

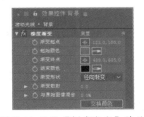

图10.14 设置【梯度渐变】特效　图10.15 设置【梯度渐变】
参数　　　　　　　特效后效果

步骤 17 在【项目】面板中选择"光线"合成，将其拖动到"游动光线"合成的时间线面板中。设置"光线"层的【模式】为【相加】，如图10.16所示；合成窗口效果如图10.17所示。

图10.10 修改【发光】特效参数　图10.11 修改【发光】特
效后效果

步骤 12 在时间线面板中，设置"光线2"层的【模式】为【相加】，如图10.12所示；合成窗口效果如图10.13所示。

图10.16 设置"光线"层的模式

图10.17 设置相加模式后效果

步骤18 为"光线"层添加【湍流置换】特效。在【效果和预设】面板中展开【扭曲】特效组，然后双击【湍流置换】特效。

步骤19 在【效果控件】面板中修改【湍流置换】特效的参数，设置【数量】的值为60，【大小】的值为30，从【消除锯齿（最佳品质）】下拉列表框中选择【高】选项，如图10.18所示；合成窗口效果如图10.19所示。

步骤20 在时间线面板中选中"光线"层，按Ctrl+D组合键复制出两个新的图层，并将其分别重命名为"光线2"和"光线3"层，在【效果控件】面板中分别修改【湍流置换】特效的参数，如图10.20所示；合成窗口效果如图10.21所示。

图10.18 设置【湍流置换】特效参数

图10.19 设置【湍流置换】特效后效果

图10.20 修改【湍流置换】特效参数

图10.21 修改【湍流置换】特效后的效果

步骤21 这样就完成了游动光线的整体制作，按小键盘上的"0"键，即可在合成窗口中预览动画。

实例107 延时光线

特效解析 本例主要讲解利用【描边】特效制作延时光线效果。完成的动画流程画面如图10.22所示。

知识点
1.【描边】特效
2.【残影】特效
3.【发光】特效

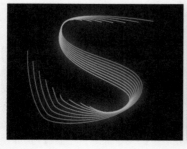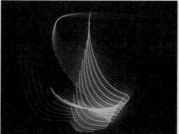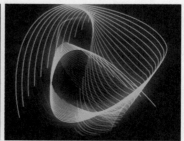

图10.22 动画流程画面

难易程度：★☆☆☆☆
工程文件：下载文件\工程文件\第10章\延时光线
视频位置：下载文件\movie\实例107 延时光线.avi

操作步骤

步骤01 执行菜单栏中的【合成】|【新建合成】命令，打开【合成设置】对话框，设置【合成名称】为"延时光线"，【宽度】为720，【高度】为576，【帧速率】为25，【持续时间】为00:00:05:00秒。

步骤02 执行菜单栏中的【图层】|【新建】|【纯色】命令，打开【纯色设置】对话框，设置【名称】为"路径"，【颜色】为黑色。

步骤 03 在时间线面板中选中"路径"层，在工具栏中选择【钢笔工具】 ，在图层上绘制一个"S"路径，按M键打开【蒙版路径】属性，将时间调整到00:00:00:00帧的位置，单击【蒙版路径】左侧的码表 按钮，在当前位置设置关键帧，如图10.23所示。

步骤 04 将时间调整到00:00:02:13帧的位置，调整路径形状，如图10.24所示。

图10.23 调整0秒蒙版形状　图10.24 调整2秒13帧蒙版形状

步骤 05 将时间调整到00:00:04:24帧的位置，调整路径形状，如图10.25所示。

图10.25 调整4秒24帧蒙版形状

步骤 06 为"路径"层添加【描边】特效。在【效果和预设】面板中展开【生成】特效组，然后双击【描边】特效。

步骤 07 在【效果控件】面板中修改【描边】特效的参数，设置【颜色】为蓝色（R:0，G:162，B:255），【画笔大小】的值为3，【画笔硬度】的值为25%；将时间调整到00:00:00:00帧的位置，设置【起始】的值为0，【结束】的值为100%，单击【起始】和【结束】左侧的码表 按钮，在当前位置设置关键帧。

步骤 08 将时间调整到00:00:04:24帧的位置，设置【起始】的值为100%，【结束】的值为0，系统会自动设置关键帧，如图10.26所示；合成窗口效果如图10.27所示。

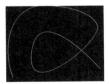

图10.26 设置【描边】特效参数　图10.27 设置【描边】特效后效果

步骤 09 执行菜单栏中的【图层】|【新建】|【调整图层】命令，将创建一个"调整图层1"，为"调整图层1"层添加【残影】特效。在【效果和预设】面板中展开【时间】特效组，然后双击【残影】特效。

步骤 10 在【效果控件】面板中修改【残影】特效的参数，设置【残影时间】的值为-0.1，【残影数量】的值为50，【起始强度】的值为0.85，【衰减】值为0.95，如图10.28所示；合成窗口效果如图10.29所示。

图10.28 设置【残影】特效参数　图10.29 设置【残影】特效后效果

步骤 11 为"调整图层1"层添加【发光】特效。在【效果和预设】面板中展开【风格化】特效组，然后双击【发光】特效。

步骤 12 在【效果控件】面板中修改【发光】特效的参数，设置【发光阈值】的值为40%，【发光半径】的值为80，如图10.30所示；合成窗口效果如图10.31所示。

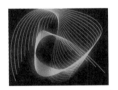

图10.30 设置【发光】特效参数　图10.31 设置【发光】特效后效果

步骤 13 这样就完成了延时光线的整体制作，按小键盘上的"0"键，即可在合成窗口中预览动画。

实例108 流光线条

特效解析

本例主要讲解流光线条动画的制作。首先利用【分形杂色】特效制作出线条效果，并通过【贝塞尔曲线变形】特效制作出光线的变形，然后添加第三方插件Particular（粒子）特效，制作出上升的圆环从而完成动画。完成的动画流程画面如图10.32所示。

知识点

1.【分形杂色】特效
2.【贝塞尔曲线变形】特效
3.Particular（粒子）特效

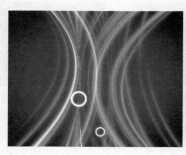

图10.32 动画流程画面

难易程度：★★★☆☆
工程文件：下载文件\工程文件\第10章\流光线条
视频位置：下载文件\movie\实例108 流光线条.avi

操作步骤

步骤01 执行菜单栏中的【合成】|【新建合成】命令，打开【合成设置】对话框，设置【合成名称】为"流光线条效果"，【宽度】为720，【高度】为576，【帧速率】为25，【持续时间】为00:00:05:00秒，如图10.33所示

步骤02 执行菜单栏中的【文件】|【导入】|【文件】命令，打开【导入文件】对话框，选择下载文件中的"工程文件\第10章\流光线条效果\圆环.psd"素材，单击【导入】按钮，如图10.34所示，以素材的形式将"圆环.psd"导入到【项目】面板中。

图10.33 新建合成　　　图10.34 【导入文件】对话框

步骤03 按Ctrl + Y组合键打开【纯色设置】对话

框，设置【名称】为"背景"，【颜色】为紫色（R:65，G:4，B:67），如图10.35所示。

步骤04 为"背景"纯色层绘制蒙版，单击工具栏中的【椭圆工具】████ 按钮，绘制椭圆形蒙版，如图10.36所示。

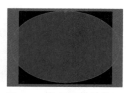

图10.35 建立纯色层　　　图10.36 绘制椭圆形蒙版

步骤05 按F键，打开"背景"纯色层的【蒙版羽化】选项，设置【蒙版羽化】的值为（200，200），如图10.37所示；合成窗口效果如图10.38所示。

图10.37 设置【蒙版羽化】参数

图10.38 设置【蒙版羽化】后效果

步骤 06 按Ctrl + Y组合键打开【纯色设置】对话框，设置【名称】为"流光"，【宽度】为400，【高度】为650，【颜色】为白色，如图10.39所示。

步骤 07 将"流光"层的【模式】修改为【屏幕】。

步骤 08 选择"流光"纯色层，在【效果和预设】面板中展开【杂色和颗粒】特效组，然后双击【分形杂色】特效，如图10.40所示。

图10.39 建立纯色层

图10.40 添加【分形杂色】特效

步骤 09 将时间调整到00:00:00:00帧的位置，在【效果控件】面板中修改【分形杂色】特效的参数，设置【对比度】的值为450，【亮度】的值为-80；展开【变换】选项组，撤选【统一缩放】复选框，设置【缩放宽度】的值为15，【缩放高度】的值为3500，【偏移（湍流）】的值为（200，325），【演化】的值为0，然后单击【演化】左侧的码表 按钮，在当前位置设置关键帧，如图10.41所示。

步骤 10 将时间调整到00:00:04:24帧的位置，修改【演化】的值为1x，系统将在当前位置自动设置关键帧，此时的画面效果如图10.42所示。

图10.41 设置【分形杂色】特效参数

图10.42 设置【分形杂色】特效后效果

步骤 11 为"流光"层添加【贝塞尔曲线变形】特效，在【效果和预设】面板中展开【扭曲】特效组，双击【贝塞尔曲线变形】特效，如图10.43所示。

步骤 12 在【效果控件】面板中修改【贝塞尔曲线变形】特效的参数，如图10.44所示。

图10.43 添加【贝塞尔曲线变形】特效

图10.44 设置【贝塞尔曲线变形】特效参数

步骤 13 在调整图形时，直接修改特效的参数比较麻烦，可以在【效果控件】面板中选择【贝塞尔曲线变形】特效，从合成窗口中可以看到调整的节点，直接在合成窗口中的图像上拖动节点进行调整，自由度比较高，如图10.45所示。调整后的画面效果如图10.46所示。

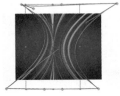

图10.45 调整控制点　　　图10.46 画面效果

步骤 14 为"流光"层添加【色相/饱和度】特效。在【效果和预设】面板中展开【颜色校正】特效组，双击【色相/饱和度】特效，如图10.47所示。

步骤 15 在【效果控件】面板中修改【色相/饱和度】特效的参数，选中【彩色化】复选框，设置【着色色相】的值为-55，【着色饱和度】的值为66，如图10.48所示。

图10.47 添加【色相/饱和度】特效

图10.48 设置【色相/饱和度】特效参数

步骤 16 为"流光"层添加【发光】特效，在【效果和预设】面板中展开【风格化】特效组，然后双击【发光】特效，如图10.49所示。

步骤 17 在【效果控件】面板中设置【发光】特效的参数，设置【发光阈值】的值为20%，【发光半径】的值为15，如图10.50所示。

图10.49 添加【发光】特效　图10.50 设置【发光】特效参数

 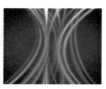

图10.57 调整复制层的【着色饱和度】　图10.58 调整【着色饱和度】后效果

步骤 18 在时间线面板中打开"流光"层的三维属性，展开【变换】选项组，设置【位置】的值为（309，288，86），【缩放】的值为（123，123，123），如图10.51所示；合成窗口效果如图10.52所示。

步骤 24 在【项目】面板中选择"圆环.psd"素材，将其拖动到"流光线条效果"合成的时间线面板中，然后单击"圆环.psd"左侧的眼睛按钮，将该层隐藏，如图10.59所示。

图10.51 设置【位置】和【缩放】属性　图10.52 设置属性后效果

图10.59 隐藏"圆环"层

步骤 19 选择"流光"层，按Ctrl + D组合键复制出"流光2"层，展开【变换】选项组，设置【位置】的值为（408，288，0），【缩放】的值为（97，116，100），【Z轴旋转】的值为-4，如图10.53所示；合成窗口效果如图10.54所示。

步骤 25 按Ctrl + Y组合键打开【纯色设置】对话框，设置【名称】为"粒子"，【颜色】为白色，如图10.60所示。选择"粒子"纯色层，在【效果和预设】面板中展开Trapcode特效组，然后双击Particular（粒子）特效，如图10.61所示。

图10.53 设置复制层的属性　图10.54 画面效果

步骤 20 修改【贝塞尔曲线变形】特效的参数，使其与"流光"的线条角度有所区别，如图10.55所示。

步骤 21 在合成窗口中可以看到控制点的位置发生了变化，如图10.56所示。

步骤 22 修改【色相/饱和度】特效的参数，设置【着色色相】的值为265，【着色饱和度】的值为75，如图10.57所示。

步骤 23 设置完成后可以在合成窗口中看到效果，如图10.58所示。

图10.60 建立纯色层　　图10.61 添加Particular（粒子）特效

步骤 26 在【效果控件】面板中修改Particular（粒子）特效的参数，展开Emitter（发射器）选项组，设置Particles/sec（每秒发射粒子数量）的值为5，【位置】的值为（360，620）；展开Particle（粒子）选项组，设置Life（生命）的值为2.5，Life Random（生命随机）的值为30，如图10.62所示。

步骤 27 展开Texture（纹理）选项组，从Layer（层）下拉列表框中选择"2.圆环.psd"选项，然后设置Size（大小）的值为20，Size Random（大小随机）的值为60，如图10.63所示。

 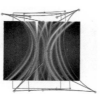

图10.55 设置【贝塞尔曲线变形】　图10.56 设置【贝塞尔曲线特效参数　　　　　　变形】特效后效果

图10.62 设置【发射器】选项组参数 图10.63 设置粒【粒子】
选项组参数

步骤 28 展开Physics（物理学）选项组，修改
Gravity（重力）的值为-100，如图10.64所示。

步骤 29 在【效果和预设】面板中展开【风格化】特
效组，然后双击【发光】特效，如图10.65所示。

图10.64 设置【物理学】选项组参数 图10.65 添加【发光】
特效

步骤 30 执行菜单栏中的【图层】|【新建】|【摄
像机】命令，打开【摄像机设置】对话框，设
置【预设】为24毫米，如图10.66所示。单击
【确定】按钮，在时间线面板中将会创建一台摄
像机。

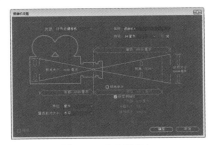

图10.66 建立摄像机

步骤 31 将时间调整到00:00:00:00帧的位置，选择
"摄像机1"层，展开【变换】、【摄像机选项】
选项组，然后分别单击【目标点】和【位置】左
侧的码表■按钮，在当前位置设置关键帧，并设置
【目标点】的值为（426，292，140），【位置】
的值为（114，292，-270）；然后分别设置【缩
放】的值为512，【景深】为【开】，【焦距】的
值为512，【光圈】的值为84，【模糊层次】的值
为122%，如图10.67所示。

图10.67 设置摄像机的参数

步骤 32 将时间调整到00:00:02:00帧的位置，修改
【目标点】的值为（364，292，25），【位置】
的值为（455，292，-480），如图10.68所示。

图10.68 制作摄像机动画

步骤 33 此时可以看到画面视角的变化，如图10.69
所示。

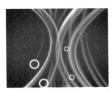

图10.69 设置摄像机后画面视角的变化

步骤 34 这样就完成了流光线条的整体制作，按小
键盘上的"0"键，即可在合成窗口中预览动画。

实例109 描边光线动画

特效解析 本例主要讲解利用【勾画】特效制作描边光线动画效果。完成的动画流程画面如图10.70所示。

知识点 1.【勾画】特效 2.【发光】特效

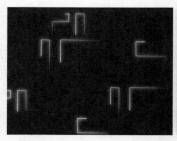 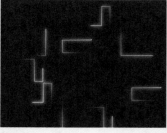 

图10.70 动画流程画面

难易程度：★★☆☆☆
工程文件：下载文件\工程文件\第10章\描边光线动画
视频位置：下载文件\movie\实例109 描边光线动画.avi

操作步骤

步骤 01 执行菜单栏中的【合成】|【新建合成】命令，打开【合成设置】对话框，设置【合成名称】为"光线1"，【宽度】为720，【高度】为576，【帧速率】为25，【持续时间】为00:00:06:00秒。

步骤 02 执行菜单栏中的【图层】|【新建】|【文本】命令，输入"HE"，设置文字字体为Arial，字号为300像素，字体颜色为白色，如图10.71所示。

步骤 03 执行菜单栏中的【合成】|【新建合成】命令，打开【合成设置】对话框，设置【合成名称】为"光线2"，【宽度】为720，【高度】为576，【帧速率】为25，【持续时间】为00:00:06:00秒。

步骤 04 执行菜单栏中的【图层】|【新建】|【文本】命令，输入"THE"，设置文字字体为Arial，字号为300像素，字体颜色为白色，如图10.72所示。

图10.71 HE字体效果 图10.72 THE字体效果

步骤 05 执行菜单栏中的【合成】|【新建合成】命令，打开【合成设置】对话框，设置【合成

名称】为"描边光线"，【宽度】为720，【高度】为576，【帧速率】为25，【持续时间】为00:00:06:00秒。

步骤 06 在【项目】面板中选择"光线1"和"光线2"合成，将其拖动到"描边光线"合成的时间线面板中。

步骤 07 执行菜单栏中的【图层】|【新建】|【纯色】命令，打开【纯色设置】对话框，设置【名称】为"紫光"，【颜色】为黑色，如图10.73所示。

图10.73 创建纯色层

步骤 08 为"紫光"层添加【勾画】特效。在【效果和预设】面板中展开【生成】特效组，然后双击【勾画】特效，如图10.74所示。

图10.74 添加勾画特效

步骤 09 在【效果控件】面板中修改【勾画】特效的参数，展开【图像等高线】选项组，从【输入图层】下拉列表框中选择"光线2"选项；展开【片段】选项组，设置【片段】的值为1，【长度】的值为0.25，选中【随机相位】复选框，设置

【随机植入】的值为6；将时间调整到00:00:00:00帧的位置，设置【旋转】的值为0，单击【旋转】左侧的码表■按钮，在当前位置设置关键帧，如图10.75所示。

图10.75 设置0秒关键帧

步骤⑩ 将时间调整到00:00:04:24帧的位置，设置【旋转】的值为-1x-240，系统会自动设置关键帧，如图10.76所示。

图10.76 设置4秒24帧关键帧

步骤⑪ 为"紫光"层添加【发光】特效。在【效果和预设】面板中展开【风格化】特效组，然后双击【发光】特效。

步骤⑫ 在【效果控件】面板中修改【发光】特效的参数，设置【发光阈值】的值为20%，【发光半径】的值为20，【发光强度】的值为2，从【发光颜色】下拉列表框中选择【A和B颜色】选项，设置【颜色 A】为蓝色（R:0，G:48，B:255），【颜色 B】为紫色（R:192，G:0，B:255），如图10.77所示。

图10.77 设置【发光】特效参数

步骤⑬ 选中"紫光"层，按Ctrl+D组合键复制出另一个新的文字层，并将该图层重命名为"绿光"。选中"绿光"层，在【效果控件】面板中修改【勾画】特效的参数，展开【图像等高线】选项组，从【输入图层】下拉列表框中选择"光线1"选项。

步骤⑭ 选中"绿光"层，在【效果控件】面板中修改【发光】特效的参数，设置【颜色 A】为青色（R:0，G:228，B:255），【颜色 B】为亮绿色（R:0，G:225，B:30），如图10.78所示。

图10.78 修改【发光】特效参数

步骤⑮ 在时间线面板中设置"紫光"和"绿光"层的【模式】为【相加】。选中"紫光"和"绿光"层，按Ctrl+D组合键复制出两个新的图层，分别重命名为"紫光2"和"绿光2"，并改变【发光】颜色，如图10.79所示；合成窗口效果如图10.80所示。

图10.79 复制图层

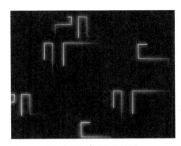

图10.80 复制后效果

步骤⑯ 这样就完成了描边光线动画的整体制作，按小键盘上的"0"键，即可在合成窗口中预览动画。

实例110　旋转的星星

特效解析　本例主要讲解利用【无线电波】特效制作旋转的星星效果。完成的动画流程画面如图10.81所示。

知识点
1.【无线电波】特效
2. Starglow（星光）特效

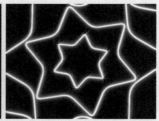

图10.81　动画流程画面

难易程度：★☆☆☆☆
工程文件：下载文件\工程文件\第10章\旋转的星星
视频位置：下载文件\movie\实例110 旋转的星星.avi

操作步骤

步骤01　执行菜单栏中的【合成】|【新建合成】命令，打开【合成设置】对话框，设置【合成名称】为"星星"，【宽度】为720，【高度】为576，【帧速率】为25，【持续时间】为00:00:10:00秒。

步骤02　执行菜单栏中的【图层】|【新建】|【纯色】命令，打开【纯色设置】对话框，设置【名称】为"五角星"，【颜色】为黑色。

步骤03　为"五角星"层添加【无线电波】特效。在【效果和预设】面板中展开【生成】特效组，然后双击【无线电波】特效。

步骤04　在【效果控件】面板中修改【无线电波】特效的参数，设置【渲染品质】的值为10；展开【多边形】选项组，设置【边】的值为6，【曲线大小】的值为0.5，【曲线弯曲度】的值为0.25，选中【星形】复选框，设置【星深度】的值为-0.3；展开【波动】选项组，设置【旋转】的值为40；展开【描边】选项组，设置【颜色】为白色，如图10.82所示；合成窗口效果如图10.83所示。

步骤05　为"五角星"层添加Starglow（星光）特效。在【效果和预设】面板中展开Trapcode特效组，然后双击Starglow（星光）特效。

步骤06　在【效果控件】面板中设置Starglow（星光）特效的参数，在Preset（预设）下拉列表框中选择Cold Heaven 2（冷天2）选项，设置Streak

Length（光线长度）的值为7，如图10.84所示；合成窗口效果如图10.85所示。

图10.82 设置【无线电波】特效参数　图10.83 设置【无线电波】特效后效果

图10.84 设置【星光】特效参数　图10.85 设置【星光】特效后效果

步骤07　这样就完成了旋转的星星整体动画的制作，按小键盘上的"0"键，即可在合成窗口中预览动画。

实例111 流光效果

特效解析 本例主要讲解利用3D Stroke（3D笔触）特效制作流光效果。完成的动画流程画面如图10.86所示。

知识点 3D Stroke（3D笔触）特效

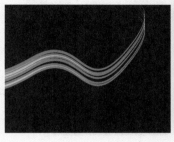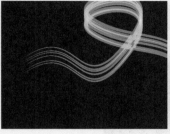

图10.86 动画流程画面

难易程度：★☆☆☆☆
工程文件：下载文件\工程文件\第10章\流光效果
视频位置：下载文件\movie\实例111 流光效果.avi

操作步骤

步骤01 执行菜单栏中的【合成】|【新建合成】命令，打开【合成设置】对话框，设置【合成名称】为"流光效果"，【宽度】为720，【高度】为576，【帧速率】为25，并设置【持续时间】为00:00:08:00秒。

步骤02 执行菜单栏中的【图层】|【新建】|【纯色】命令，打开【纯色设置】对话框，设置【名称】为"流光1"，【颜色】为黑色。

步骤03 选中"流光1"层，在工具栏中选择【钢笔工具】，绘制一条路径，如图10.87所示。

步骤04 为"流光1"层添加3D Stroke（3D 笔触）特效。在【效果和预设】面板中展开Trapcode特效组，然后双击3D Stroke（3D 笔触）特效，如图10.88所示。

图10.87 绘制路径

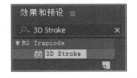

图10.88 添加3D Stroke（3D 笔触）特效

步骤05 在【效果控件】面板中修改3D Stroke（3D笔触）特效的参数，设置【颜色】为蓝色（R:34，G:122，B:255）；展开Taper（锥形）选项组，选中Enable（启用）复选框；将时间调整

到00:00:01:12帧的位置，设置Offset（偏移）的值为-100，单击左侧的码表 按钮，在当前位置设置关键帧，如图10.89所示。

图10.89 设置1秒12帧关键帧

步骤06 将时间调整到00:00:03:07帧的位置，设置【偏移】的值为86，系统会自动设置关键帧，如图10.90所示。

图10.90 设置3秒7帧关键帧

步骤07 选中"流光"层，按Ctrl+D组合键复制

出5个新的图层，并将该图层分别更改为"流光2""流光3""流光4""流光5""流光6"，按P键打开【位置】属性，设置"流光2"层【位置】的值为（360，310）；设置"流光3"层【位置】的值为（360，266）；设置"流光4"层【位置】的值为（360，274）；设置"流光5"层【位置】的值为（360，250）；设置"流光6"层【位置】的值为（360，320），如图10.91所示；合成窗口效果如图10.92所示。

图10.91 设置【位置】参数　　图10.92 设置【位置】参数后效果

步骤 08 在时间线面板中设置"流光1""流光

2""流光3""流光4""流光5""流光6"层的【模式】为【相加】模式，如图10.93所示；合成窗口效果如图10.94所示。

图10.93 设置相加模式

图10.94 设置相加模式后效果

步骤 09 这样就完成了流光效果的整体制作，按小键盘上的"0"键，即可在合成窗口中预览动画。

实例112　点阵发光

特效解析 本例主要讲解利用3D Stroke（3D笔触）特效制作点阵发光效果。完成的动画流程画面如图10.95所示。

知识点 1. 3D Stroke（3D笔触）特效
2. Shine（光）特效

图10.95 动画流程画面

难易程度：★☆☆☆☆
工程文件：下载文件\工程文件\第10章\点阵发光
视频位置：下载文件\movie\实例112　点阵发光.avi

操作步骤

步骤 01 执行菜单栏中的【合成】|【新建合成】命令，打开【合成设置】对话框，设置【合成名称】为"点阵发光"，【宽度】为720，【高度】为576，【帧速率】为25，【持续时间】为00:00:05:00秒。

步骤 02 执行菜单栏中的【图层】|【新建】|【纯色】命令，打开【纯色设置】对话框，设置【名

称】为"点阵"，【颜色】为黑色。

步骤 03 选中"点阵"层，在工具栏中选择【钢笔工具】 ，在图层上绘制一条路径，如图10.96所示。

步骤 04 为"点阵"层添加3D Stroke（3D笔触）特效。在【效果和预设】面板中展开Trapcode特效组，然后双击3D Stroke（3D笔触）特效，如图10.97所示。

图10.96 绘制路径

图10.97 添加3D Stroke（3D 笔触）特效

步骤 05 在【效果控件】面板中修改3D Stroke（3D 笔触）特效的参数，设置【颜色】的值为淡蓝色（R:205，G:241，B:251）；将时间调整到00:00:00:00帧的位置，设置End（结束）的值为0，单击End（结束）左侧的码表■按钮，在当前位置设置关键帧。

步骤 06 将时间调整到00:00:04:24帧的位置，设置End（结束）的值为100，系统会自动设置关键帧，如图10.98所示；合成窗口效果如图10.99所示。

图10.98 设置【结束】关键帧

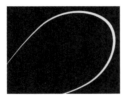

图10.99 设置【结束】关键帧后效果

步骤 07 展开Taper（锥度）选项组，选中Enable（启用）复选框；展开Repeater（重复）选项组，选中Enable（启用）复选框，撤选Symmetric Doubler（双重对称）复选框，设置Instances（重复量）的值为5，如图10.100所示。

步骤 08 展开Advanced（高级）选项组，设置Adjust Step（调节步幅）的值为1700，Low Alpha Sat Boost（低通道饱和度提升）的值为100，Low Alpha Hue Rotation（低通道色相旋转）的值为100，如图10.101所示。

步骤 09 展开【摄像机】选项组，选中Comp Camera（合成摄像机）复选框，如图10.102所示；合成窗口效果如图10.103所示。

图10.100 设置【锥度】选项组参数

图10.101 设置【高级】选项组参数

图10.102 设置【摄像机】选项组参数

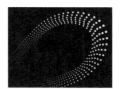

图10.103 设置3D Stroke（3D笔触）特效后效果

步骤 10 执行菜单栏中的【图层】|【新建】|【摄像机】命令，打开【摄像机设置】对话框，设置【预设】为35毫米，如图10.104所示；调整摄像机后合成窗口效果如图10.105所示。

图10.104 设置摄像机

图10.105 设置摄像机后效果

步骤 11 在时间线面板中选择"点阵"层，按Ctrl+D组合键复制出另一个新的图层，并将该图层重命名为"点阵2"，设置"点阵2"层的【模式】为【相加】，如图10.106所示；合成窗口效果如图10.107所示。

图10.106 设置相加模式

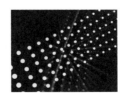

图10.107 设置相加模式后效果

步骤 12 在【效果控件】面板中修改3D Stroke（3D 笔触）特效的参数，设置Thickness（厚度）的值为6；展开Transform（变换）选项组，设置Z Rotation（Z轴旋转）的值为-30，Z Rotation（Z轴

旋转）的值为-30，Z Rotation（Z轴旋转）的值为30，如图10.108所示。

步骤 13 展开Advanced（高级）选项，设置Adjust Step（调节步幅）的值为1780，合成窗口效果如图10.109所示。

图10.108 设置【变换】选项组 图10.109 设置3D Stroke
参数 （3D笔触）特效后效果

步骤 14 为"点阵2"层添加Shine（光）特效。在【效果和预设】面板中展开Trapcode特效组，双击Shine（光）特效。

步骤 15 在【效果控件】面板中修改Shine（光）特效的参数，展开Pre-Process（预设）选项组，设置

Threshold（阈值）的值为4，从Colorize（着色）下拉列表框中选择None（无）选项，设置Source Opacity（源不透明度）的值为30，从Transfer Mode（转换模式）下拉列表框中选择Add（相加）选项，如图10.110所示；合成窗口效果如图10.111所示。

图10.110 设置Shine（光）特效参数 图10.111 设置Shine（光）
特效后效果

步骤 16 这样就完成了点阵发光的整体制作，按小键盘上的"0"键，即可在合成窗口中预览动画。

实例113　动态光效背景

特效解析

本例主要讲解利用【卡片擦除】特效制作动态光效背景效果。完成的动画流程画面如图10.112所示。

知识点

1.【卡片擦除】特效
2.【定向模糊】特效
3. Shine（光）特效

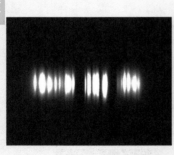 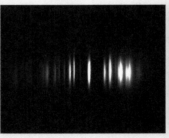 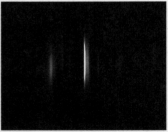

图10.112 动画流程画面

难易程度：★★☆☆☆
工程文件：下载文件\工程文件\第10章\动态光效背景
视频位置：下载文件\movie\实例113 动态光效背景.avi

操作步骤

步骤 01 执行菜单栏中的【合成】|【新建合成】命令，打开【合成设置】对话框，设置【合成名称】为"动态背景"，【宽度】为720，【高度】为576，【帧速率】为25，【持续时间】为00:00:05:00秒。

步骤 02 执行菜单栏中的【图层】|【新建】|【文本】命令，输入"Never say die"，设置文字字体为Adobe 黑体 Std，字号为70像素，选择【在描边上填充】选项，设置描边宽度的值为5，填充颜色为灰色（R:117，G:117，B:117），描边颜色为白色，如图10.113所示。

步骤 03 为"Never say die"层添加【卡片擦除】特效。在【效果和预设】面板中展开【过渡】特效组，然后双击【卡片擦除】特效，如图10.114所示。

图10.113 设置字体参数　图10.114 添加【卡片擦除】特效

步骤 04 在【效果控件】面板中修改【卡片擦除】特效的参数，设置【过渡完成】的值为100%，在【背面图层】菜单中选择Never say die文字层，设置【行数】的值为1，【列数】的值为60。

步骤 05 展开Camera Position（摄像机位置）选项组，将时间调整到00:00:00:00帧的位置，设置【Y轴旋转】的值为0，【Z位置】的值为2，同时单击【Y轴旋转】和【Z位置】左侧的码表按钮，在当前位置设置关键帧。

步骤 06 将时间调整到00:00:02:00帧的位置，设置【Y轴旋转】的值为150，【Z位置】的值为1，系统会自动设置关键帧。

步骤 07 展开【位置抖动】选项组，将时间调整到00:00:00:00帧的位置，设置【X抖动量】的值为1，【Z抖动量】的值为0.2，同时单击【X抖动量】和【Z抖动量】左侧的码表按钮，在当前位置设置关键帧。

步骤 08 将时间调整到00:00:02:00帧的位置，设置【X抖动量】的值为0，【Z抖动量】的值为8，系统会自动设置关键帧，如图10.115所示；合成窗口效果如图10.116所示。

图10.115 设置【卡片擦除】特效参数

图10.116 设置【卡片擦除】特效后效果

步骤 09 为"Never say die"层添加【定向模糊】特效。在【效果和预设】面板中展开【模糊和锐化】特效组，然后双击【定向模糊】特效。

步骤 10 在【效果控件】面板中修改【定向模糊】特效的参数，设置【模糊长度】的值为120，合成窗口效果如图10.117所示。

步骤 11 为"Never say die"层添加Shine（光）特效。在【效果和预设】面板中展开Trapcode特效组，然后双击Shine（光）特效。

步骤 12 在【效果控件】面板中修改Shine（光）特效的参数，设置Ray Length（光线长度）的值为1，Boost Light（光线亮度）的值为80，效果如图10.118所示。

 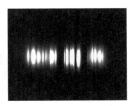

图10.117 设置【定向模糊】特效　图10.118 设置Shine（光）
后效果　　　　　　　　特效后效果

步骤 13 这样就完成了动态背景的整体制作，按小键盘上的"0"键，即可在合成窗口中预览动画。

实例114 流动光线

特效解析 本例主要讲解利用【单元格图案】特效制作流动光线效果。完成的动画流程画面如图10.119所示。

知识点
1. 【单元格图案】特效
2. 【亮度和对比度】特效
3. 【发光】特效
4. 【快速方框模糊】特效

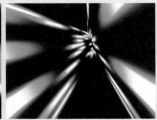

图10.119 动画流程画面

难易程度：★☆☆☆☆
工程文件：下载文件\工程文件\第10章\流动光线
视频位置：下载文件\movie\实例114 流动光线.avi

操作步骤

步骤01 执行菜单栏中的【合成】|【新建合成】命令，打开【合成设置】对话框，设置【合成名称】为"流动光线"，【宽度】为720，【高度】为576，【帧速率】为25，【持续时间】为00:00:01:18秒。

步骤02 执行菜单栏中的【图层】|【新建】|【纯色】命令，打开【纯色设置】对话框，设置【名称】为"光线"，【颜色】为黑色。

步骤03 在时间线面板中选择"光线"层，打开三维开关，按R键打开【旋转】属性，设置【X轴旋转】的值为-20，如图10.120所示。

步骤04 为"光线"层添加【单元格图案】特效。在【效果和预设】面板中展开【生成】特效组，然后双击【单元格图案】特效，如图10.121所示。

图10.120 设置【旋转】参数　　图10.121 添加【单元格图案】特效

步骤05 在【效果控件】面板中修改【单元格图案】特效的参数，从【单元格图案】下拉列表框中选择【印板】选项，设置【分散】的值为0，【大小】的值为30；将时间调整到00:00:00:00帧的位置，设置【演化】的值为0，单击【演化】左侧的码表按钮，在当前位置设置关键帧。

步骤06 将时间调整到00:00:01:17帧的位置，设置【演化】的值为270，系统会自动设置关键帧，如图10.122所示；合成窗口效果如图10.123所示。

图10.122 设置【单元格图案】　图10.123 设置【单元格图特效参数　　　　　　案】特效后效果

步骤07 为"光线"层添加【亮度和对比度】特效。在【效果和预设】面板中展开【颜色校正】特效组，然后双击【亮度和对比度】特效。

步骤08 在【效果控件】面板中修改【亮度和对比度】特效的参数，设置【亮度】的值为-50，【对比度】的值为100，如图10.124所示；合成窗口效果如图10.125所示。

图10.124 设置【亮度和对比度】　图10.125 设置【亮度和对比特效的参数　　　　　　度】特效后效果

步骤09 为"光线"层添加【发光】特效。在【效果和预设】面板中展开【风格化】特效组，然后双击【发光】特效。

步骤10 在【效果控件】面板中修改【发光】特效的参数，设置【发光阈值】的值为66%，【发光半径】的值为28，【发光强度】的值为6，从【发光颜色】下拉列表框中选择【A和B颜色】选项，【颜色A】为浅蓝色（R:0，G:234，B:255），【颜色B】为深蓝色（R:0，G:152，B:175），如图10.126所示；合成窗口效果如图10.127所示。

图10.126 设置【发光】特效参数　　图10.127 设置【发光】特效后效果

步骤11 为"光线"层添加【快速方框模糊】特效。在【效果和预设】面板中展开【快速方框模糊】特效组，然后双击【快速方框模糊】特效。

步骤12 在【效果控件】面板中修改【快速方框模糊】特效的参数，设置【模糊半径】的值为5，如图10.128所示；合成窗口效果如图10.129所示。

图10.128 设置【快速方框模糊】特效　图10.129 设置【快速模糊】特效后效果
参数

步骤13 选择"光线"层，按S键打开【缩放】属性，单击【缩放】左侧的【约束比例】按钮，取消约束，设置【缩放】的值为（800，100，100），如图10.130所示；合成窗口效果如图10.131所示。

图10.130 设置【缩放】参数　图10.131 缩放后的图像效果

步骤14 将时间调整到00:00:00:00帧的位置，选择"光线"层，按P键打开【位置】属性，设置【位置】的值为（3045，310，0），并单击左侧的码表按钮，在当前位置设置关键帧，如图10.132所示。

图10.132 在00:00:00:00帧位置设置关键帧

步骤15 将时间调整到00:00:01:17帧的位置，设置【位置】的值为（700，310，0），如图10.133所示。

图10.133 在00:00:01:17帧位置设置关键帧

步骤16 在时间线面板中选择"光线"层，按Ctrl+D组合键复制一个新的图层，并将其重命名为"光线2"，按R键打开【旋转】属性，设置【Y轴旋转】的值为-12 。

步骤17 执行菜单栏中的【图层】|【新建】|【摄像机】命令，打开【摄像机设置】对话框，如图10.134所示；设置【预设】为15毫米，合成窗口效果如图10.135所示。

图10.134 设置摄像机参数

图10.135 设置摄像机后效果

步骤18 这样就完成了流动光线的整体制作，按小键盘上的"0"键，即可在合成窗口中预览动画。

实例115 光效出字效果

| 特效解析 | 本例主要讲解利用【镜头光晕】特效制作光效出字的效果。完成的动画流程画面如图10.136所示。 | 知识点 | 【镜头光晕】特效 |

图10.136 动画流程画面

难易程度：★★☆☆☆
工程文件：下载文件\工程文件\第10章\光效出字动画
视频位置：下载文件\movie\实例115 光效出字效果.avi

操作步骤

步骤01 执行菜单栏中的【文件】|【打开项目】命令，选择下载文件中的"工程文件\第5章\光效出字动画\光效出字动画练习.aep"文件并打开。

步骤02 执行菜单栏中的【层】|【新建】|【文本】命令，输入"雷神 Thor"，在【字符】面板中设置字号为70像素，字体颜色为白色。

步骤03 将时间调整到00:00:09:00帧的位置，展开"雷神 Thor"层，单击【文本】右侧的按钮，从弹出的菜单中选择【不透明度】命令，设置【不透明度】的值为0；展开【文本】|【动画制作工具1】|【范围选择器 1】选项组，设置【起始】的值为0，单击【起始】左侧的码表按钮，在当前位置设置关键帧。

步骤04 将时间调整到00:00:00:20帧的位置，设置【起始】的值为100%，系统会自动设置关键帧，如图10.137所示。

图10.137 设置【起始】值

步骤05 执行菜单栏中的【图层】|【新建】|【纯色】命令，打开【纯色设置】对话框，设置【名称】为"光晕"，【颜色】为黑色。

步骤06 为"光晕"层添加【镜头光晕】特效。在【效果和预设】面板中展开【生成】特效组，然后双击【镜头光晕】特效。

步骤07 在【效果控件】面板中修改【镜头光晕】特效的参数，从【镜头类型】下拉列表框中选择【105毫米定焦】选项；将时间调整到00:00:00:00帧的位置，设置【光晕中心】的值为（-102，488），单击【光晕中心】左侧的码表按钮，在当前位置设置关键帧。

步骤08 将时间调整到00:00:01:00帧的位置，设置【光晕中心】的值为（818，484），系统会自动设置关键帧，设置"光晕"层【模式】为【相加】，如图10.138所示。

图10.138 设置【镜头光晕】特效参数

步骤09 这样就完成了光效出字效果的整体制作，按小键盘上的"0"键，即可在合成窗口中预览动画。

实例116 梦幻光效

特效解析 本例主要讲解利用【形状图层】制作梦幻光效效果。完成的动画流程画面如图10.139所示。

知识点
1.【形状图层】
2.【CC 快速放射模糊】特效

图10.139 动画流程画面

难易程度：★☆☆☆☆
工程文件：下载文件\工程文件\第10章\梦幻光效
视频位置：下载文件\movie\实例116 梦幻光效.avi

操作步骤

步骤01 执行菜单栏中的【合成】|【新建合成】命令，打开【合成设置】对话框，设置【合成名称】为"梦幻光效"，【宽度】为720，【高度】为576，【帧速率】为25，【持续时间】为00:00:05:00秒。

步骤02 在工具栏中选择【星形工具】 ，在合成窗口在绘制一个星形，如图10.140所示。

步骤03 在时间线面板中展开【形状图层1】|【内容】|【多边星形1】|【多边星形路径1】选项组，设置【点】的值为3，【旋转】的值为130，【内径】的值为53，【外径】的值为106，如图10.141所示。

图10.140 绘制星形路径　　图10.141 设置星形参数

步骤04 展开【描边1】选项组，设置【描边宽度】的值为0.5；展开【填充1】选项组，设置【颜色】为绿色（R:118，G:255，B:100），如图10.142所示。

步骤05 单击【内容】右侧的【添加】按钮，从菜单中选择【中继器】命令，展开【中继器 1】选项组，设置【副本】的值为34；将时间调整到00:00:00:00帧的位置，设置【偏移】的值为15，单击【偏移】左侧的码表 按钮，在当前位置设置关键帧，如图10.143所示。

图10.142 设置【中继器 1】参数

图10.143 设置关键帧

步骤06 将时间调整到00:00:03:24帧的位置，设置【偏移】的值为-28，系统会自动设置关键帧，如图10.144所示。

图10.144 设置3秒24帧关键帧

步骤07 展开【中继器1】|【变换：中继器1】选项组，设置【锚点】的值为（229，0），【位置】的值为（-37，0），【比例】的值为（83，83），【旋转】的值为22，如图10.145所示。

图10.145 设置【变换：中继器1】参数

步骤08 展开【变换：多边星形 1】选项组，设置【锚点】的值为（0，0），【位置】的值为（-50，-90），【比例】的值为（100，100），如图10.146所示；合成窗口效果如图10.147所示。

图10.146 设置【变换：多边星形1】选项组参数

步骤09 为【形状图层1】层添加CC Radial Fast Blur（CC 快速放射模糊）特效。在【效果和预设】面板中展开【模糊和锐化】特效组，然后双击CC

Radial Fast Blur（CC 快速放射模糊）特效。

图10.147 合成效果

步骤10 在【效果控件】面板中，修改CC Radial Fast Blur（CC 快速放射模糊）特效的参数，设置Amount（数量）的值为93，从Zoom（缩放）下拉列表框中选择Brightest（最亮）选项，如图10.148所示；合成窗口效果如图10.149所示。

 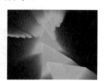

图10.148 设置【快速放射模糊】　　图10.149 设置【快速放射模糊】特效参数　　射模糊】特效后效果

步骤11 这样就完成了梦幻光效的整体制作，按小键盘上的"0"键，即可在合成窗口中预览动画。

实例117　魔幻光环动画

| 特效解析 | 本例主要讲解利用【勾画】特效制作魔幻光环动画效果。完成的动画流程画面如图10.150所示。 | 知识点 | 【勾画】特效 |

  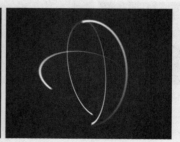

图10.150 动画流程画面

难易程度：★★☆☆☆
工程文件：下载文件\工程文件\第10章\魔幻光环动画
视频位置：下载文件\movie\实例117 魔幻光环动画.avi

操作步骤

步骤01 执行菜单栏中的【合成】|【新建合成】命令，打开【合成设置】对话框，设置【合成名称】

为"魔幻光环动画"，【宽度】为720，【高度】为576，【帧速率】为25，【持续时间】为00:00:05:00秒。

步骤 02 执行菜单栏中的【图层】|【新建】|【纯色】命令，打开【纯色设置】对话框，设置【名称】为"渐变"，【颜色】为黑色。

步骤 03 为"渐变"层添加【梯度渐变】特效。在【效果和预设】面板中展开【生成】特效组，然后双击【梯度渐变】特效。

步骤 04 在【效果控件】面板中修改【梯度渐变】特效的参数，设置【渐变起点】的值为（357，268），【起始颜色】为蓝色（R:10，G:0，B:135），【渐变终点】为（-282，768），【结束颜色】为黑色，从【渐变形状】下拉列表框中选择【径向渐变】选项。

步骤 05 执行菜单栏中的【图层】|【新建】|【纯色】命令，打开【纯色设置】对话框，设置【名称】为"描边"，【颜色】为黑色。

步骤 06 在工具栏中选择【椭圆工具】■■，绘制一个椭圆形路径，如图10.151所示。

步骤 07 打开"描边"层三维开关，为"描边"层添加【勾画】特效。在【效果和预设】面板中展开【生成】特效组，然后双击【勾画】特效，如图10.152所示。

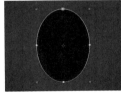
图10.151 绘制路径

图10.152 添加【勾画】特效

步骤 08 在【效果控件】面板中设置【勾画】特效的参数，从【描边】下拉列表框中选择【蒙版/路径】选项；展开【蒙版/路径】选项组，从【路径】下拉列表框中选择【蒙版1】选项；展开【片段】选项组，设置【片段】的值为1，【长度】的值为0.6；将时间调整到00:00:00:00帧的位置，设置【旋转】的值为0，单击【旋转】左侧的码表■按钮，在当前位置设置关键帧，如图10.153所示。

步骤 09 将时间调整到00:00:04:24帧的位置，设置【旋转】的值为-2x，系统会自动设置关键帧，如图10.154所示。

图10.153 设置0秒关键帧

图10.154 设置4秒24帧关键帧

步骤 10 展开【正在渲染】选项组，从【混合模式】下拉列表框中选择【透明】选项，设置【颜色】为白色，【宽度】的值为8，【硬度】的值为0.3，如图10.155所示；合成窗口效果如图10.156所示。

图10.155 设置【正在渲染】选项　图10.156 设置【勾画】特
　　　　组参数　　　　　　　　　　　　效后效果

步骤 11 选中"描边"层，按Ctrl+D组合键复制出"描边2"，按R键打开【旋转】属性，设置【Y轴旋转】的值为120，【Z轴旋转】的值为194，如图10.157所示。

图10.157 设置【旋转】参数

步骤 12 选中"描边2"层，按Ctrl+D组合键复制出"描边3"，设置【X轴旋转】的值为214，【Y轴旋转】的值为129。

步骤 13 选中"描边3"层，按Ctrl+D组合键复制出"描边4"，设置【X轴旋转】的值为-56，【Y轴旋转】的值为339，【Z轴旋转】的值为226。

步骤 14 这样就完成了魔幻光环动画的整体制作，按小键盘上的"0"键，即可在合成窗口中预览动画。

第11章 常用插件特效应用

内容摘要

　　Adobe After Effects 中除了内置的特效外，还支持很多特效插件，通过对插件特效的应用，可以使动画的制作更加简便，动画的效果也更加绚丽。本章重点讲解Adobe After Effects常用插件的应用方法。

教学目标

◆ 掌握3D Stroke（3D笔触）特效的使用
◆ 掌握Particular（粒子）特效的使用
◆ 掌握Shine（光）特效的使用
◆ 掌握Starglow（星光）特效的使用

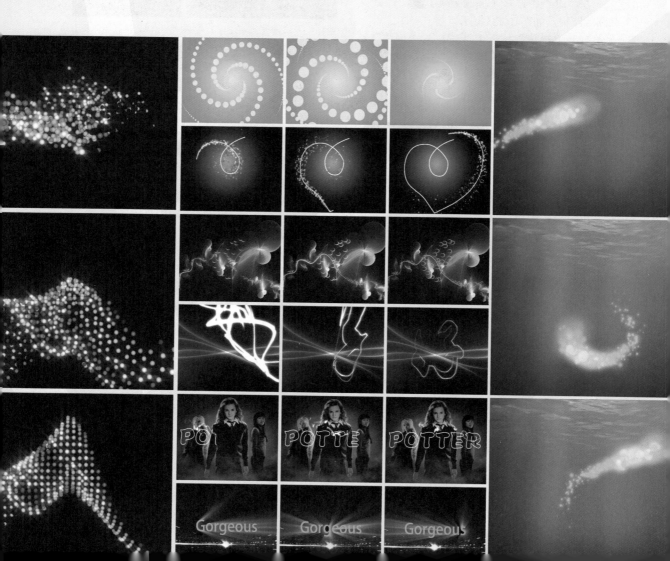

实例118 3D 笔触——动态背景

特效解析
本例主要讲解利用3D Stroke（3D笔触）特效制作动态背景效果。完成的动画流程画面如图11.1所示。

知识点
3D Stroke（3D笔触）特效

图11.1 动画流程画面

难易程度：★★☆☆☆
工程文件：下载文件\工程文件\第11章\动态背景效果
视频位置：下载文件\movie\实例118 3D 笔触——动态背景.avi

操作步骤

步骤01 执行菜单栏中的【合成】|【新建合成】命令，打开【合成设置】对话框，设置【合成名称】为"动态背景效果"，【宽度】为720，【高度】为576，【帧速率】为25，【持续时间】为00:00:02:00秒。

步骤02 执行菜单栏中的【图层】|【新建】|【纯色】命令，打开【纯色设置】对话框，设置【名称】为"背景"，【颜色】为黑色。

步骤03 为"背景"层添加【梯度渐变】特效。在【效果和预设】面板中展开【生成】特效组，然后双击【梯度渐变】特效。

步骤04 在【效果控件】面板中设置【梯度渐变】特效的参数，设置【渐变起点】的值为（356，288），【起始颜色】为黄色（R:255，G:252，B:0），【渐变终点】的值为（712，570），【结束颜色】为红色（R:255，G:0，B:0），从【渐变形状】下拉列表框中选择【径向渐变】选项，如图11.2所示；合成窗口效果如图11.3所示。

图11.2 设置【梯度渐变】特效　　图11.3 设置【梯度渐变】
　　　　　参数　　　　　　　　　　特效后效果

步骤05 执行菜单栏中的【图层】|【新建】|【纯色】命令，打开【纯色设置】对话框，设置【名称】为"旋转"，【颜色】为黑色。

步骤06 选中"旋转"层，在工具栏中选择【椭圆工具】，在图层上绘制一个圆形路径，如图11.4所示。

步骤07 为"旋转"层添加3D Stroke（3D 笔触）特效。在【效果和预设】面板中展开Trapcode特效组，然后双击3D Stroke（3D 笔触）特效，如图11.5所示。

图11.4 绘制路径　　图11.5 添加3D Stroke（3D笔触）特效

步骤08 在【效果控件】面板中设置3D Stroke（3D笔触）特效的参数，设置Color（颜色）为黄色（R:255，G:253，B:68），Thickness（厚度）的值为8，End（结束）的值为25；将时间调整到00:00:00:00帧的位置，设置Offset（偏移）的值0，单击Offset（偏移）左侧的码表按钮，在当前位置设置关键帧，合成窗口效果如图11.6所示。

步骤09 将时间调整到00:00:01:24帧的位置，设置Offset（偏移）的值201，系统会自动设置关键帧，如图11.7所示。

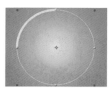

图11.8 设置【锥度】选项组参数

图11.6 3D笔触特效效果　　图11.7 设置关键帧

步骤 10 展开Taper（锥度）选项组，选中Enable（启用）复选框，如图11.8所示。

步骤 11 展开Transform（转换）选项组，设置Bend（弯曲）的值为4.5，Bend Axis（弯曲轴）的值为90，选中Bend Around Center（弯曲重置点）复选框，设置Z Position（Z轴位置）的值为-40，Y Rotation（Y轴旋转）的值为90，如图11.9所示。

图11.9 设置【变换】选项组参数

步骤 12 展开Repeater（重复）选项组，选中Enable（启用）复选框，设置Instances（重复量）的值为2，Z Displace（Z轴移动）的值为30，X Rotation（X轴旋转）的值为120；展开Advanced（高级）选项组，设置Adjust Step（调节步幅）的值为1000，如图11.10所示；合成窗口效果如图11.11所示。

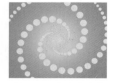

图11.10 设置【重复】和【高级】　图11.11 设置后效果
　　　　选项组参数

步骤 13 这样就完成了动态背景的整体制作，按小键盘上的"0"键，即可在合成窗口中预览动画。

实例119 3D 笔触——心形效果

特效解析　本例主要讲解利用3D Stroke（3D笔触）特效制作心形绘制的效果。完成的动画流程画面如图11.12所示。

知识点
1. 【梯度渐变】特效
2. 3D Stroke（3D笔触）特效
3. 【曲线】特效

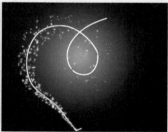

图11.12 动画流程画面

难易程度：★★★☆☆
工程文件：下载文件\工程文件\第11章\心形绘制
视频位置：下载文件\movie\实例119 3D 笔触——心形效果.avi

操作步骤

步骤 01 执行菜单栏中的【合成】|【新建合成】命令，打开【合成设置】对话框，设置【合成名称】为"心形绘制"，【宽度】为720，【高度】为576，【帧速率】为25，【持续时间】为00:00:05:00秒。

步骤 02 执行菜单栏中的【图层】|【新建】|【纯色】命令，打开【纯色设置】对话框，设置【名称】为"背景"，【颜色】为黑色。

步骤 03 为"背景"层添加【梯度渐变】特效。在【效果和预设】面板中展开【生成】特效组，然后双击【梯度渐变】特效。

步骤 04 在【效果控件】面板中设置【梯度渐变】特效的参数，设置【渐变起点】的值为（360，242），【起始颜色】为浅蓝色（R:0，G:192，B:255），【渐变终点】为黑色，从【渐变形状】下拉列表框中选择【径向渐变】选项，如图11.13所示；合成窗口效果如图11.14所示。

图11.13 设置【梯度渐变】特效参数　图11.14 设置【梯度渐变】特效后效果

步骤 05 执行菜单栏中的【图层】|【新建】|【纯色】命令，打开【纯色设置】对话框，设置【名称】为"描边"，【颜色】为黑色，如图11.15所示。

步骤 06 选中"描边"层，在工具栏中选择【钢笔工具】，在文字层上绘制一个心形路径，如图11.16所示。

图11.15 设置"描边"纯色层

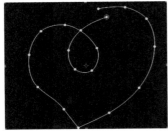

图11.16 绘制路径

步骤 07 选择"描边"层，在【效果和预设】面板中展开Trapcode特效组，然后双击3D Stroke（3D笔触）特效。

步骤 08 将时间调整到00:00:00:00帧的位置，在

【效果控件】面板中修改3D Stroke（3D笔触）特效的参数，设置Thickness（厚度）的值为3，设置End（结束）的值为0，单击End（结束）左侧的码表按钮，在当前位置设置关键帧，如图11.17所示；合成窗口效果如图11.18所示。

 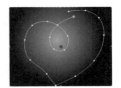

图11.17 设置0秒关键帧　图11.18 设置0秒关键帧后效果

步骤 09 将时间调整到00:00:04:24帧的位置，设置End（结束）的值为100，系统会自动设置关键帧，如图11.19所示；合成窗口效果如图11.20所示。

图11.19 设置4秒24帧关键帧

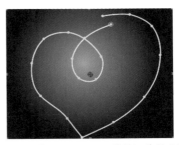

图11.20 设置3D Stroke（3D笔触）特效后效果

步骤 10 执行菜单栏中的【图层】|【新建】|【纯色】命令，打开【纯色设置】对话框，设置【名称】为"粒子"，【颜色】为黑色。

步骤 11 选择"粒子"层，在【效果和预设】面板中展开Trapcode特效组，然后双击Particular（粒子）特效。

步骤 12 在【效果控件】面板中修改Particular（粒子）特效的参数，展开Emitter（Master）（发射器）选项组，设置Particles/sec（每秒发射粒子数）的值为200，Velocity（速率）的值为40，Velocity Random（速度随机）的值为0，Velocity Distribution（速度分布）的值为0，Velocity from

Motion（运动速度）的值为0，如图11.21所示。

图11.21 设置Emitter（发射器）选项组参数

步骤 13 选中"描边"层，按M键展开【蒙版路径】选项，选中【蒙版路径】选项，按Ctrl+C组合键将其复制，如图11.22所示。

图11.22 复制蒙版路径

步骤 14 将时间调整到00:00:00:00帧的位置，选中"粒子"层，展开【效果】| Particular（粒子）| Emitter（发射器）选项组，选中Position XY（X Y轴位置）选项，按Ctrl+V组合键将【蒙版路径】粘贴到Position XY（X Y轴位置）选项上，如图11.23所示。

图11.23 粘贴到XY轴位置路径

步骤 15 选中"粒子"层，将最后一个关键帧拖动到00:00:04:24帧的位置，如图11.24所示。

图11.24 拖动关键帧

步骤 16 展开Particle（粒子）选项组，设置Life（生命）的值为2.5，Size（大小）的值为2；展开Size

over Life（生命期内大小变化）选项组，调整其形状；展开Opacity over Life（生命期内不透明度变化）选项组，调整其形状，设置Color Random（颜色随机）的值为62，如图11.25所示；合成窗口效果如图11.26所示。

图11.25 设置Particle（粒子）选项组参数　　图11.26 设置Particle（粒子）选项组后效果

步骤 17 为"粒子"层添加【发光】特效。在【效果和预设】面板中展开【风格化】特效组，双击【发光】特效。

步骤 18 执行菜单栏中的【图层】|【新建】|【调整图层】命令，创建一个调节层，将该图层重命名为"调节层"。

步骤 19 为"调节层"层添加【曲线】特效。在【效果和预设】面板中展开【颜色校正】特效组，双击【曲线】特效，如图11.27所示。

步骤 20 在【效果控件】面板中设置【曲线】特效的参数，如图11.28所示。

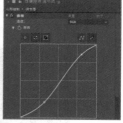

图11.27 添加【曲线】特效　　图11.28 设置【曲线】特效参数

步骤 21 这样就完成了心形绘制的整体制作，按小键盘上的"0"键，即可在合成窗口中预览动画。

实例120 3D 笔触——描绘线条

特效解析 本例主要讲解利用3D Stroke（3D笔触）特效制作描绘线条效果。完成的动画流程画面如图11.29所示。

知识点 1.3D Stroke（3D笔触）特效
2.【发光】特效

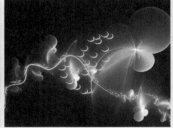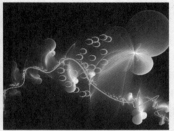

图11.29 动画流程画面

难易程度：★☆☆☆☆
工程文件：下载文件\工程文件\第11章\描绘线条
视频位置：下载文件\movie\实例120 3D 笔触——描绘线条.avi

操作步骤

步骤01 执行菜单栏中的【文件】|【打开项目】命令，选择下载文件中的"工程文件\第11章\描绘线条\描绘线条练习.aep"文件并打开。

步骤02 执行菜单栏中的【图层】|【新建】|【纯色】命令，打开【纯色设置】对话框，设置【名称】为"线条"，【颜色】为黑色。

步骤03 在工具栏中选择【钢笔工具】，在"线条"层上绘制一条路径，如图11.30所示。

步骤04 为"线条"层添加3D Stroke（3D 笔触）特效。在【效果和预设】面板中展开RG Trapcode特效组，然后双击3D Stroke（3D 笔触）特效，如图11.31所示。

图11.30 绘制路径　图11.31 添加3D Stroke（3D 笔触）特效

步骤05 将时间调整到00:00:00:00帧的位置，在【效果控件】面板中设置3D Stroke（3D笔触）特效的参数，从Presets（预设）下拉列表框中选择Lots of Circles（很多圈）选项，设置Thickness（厚度）的值为3，设置【颜色】为白色，单击【颜色】左侧的码表按钮，在当前位置设置关键帧。

步骤06 将时间调整到00:00:01:00帧的位置，设置【颜色】为红色（R:253，G:58，B:58），系统会自动设置关键帧，

步骤07 将时间调整到00:00:02:00帧的位置，设置【颜色】为青色（R:58，G:246，B:253）。

步骤08 将时间调整到00:00:03:00帧的位置，设置【颜色】为黄绿色（R:232，G:253，B:58）。

步骤09 将时间调整到00:00:03:24帧的位置，设置【颜色】为橙色（R:255，G:130，B:55），如图11.32所示；合成窗口效果如图11.33所示。

图11.32 设置【颜色】关键帧

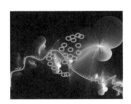

图11.33 设置颜色后的效果

步骤10 将时间调整到00:00:00:00帧的位置，设置End（结束）的值为0，单击End（结束）左侧的码表按钮，在当前位置设置关键帧。

步骤11 将时间调整到00:00:03:24帧的位置，设置End（结束）的值为100，系统会自动设置关键帧，如图11.34所示。

图11.34 设置【结束】关键帧

步骤12 展开Taper（锥度）选项组，选中Enable（启用）复选框；展开Transform（变换）选项组，设置XY Position（XY轴位置）的值为（360，288），如图11.35所示；合成窗口效果如图11.36所示。

图11.35 设置【锥度】和【变换】　图11.36 设置参数后效果
选项组参数

步骤13 为"线条"层添加【发光】特效。在【效果和预设】面板中展开【风格化】特效组，然后双击【发光】特效。

步骤14 在【效果控件】面板中修改【发光】特效的参数，设置【发光半径】的值为35，【发光强度】的值为16，如图11.37所示；合成窗口效果如图11.38所示。

图11.37 设置【发光】特效参数　图11.38 设置【发光】
特效后效果

步骤15 这样就完成了描绘线条的整体制作，按小键盘上的"0"键，即可在合成窗口中预览动画。

实例121 3D 笔触——流光字

特效解析　本例主要讲解利用3D Stroke（3D笔触）特效制作流光字效果。完成的动画流程画面如图11.39所示。

知识点　1.3D Stroke（3D笔触）特效
2.Starglow（星光）特效

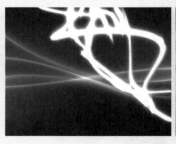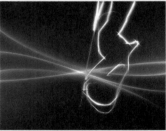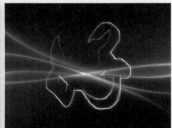

图11.39 动画流程画面

难易程度：★★☆☆☆
工程文件：下载文件\工程文件\第11章\流光字
视频位置：下载文件\movie\实例121 3D 笔触——流光字.avi

操作步骤

步骤 01 执行菜单栏中的【文件】|【打开项目】命令，选择下载文件中的"工程文件\第11章\流光字\流光字练习.aep"文件并打开。

步骤 02 执行菜单栏中的【图层】|【新建】|【文本】命令，输入"好"，设置文字字体为"[HYi1gf]"，字号为520像素，字体颜色为白色，如图11.40所示。

步骤 03 选择文字层，执行菜单栏中的【图层】|【从文字创建蒙版】命令，从文字创建轮廓线，此时将产生一个"好"轮廓层，如图11.41所示，将该层重命名为"描边"。

图11.40 设置文字参数

图11.41 创建轮廓线

步骤 04 为"描边"层添加3D Stroke（3D 笔触）特效。在【效果和预设】面板中展开Trapcode特效组，然后双击3D Stroke（3D 笔触）特效。

步骤 05 在【效果控件】面板中修改3D Stroke（3D笔触）特效的参数，设置【颜色】为紫色（R:205，G:0，B:204），Thickness（厚度）的值为0.9，选中Loop（循环）复选框；将时间调整到00:00:00:00帧的位置，设置Start（开始）的值60，Offset（偏移）的值为0，单击Start（开始）和Offset（偏移）左侧的码表■按钮，在当前位置设置关键帧。

步骤 06 将时间调整到00:00:03:24帧的位置，设置Start（开始）的值0，Offset（偏移）的值为100，系统会自动设置关键帧，如图11.42所示。

步骤 07 展开Transform（变换）选项组，将时间调整到00:00:00:00帧的位置，设置Bend（弯曲）的值为14，Bend Axis（弯曲轴）的值为90，XY Position（XY轴位置）的值为（439，286），Z Position（Z轴位置）的值为-400，Y Rotation（Y轴旋转）的值为270，单击Bend（弯曲），Bend

Axis（弯曲轴），XY Position（XY轴位置），Z Position（Z轴位置）和Y Rotation（Y轴旋转）左侧的码表■按钮，在当前位置设置关键帧，如图11.43所示。

图11.42 设置3秒24帧关键帧参数 图11.43 设置0秒关键帧参数

步骤 08 将时间调整到00:00:03:24帧的位置，设置Bend（弯曲）的值为0，Bend Axis（弯曲轴）的值为0，XY Position（XY轴位置）的值为（360，288），Z Position（Z轴位置）的值为0，Y Rotation（Y轴旋转）的值为0，系统会自动设置关键帧，如图11.44所示；合成窗口效果如图11.45所示。

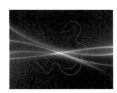

图11.44 设置3秒24帧关键帧 图11.45 设置3D Stroke（3D 笔触）特效后效果

步骤 09 为"描边"层添加Starglow（星光）特效。在【效果和预设】面板中展开Trapcode特效组，然后双击Starglow（星光）特效。

步骤 10 在【效果控件】面板中修改Starglow（星光）特效的参数，展开Pre-Process（预处理）选项组，设置Threshold（阈值）的值为60，Streak Length（光线长度）的值为10，Boost Light（光线亮度）的值为10，如图11.46所示；合成窗口效果如图11.47所示。

图11.46 设置Starglow（星光） 图11.47 设置Starglow（星光）特效参数 光）特效后效果

步骤 11 这样就完成了流光字的整体制作，按小键盘上的"0"键，即可在合成窗口中预览动画。

实例122 粒子——烟雾出字效果

| 特效解析 | 本例主要讲解利用Particular（粒子）特效制作烟雾出字效果。完成的动画流程画面如图11.48所示。 | 知识点 | 1. Particular（粒子）特效
2. 写入 |

图11.48 动画流程画面

难易程度：★★★☆☆
工程文件：下载文件\工程文件\第11章\烟雾出字
视频位置：下载文件\movie\实例122 粒子——烟雾出字效果.avi

操作步骤

步骤01 执行菜单栏中的【文件】|【打开项目】命令，选择下载文件中的"工程文件\第11章\烟雾出字\烟雾出字练习.aep"文件并打开。

步骤02 为"文字"层添加【写入】特效。在【效果和预设】面板中展开【生成】特效组，然后双击【写入】特效。

步骤03 在【效果控件】面板中设置【写入】特效的参数，设置【画笔大小】的值为8，将时间调整到00:00:00:00帧的位置，设置【画笔位置】的值为（34，244），单击【画笔位置】左侧的码表■按钮，在当前位置设置关键帧。

步骤04 按Page Down（下一帧）键，在合成窗口中拖动中心点描绘出文字轮廓，如图11.49所示；合成窗口效果如图11.50所示。

图11.49 设置写入关键帧

图11.50 设置写入后的效果

步骤05 执行菜单栏中的【图层】|【新建】|【纯色】命令，打开【纯色设置】对话框，设置【名称】为"粒子"，【颜色】为黑色。

步骤06 为"粒子"层添加Particular（粒子）特效。在【效果和预设】面板中展开Trapcode特效组，然后双击Particular（粒子）特效。

步骤07 在【效果控件】面板中设置Particular（粒子）特效的参数，展开Emitter（发射器）选项组，设置Velocity（速度）的值为10，Velocity Random（速度随机）的值为0，Velocity Distribution（速度分布）的值为0，Velocity From Motion（运动速度）的值为0；将时间调整到00:00:04:08帧的位置，设置Particles/sec（每秒发射的粒子数量）的值为10000，单击Particles/sec（每秒发射的粒子数量）左侧的码表■按钮，在当前位置设置关键帧。

步骤08 将时间调整到00:00:04:09帧的位置，设置Particles/sec（每秒发射的粒子数量）的值为0，系统会自动设置关键帧，如图11.51所示；合成窗口效果如图11.52所示。

步骤09 展开Particle（粒子）选项组，设置Life（生命）的值为2，Size（大小）的值为1，Opacity（不透明度）的值为40；展开Opacity over Life（生命期内透明度变化）选项组，调整其形状，如图11.53所示。

步骤10 展开Physics（物理学）|Air（空气）选项组，设置Wind X（X轴风力）的值为-326，Wind Y（Y轴风力）的值为-222，Wind Z（Z轴风力）的值为1271；展开Turbulence Field（扰乱场）选项组，设置Affect Size（影响尺寸）的值为28，Affect

Position（影响位置）的值为250，如图11.54所示。

图11.51 设置Emitter（发射器）选项组参数

图11.52 设置Emitter（发射器）选项组后效果

图11.53 设置Particle（粒子）选项组参数

图11.54 设置【物理学】选项组参数

图11.55 设置表达式

步骤 11 展开Emitter（发射器）选项组，按住Alt键键单击Position（位置）左侧的码表■按钮，在时间线面板中，拖动Expression:Position XY（表达式：XY位置）右侧的【表达式关联器】 ◎ 按钮，连接到"文字"层中的【写入】|【画笔位置】选项组，如图11.55所示；合成窗口效果如图11.56所示。

步骤 12 为"粒子"层添加【方框模糊】特效。在【效果和预设】面板中展开【模糊和锐化】特效组，然后双击【方框模糊】特效。

图11.56 设置表达式后效果

步骤 13 在【效果控件】面板中修改【方框模糊】特效的参数，设置【模糊半径】的值为2，如图11.57所示；合成窗口效果如图11.58所示。

图11.57 设置【方框模糊】特效参数

图11.58 设置【方框模糊】特效后效果

步骤 14 这样就完成了烟雾出字效果的整体制作，按小键盘上的"0"键，即可在合成窗口中预览动画。

实例123 粒子——飞舞彩色粒子

特效解析 本例主要讲解利用Particular（粒子）特效制作飞舞彩色粒子的效果。完成的动画流程画面如图11.59所示。

知识点
1. Particular（粒子）特效
2. CC Toner（CC调色）特效

图11.59 动画流程画面

难易程度：★★☆☆☆
工程文件：下载文件\工程文件\第11章\飞舞彩色粒子
视频位置：下载文件\movie\实例123 粒子——飞舞彩色粒子.avi

步骤01 执行菜单栏中的【文件】|【打开项目】命令，选择下载文件中的"工程文件\第11章\飞舞彩色粒子\飞舞彩色粒子练习.aep"文件并打开。

步骤02 执行菜单栏中的【图层】|【新建】|【纯色】命令，打开【纯色设置】对话框，设置【名称】为"彩色粒子"，颜色为黑色。

步骤03 为"彩色粒子"层添加Particular（粒子）特效。在【效果和预设】面板中展开RG Trapcode特效组，双击Particular（粒子）特效。

步骤04 在【效果控件】面板中修改Particular（粒子）特效的参数，展开Emitter（Master）（发射器）选项组，设置Particles/sec（每秒发射粒子数量）的值为500，从Emitter Type（发射器类型）下拉列表框中选择Sphere（球形）选项，设置Velocity（速度）的值为10，Velocity Random（速度随机）的值为80，Velocity From Motion（运动速度）的值为10，Emitter Size X（发射器X轴大小）的值为100，如图11.60所示。

步骤05 展开Particular（Master）（粒子）选项组，设置Life（生命）的值为1，Life Random（生命随机）的值为50，从Particle Type（粒子类型）下拉列表框中选择Glow Sphere（发光球），Size（大小）的值为13，Size Random（大小随机）的值为100；展开Size over Life（生命期内大小变化）选项组，调整其形状，从Set Color（颜色设置）下拉列表框中选择Over Life（生命期内的变化）选项，从Transfer Mode（转换模式）下拉列表框中选择Add（相加）选项，如图11.61所示。

图11.60 设置Emitter（发射器）0秒参数　　图11.61 设置Particular（粒子）选项组参数

步骤06 执行菜单栏中的【图层】|【新建】|【纯色】命令，打开【纯色设置】对话框，设置【名称】为"路径"，颜色为黑色。

步骤07 选中"路径"层，在工具栏中选择【钢笔工具】，在"路径"层上绘制一条路径，如图11.62所示。

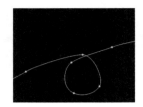

图11.62 绘制路径

步骤08 在时间线面板中选中"路径"层，按M键展开【蒙版路径】选项，选中【蒙版路径】选项，按Ctrl+C组合键将其复制，如图11.63所示。

图11.63 复制蒙版

步骤09 将时间调整到00:00:00:00帧的位置，展开"彩色粒子"|Particular（粒子）|Emitter（发射器）选项组，选择Position（位置）选项，按Ctrl+V组合键，将蒙版路径粘贴到Position（位置）选项上，如图11.64所示。

图11.64 粘贴到XY轴位置路径

步骤10 将时间调整到00:00:04:00帧的位置，选中"彩色粒子"层最后一个关键帧并拖动到当前帧的位置，如图11.65所示。

图11.65 设置关键帧

步骤11 为"彩色粒子"层添加CC Toner（CC调色）特效。在【效果和预设】面板中展开【颜色校正】特效组，双击CC Toner（CC调色）特效。

步骤12 在【效果控件】面板中修改CC Toner（CC调色）特效的参数，设置Midtones（中间）的颜色为青色（R:76，G:207，B:255），Shadows（阴影）的颜色为蓝色（R:0，G:72，B:255），如图11.66所示；合成窗口效果如图11.67所示。

步骤13 将"路径"图层隐藏。这样就完成了飞舞彩色粒子的整体制作，按小键盘上的"0"键，即可在合成窗口中预览动画。

图11.66 设置CC Toner（CC调色）特效参数　　图11.67 设置CC Toner（CC调色）特效后的效果

实例124 光——扫光文字

特效解析 本例主要讲解利用Shine（光）特效制作扫光文字效果。完成的动画流程画面如图11.68所示。

知识点 Shine（光）特效

图11.68 动画流程画面

难易程度：★☆☆☆☆
工程文件：下载文件\工程文件\第11章\扫光文字
视频位置：下载文件\movie\实例124 光——扫光文字.avi

操作步骤

步骤01 执行菜单栏中的【文件】|【打开项目】命令，选择下载文件中的"工程文件\第11章\扫光文字\扫光文字练习.aep"文件并打开。

步骤02 执行菜单栏中的【图层】|【新建】|【文本】命令，输入"Gorgeous"，设置文字字体为Adobe 黑体 Std，字号为100像素，字体颜色为青色（R:84，G:236，B:254）。

步骤03 为"Gorgeous"层添加Shine（光）特效。在【效果和预设】面板中展开Trapcode特效组，然后双击Shine（光）特效。

步骤04 在【效果控件】面板中修改Shine（光）特效的参数，设置Ray Light（光线长度）的值为8，Boost Light（光线亮度）的值为5，从Colorize（着色）下拉列表框中选择One Color（单色）选项，设置Color（颜色）为青（R:0，G:252，B:255）；将时间调整到00:00:00:00帧的位置，设置Source Point（源点）的值为（118，290），单击Source Point（源点）左侧的码表■按钮，在当前位置设置关键帧。

步骤05 将时间调整到00:00:02:00帧的位置，设置Source Point（源点）的值为（602，298），系统会自动设置关键帧，如图11.69所示；合成窗口效果如图11.70所示。

图11.69 设置（源点）参数　　图11.70 设置Shine（光）特效后效果

步骤06 这样就完成了扫光文字的整体制作，按小键盘上的"0"键，即可在合成窗口中预览动画。

实例125 星光——旋转粒子球

特效解析 本例主要讲解利用CC Ball Action（CC 滚珠操作）和Starglow（星光）特效制作旋转粒子球效果。完成的动画流程画面如图11.71所示。

知识点 1. CC Ball Action（CC 滚珠操作）特效
2. Starglow（星光）特效

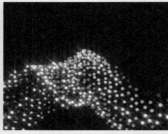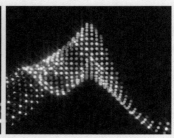

图11.71 动画流程画面

难易程度：★☆☆☆☆
工程文件：下载文件\工程文件\第11章\旋转粒子球
视频位置：下载文件\movie\实例125 星光——旋转粒子球.avi

操作步骤

步骤01 执行菜单栏中的【文件】|【打开项目】命令，选择下载文件中的"工程文件\第11章\旋转粒子球\旋转粒子球练习.aep"文件并打开。

步骤02 为"彩虹"层添加CC Ball Action（CC 滚珠操作）特效。在【效果和预设】面板中展开【模拟】特效组，然后双击CC Ball Action（CC 滚珠操作）特效。

步骤03 在【效果控件】面板中修改CC Ball Action（CC 滚珠操作）特效的参数，从Twist Property（扭曲特性）下拉列表框中选择Fast Top（固顶）选项，设置Grid Spacing（网格间隔）的值为10，Ball Size（滚珠大小）的值为35；将时间调整到00:00:00:00帧的位置，设置Scatter（散射）、Rotation（旋转）和Twist Angle（扭曲角度）的值为0，单击Scatter（散射）、Rotation（旋转）和Twist Angle（扭曲角度）左侧的码表█按钮，在当前位置设置关键帧。

步骤04 将时间调整到00:00:02:00帧的位置，设置Scatter（散射）的值为50，系统会自动设置关键帧。

步骤05 将时间调整到00:00:04:24帧的位置，设置Scatter（散射）的值为0，Rotation（旋转）的值为3x，Twist Angle（扭曲角度）的值为300，如图11.72所示；合成窗口效果如图11.73所示。

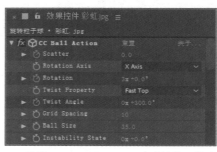

图11.72 设置CC Ball Action（CC 滚珠操作）特效参数

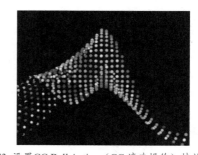

图11.73 设置CC Ball Action（CC 滚珠操作）特效后效果

步骤06 为"彩虹"层添加Starglow（星光）特效。在【效果和预设】面板中展开Trapcode特效组，然后双击Starglow（星光）特效。

步骤07 这样就完成了旋转粒子球的整体制作，按小键盘上的"0"键，即可在合成窗口中预览动画。

第12章　常用电影特效表现

内容摘要

　　电影特效在现在电影中已经随时可见，本章主要讲解电影特效中一些常见特效的制作方法。通过对本章内容的学习，掌握电影中常见特效的制作方法与技巧。

教学目标

◆ 掌握【粒子运动场】特效制作流星雨效果
◆ 掌握【字符位移】属性制作落字效果
◆ 掌握CC Flo Motion（CC 两点扭曲）特效制作穿越时空效果
◆ 掌握【粗糙边缘】特效制作爆炸冲击波效果
◆ 掌握CC Particle World（CC 粒子仿真世界）特效制作粒子飞舞效果

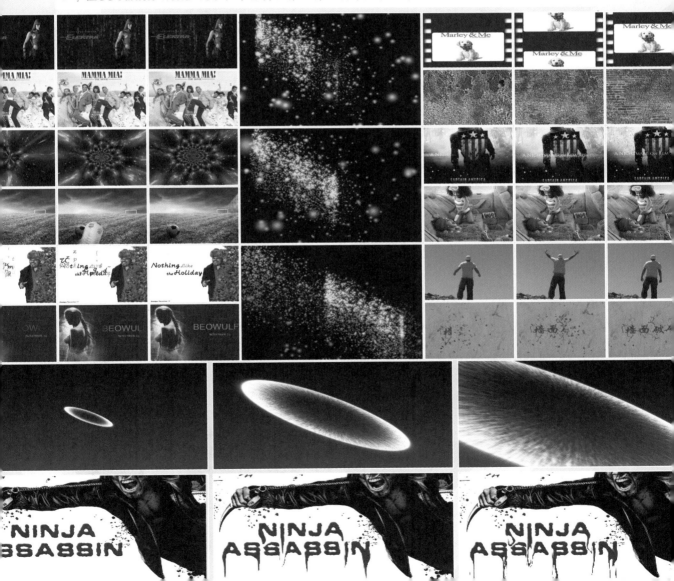

实例126 流星雨效果

特效解析 本例主要讲解利用【粒子运动场】特效制作流星雨效果。完成的动画流程画面如图12.1所示。

知识点 【粒子运动场】特效

图12.1 动画流程画面

难易程度：★★☆☆☆
工程文件：下载文件\工程文件\第12章\流星雨效果
视频位置：下载文件\movie\实例126 流星雨效果.avi

操作步骤

步骤01 执行菜单栏中的【文件】|【打开项目】命令，选择下载文件中的"工程文件\第12章\流星雨效果\流星雨效果练习.aep"文件并打开。

步骤02 执行菜单栏中的【图层】|【新建】|【纯色】命令，打开【纯色设置】对话框，设置【名称】为"载体"，【颜色】为黑色。

步骤03 为"载体"层添加【粒子运动场】特效。在【效果和预设】面板中展开【模拟】特效组，然后双击【粒子运动场】特效。

步骤04 在【效果控件】面板中修改【粒子运动场】特效的参数，展开【发射】选项组，设置【位置】的值为（360，10），【圆筒半径】的值为300，【每秒粒子数】的值为70，【方向】的值为180，【随机扩散方向】的值为20，【颜色】为红色（R:167，G:0，B:16），【粒子半径】的值为25，如图12.2所示；合成窗口效果如图12.3所示。

图12.2 设置【发射】选项组参数　图12.3 设置【发射】选项组后效果

步骤05 单击【粒子运动场】名称右侧的【选项】文字，打开【粒子运动场】对话框，单击【编辑发射文字】按钮，打开【编辑发射文字】对话框，在对话框文字输入区输入任意数字与字母，单击两次【确定】按钮，完成文字编辑，如图12.4所示；合成窗口效果如图12.5所示。

图12.4 【编辑发射文字】对话框　图12.5 设置文字后效果

步骤06 为"载体"层添加【发光】特效。在【效果和预设】面板中展开【风格化】特效组，然后双击【发光】特效。

步骤07 在【效果控件】面板中修改【发光】特效的参数，设置【发光阈值】的值为44，【发光半径】的值为197，【发光强度】的值为1.5，如图12.6所示；合成窗口效果如图12.7所示。

图12.6 设置【发光】特效参数　图12.7 设置【发光】特效后效果

步骤 08 为"载体"层添加【残影】特效。在【效果和预设】面板中展开【时间】特效组，然后双击【残影】特效。

步骤 09 在【效果控件】面板中修改【残影】特效的参数，设置【残影时间】的值为-0.05，【残影数量】的值为10，【衰减】的值为0.8，如图12.8所示；合成窗口效果如图12.9所示。

图12.8 设置【残影】特效参数 图12.9 设置【残影】特效后效果

步骤 10 这样就完成了流星雨效果的整体制作，按小键盘上的"0"键，即可在合成窗口中预览动画。

实例127 滴血文字

特效解析 本例主要讲解利用【液化】特效制作滴血文字效果。完成的动画流程画面如图12.10所示。

知识点 1.【毛边】特效
2.【液化】特效

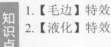

图12.10 动画流程画面

难易程度：★☆☆☆☆
工程文件：下载文件\工程文件\第12章\滴血文字
视频位置：下载文件\movie\实例127 滴血文字.avi

操作步骤

步骤 01 执行菜单栏中的【文件】|【打开项目】命令，选择下载文件中的"工程文件\第12章\滴血文字\滴血文字练习.aep"文件并打开。

步骤 02 为文字层添加【毛边】特效。在【效果和预设】面板中展开【风格化】特效组，然后双击【毛边】特效。

步骤 03 在【效果控件】面板中修改【毛边】特效的参数，设置【边界】的值为6，如图12.11所示；合成窗口效果如图12.12所示。

图12.11 设置【毛边】特效参数 图12.12 合成窗口中的效果

步骤 04 为文字层添加【液化】特效。在【效果和预设】面板中展开【扭曲】特效组，然后双击【液化】特效。

步骤 05 在【效果控件】面板中修改【液化】特效的参数，在【工具】下单击【变形工具】按钮，展开【变形工具选项】选项组，设置【画笔大小】的值为10，【画笔压力】的值为100，如图12.13所示。

步骤 06 在合成窗口的文字中拖动鼠标，使文字产生变形效果，变形后的效果如图12.14所示。

图12.13 设置【液化】特效参数 图12.14 合成窗口中的效果

步骤 07 将时间调整到00:00:00:00帧的位置，在【效果控件】面板中修改【液化】特效的参数，设置【扭曲百分比】的值为0，单击【扭曲百分比】左侧的码表按钮，在当前位置设置关键帧。

步骤 08 将时间调整到00:00:01:10帧的位置，设置【扭曲百分比】的值为200%，系统会自动设置关键帧，如图12.15所示。

图12.15 添加关键帧

步骤09 这样就完成了滴血文字的整体制作，按小键盘上的"0"键，即可在合成窗口中预览动画。

实例128 花瓣飞舞动画

特效解析　本例主要讲解利用Particular（粒子）特效制作花瓣飞舞动画效果。完成的动画流程画面如图12.16所示。

知识点　Particular（粒子）特效

图12.16 动画流程画面

难易程度：★☆☆☆☆
工程文件：下载文件\工程文件\第12章\花瓣飞舞动画
视频位置：下载文件\movie\实例128 花瓣飞舞动画.avi

操作步骤

步骤01 执行菜单栏中的【文件】|【打开项目】命令，选择下载文件中的"工程文件\第12章\花瓣飞舞动画\花瓣飞舞动画练习.aep"文件并打开。

步骤02 执行菜单栏中的【图层】|【新建】|【纯色】命令，打开【纯色设置】对话框，设置【名称】为"粒子"，【颜色】为黑色。

步骤03 为"粒子"层添加Particular（粒子）特效。在【效果和预设】面板中展开Trapcode特效组，然后双击Particular（粒子）特效。

步骤04 在【效果控件】面板中修改Particular（粒子）特效的参数，展开Emitter（Master）（发射器）选项组，设置Particles/sec（每秒发射粒子数）的值为40，从Emitter Type（发射类型）下拉列表框中选择Box（盒子），Emitter Size X（发射器X轴大小）的值为720，Emitter Size Y（发射器Y轴大小的值为405，如图12.17所示。

步骤05 展开Particle（Master）（粒子）选项组，设置Life（寿命）的值为3，从Particle Type（粒子

类型）下拉列表框中选择Sprite（幽灵）选项；展开Texture（纹理）选项组，从Layer（层）下拉列表框中选择"花瓣.tga"选项，设置Size（大小）的值为24，Size Random（大小随机）的值为100，如图12.18所示。

图12.17 设置Emitter（发射器）　图12.18 设置Particular（粒选项组参数　子）特效参数

步骤06 展开Physics（Master）（物理学）选项组，设置Gravity（重力）的值为10；展开Air（空气）选项组，设置Wind X（X轴风力）和Wind Y

（Y轴风力）的值为100，如图12.19所示；合成窗口效果如图12.20所示。

步骤07 这样就完成了花瓣飞舞动画的整体制作，按小键盘上的"0"键，即可在合成窗口中预览动画。

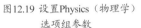

图12.19 设置Physics（物理学）选项组参数　图12.20 设置Particle（粒子）特效后效果

实例129 穿越时空

特效解析 本例主要讲解利用CC Flo Motion（CC 两点扭曲）特效制作穿越时空效果。完成的动画流程画面如图12.21所示。

知识点 CC Flo Motion（CC 两点扭曲）特效

图12.21 动画流程画面

难易程度：★☆☆☆☆
工程文件：下载文件\工程文件\第12章\穿越时空
视频位置：下载文件\movie\实例129 穿越时空.avi

操作步骤

步骤01 执行菜单栏中的【文件】|【打开项目】命令，选择下载文件中的"工程文件\第12章\穿越时空\穿越时空练习.aep"文件并打开。

步骤02 为"星空图"层添加CC Flo Motion（CC 两点扭曲）特效。在【效果和预设】面板中展开【扭曲】特效组，然后双击CC Flo Motion（CC 两点扭曲）特效。

步骤03 在【效果控件】面板中修改CC Flo Motion（CC 两点扭曲）特效的参数，设置Knot 1（结头1）的值为（361，290）；将时间调整到00:00:00:00帧的位置，设置Amount 1（数量1）的值为73，单击Amount 1（数量1）左侧的码表■按钮，在当前位置设置关键帧。

步骤04 将时间调整到00:00:02:24帧的位置，设置Amount 1（数量1）的值为223，系统会自动设置关键帧，如图12.22所示；合成窗口效果如图12.23所示。

图12.22 设置CC Flo Motion（CC 两点扭曲）特效参数

图12.23 设置CC Flo Motion（CC 两点扭曲）特效后效果

步骤05 这样就完成了穿越时空的整体制作，按小键盘上的"0"键，即可在合成窗口中预览动画。

实例130 残影效果

<table>
<tr><td>特效解析</td><td>本例主要讲解利用【残影】特效制作残影效果。完成的动画流程画面如图12.24所示。</td><td>知识点</td><td>【残影】特效</td></tr>
</table>

图12.24 动画流程画面

难易程度：★★☆☆☆
工程文件：下载文件\工程文件\第12章\残影效果
视频位置：下载文件\movie\实例130 残影效果.avi

操作步骤

步骤01 执行菜单栏中的【文件】|【打开项目】命令，选择下载文件中的"工程文件\第12章\残影效果\残影效果练习.aep"文件并打开。

步骤02 为"足球合成"层添加【残影】特效。在【效果和预设】面板中展开【时间】特效组，然后双击【残影】特效。

步骤03 在【效果控件】面板中修改【残影】特效的参数，设置【残影数量】的值为7，【衰减】的值为0.77，从【残影运算符】下拉列表框中选择【最大值】选项，如图12.25所示；合成窗口效果如图12.26所示。

图12.26 设置【残影】特效后效果

步骤04 这样就完成了残影效果的整体制作，按小键盘上的"0"键，即可在合成窗口中预览动画。

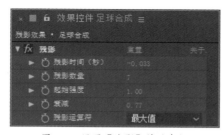

图12.25 设置【残影】特效参数

实例131 落字效果

本例主要讲解利用【字符位移】属性制作落字效果。完成的动画流程画面如图12.27所示。

知识点 【字符位移】属性

图12.27 动画流程画面

难易程度：★★☆☆☆
工程文件：下载文件\工程文件\第12章\落字效果
视频位置：下载文件\movie\实例131 落字效果.avi

操作步骤

步骤01 执行菜单栏中的【文件】|【打开项目】命令，选择下载文件中的"工程文件\第12章\落字效果\落字效果练习.aep"文件并打开。

步骤02 执行菜单栏中的【图层】|【新建】|【文本】命令，输入"Nothing Like the Holidays"，设置文字字体为"[soulmate]"，字号为69像素，如图12.28所示；合成窗口效果如图12.29所示。

图12.28 设置字体参数　　图12.29 设置字体后效果

步骤03 展开文字层，单击【文本】右侧的 按钮，从弹出的菜单中选择【字符位移】命令，设置【字符位移】的值为44；单击【动画制作工具1】右侧的 按钮，从弹出的菜单中选择【属性】|【不透明度】和【属性】|【位置】命令，设置【位置】的值为（0，-340），【不透明度】的值为1%；从【字符范围】下拉列表框中选择【完整的Unicode】选项，如图12.30所示。

图12.30 设置【位置】属性等参数

步骤04 展开【范围选择器1】|【高级】选项组，从【形状】下拉列表框中选择【上倾斜】选项，设置【缓和低】的值为50%，【随机排序】为【开】；将时间调整到00:00:00:00帧的位置，设置【偏移】的值为-100，单击【偏移】左侧的码表 按钮，在当前位置设置关键帧。

步骤05 将时间调整到00:00:02:13帧的位置，设置【偏移】的值为100，系统会自动设置关键帧，如图12.31所示。

图12.31 设置【偏移】关键帧

步骤06 为文字层添加【残影】特效。在【效果和预设】面板中展开【时间】特效组，然后双击【残影】特效。

步骤07 在【效果控件】面板中修改【残影】特效的参数，设置【残影时间】的值为0.25，如图12.32所示；合成窗口效果如图12.33所示。

图12.32 设置【残影】特效参数　图12.33 设置【残影】特效后效果

步骤 08 这样就完成了落字效果的整体制作，按小键盘上的"0"键，即可在合成窗口中预览动画。

实例132　老电视效果

特效解析 本例主要讲解利用【杂色】和【网格】特效制作老电视效果。完成的动画流程画面如图12.34所示。

知识点
1.【杂色】特效
2.【网格】特效

图12.34 动画流程画面

难易程度：★☆☆☆☆
工程文件：下载文件\工程文件\第12章\老电视效果
视频位置：下载文件\movie\实例132 老电视效果.avi

操作步骤

步骤 01 执行菜单栏中的【文件】|【打开项目】命令，选择下载文件中的"工程文件\第12章\老电视效果\老电视效果练习.aep"文件并打开。

步骤 02 执行菜单栏中的【图层】|【新建】|【纯色】命令，打开【纯色设置】对话框，设置【名称】为"网格"，【颜色】为黑色。

步骤 03 为"网格"层添加【网格】特效。在【效果和预设】面板中展开【生成】特效组，然后双击【网格】特效。

步骤 04 在【效果控件】面板中修改【网格】特效的参数，设置【锚点】的值为（801，288），从【大小依据】下拉列表框中选择【宽度和高度滑块】选项，【宽度】的值为2376，【高度】的值为10，【边界】的值为9；展开【羽化】选项组，设置【高度】的值为7.8，如图12.35所示；合成窗口效果如图12.36所示。

图12.35 设置【网格】特效参数　图12.36 设置【网格】特效后效果

步骤 05 执行菜单栏中的【图层】|【新建】|【纯色】命令，打开【纯色设置】对话框，设置【名称】为"噪波"，【颜色】为黑色。

步骤 06 为"噪波"层添加【杂色】特效。在【效果和预设】面板中展开【杂色和颗粒】特效组，然后双击【杂色】特效。

步骤 07 在【效果控件】面板中修改【杂色】特效

的参数，设置【杂色数量】的值为27%，如图12.37所示；合成窗口效果如图12.38所示。

步骤 08 在时间线面板中，设置"噪波"层的【模式】为【相减】，这样就完成了老电视效果的整体制作，按小键盘上的"0"键，即可在合成窗口中预览动画。

图12.37 设置【杂色】特效参数 图12.38 设置【杂色】特效后效果

实例133　胶片旋转

特效解析　本例主要讲解利用【动态拼贴】特效制作胶片旋转效果。完成的动画流程画面如图12.39所示。

知识点　【动态拼贴】特效

图12.39 动画流程画面

难易程度：★☆☆☆☆
工程文件：下载文件\工程文件\第12章\胶片旋转
视频位置：下载文件\movie\实例133 胶片旋转.avi

操作步骤

步骤 01 执行菜单栏中的【文件】|【打开项目】命令，选择下载文件中的"工程文件\第12章\胶片旋转\胶片旋转练习.aep"文件并打开。

步骤 02 在时间线面板中选择"图.tga"层，按S键打开【缩放】属性，设置【缩放】的值为（92，92），如图12.40所示。

步骤 03 执行菜单栏中的【图层】【新建】|【纯色】命令，打开【纯色设置】对话框，设置【名称】为"背景"，【颜色】为白色。

步骤 04 执行菜单栏中的【图层】【新建】|【纯色】命令，打开【纯色设置】对话框，设置【名称】为"胶片框"，【颜色】为黑色。

步骤 05 在时间线面板中选中"胶片框"层，在工具栏中选择【圆角矩形工具】■，绘制多个矩形，制作出胶片的边缘方块效果，如图12.41所示。

图12.40 设置【缩放】参数

图12.41 绘制多个矩形

步骤 06 执行菜单栏中的【合成】|【新建合成】命令，打开【合成设置】对话框，设置【合成名称】为"胶片旋转"，【宽度】为720，【高度】为576，【帧速率】为25，【持续时间】为

00:00:05:00秒。

步骤 07 在【项目】面板中选择"胶片"合成，将其拖动到"胶片旋转"合成的时间线面板中。

步骤 08 为"胶片"层添加【动态拼贴】特效。在【效果和预设】面板中展开【风格化】特效组，然后双击【动态拼贴】特效。

步骤 09 在【效果控件】面板中修改【动态拼贴】特效的参数，设置【平铺中心】的值为（360，1222），【拼贴高度】的值为80，【输出高度】的值为1000，如图12.42所示；合成窗口效果如图12.43所示。

图12.42 设置【动态拼贴】特效参数

图12.43 设置【动态拼贴】特效后效果

步骤 10 选择"胶片"层，将时间调整到00:00:00:00帧的位置，按P键打开【位置】属性，设置【位置】的值为（360，2666），单击【位置】左侧的码表 按钮，在当前位置设置关键帧。

步骤 11 将时间调整到00:00:04:24帧的位置，设置【位置】的值为（360，-1206），系统会自动设置关键帧，如图12.44所示；合成窗口效果如图12.45所示。

图12.44 设置【位置】关键帧

图12.45 设置【位置】关键帧后效果

步骤 12 这样就完成了胶片旋转效果的整体制作，按小键盘上的"0"键，即可在合成窗口中预览动画。

实例134 爆炸冲击波

特效解析 本例主要讲解利用【粗糙边缘】特效制作爆炸冲击波效果。完成的动画流程画面如图12.46所示。

知识点
1. 【毛边】特效
2. 【梯度渐变】特效
3. Shine（光）特效

图12.46 动画流程画面

难易程度：★★☆☆☆
工程文件：下载文件\工程文件\第12章\爆炸冲击波
视频位置：下载文件\movie\实例134 爆炸冲击波.avi

操作步骤

步骤 01 执行菜单栏中的【合成】|【新建合成】命令，打开【合成设置】对话框，设置【合成名称】为"路径"，【宽度】为720，【高度】为405，【帧速率】为25，【持续时间】为00:00:03:00秒。

步骤 02 执行菜单栏中的【图层】|【新建】|【纯色】命令，打开【纯色设置】对话框，设置【名称】为"白色"，【颜色】为白色，如图12.47所示。

图12.47 设置"白色"纯色层

步骤 03 选中"白色"层,在工具栏中选择【椭圆工具】 ,在"白色"层上绘制一个圆形路径,如图12.48所示。

图12.48 绘制圆形路径

步骤 04 将"白色"层复制一份,并将其重命名为"黑色",将其颜色改为黑色。

步骤 05 单击"黑色"图层,展开【蒙版】选项组,打开【蒙版 1】卷展栏,设置【蒙版扩展】的值为-20,如图12.49所示;合成窗口效果如图12.50所示。

图12.49 设置【蒙版扩展】参数

图12.50 设置【蒙版扩展】后效果

步骤 06 为"黑色"层添加【毛边】特效。在【效果和预设】面板中展开【风格化】特效组,然后双击【毛边】特效。

步骤 07 在【效果控件】面板中修改【毛边】特效的参数,设置【边界】的值为300,【边缘锐度】的值为10,【比例】的值为10,【复杂度】的值为10。将时间调整到00:00:00:00帧的位置,设置【演化】的值为0,单击【演化】左侧的码表  按钮,在当前位置设置关键帧。

步骤 08 将时间调整到00:00:02:00帧的位置,设置【演化】的值为-5x,系统会自动设置关键帧,如图12.51所示;合成窗口效果如图12.52所示。

步骤 09 执行菜单栏中的【合成】|【新建合成】命令,打开【合成设置】对话框,设置【合成名称】为"爆炸冲击波",【宽度】为720,【高度】为405,【帧速率】为25,【持续时间】为00:00:02:00秒。

步骤 10 执行菜单栏中的【图层】|【新建】|【纯色】命令,打开【纯色设置】对话框,设置【名称】为"背景",【颜色】为黑色。

 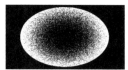

图12.51 设置【毛边】特效参数　图12.52 设置【毛边】特效后效果

步骤 11 为"背景"层添加特效。在【效果和预设】面板中展开【生成】特效组,然后双击【梯度渐变】特效。

步骤 12 在【效果控件】面板中修改【梯度渐变】特效的参数,设置【结束颜色】为暗红色(R:143,G:11,B:11),如图12.53所示;合成窗口效果如图12.54所示。

图12.53 设置【梯度渐变】　图12.54 设置【梯度渐变】特
特效参数　　　　　　效后效果

步骤 13 打开"爆炸冲击波"合成,在【项目】面板中选择"路径"合成,将其拖动到"爆炸冲击波"合成的时间线面板中。

步骤 14 为"路径"层添加Shine(光)特效。在【效果和预设】面板中展开Trapcode特效组,然后双击Shine(光)特效。

步骤 15 在【效果控件】面板中修改Shine(光)特效的参数,设置Ray Length(光线长度)的值为0.4,Boost Light(光线亮度)的值为1.7,从Colorize...(着色)右侧的下拉列表框中选择Fire(火焰)选项,如图12.55所示;合成窗口效果如图12.56所示。

图12.55 设置Shine(光)特效参数　图12.56 设置Shine(光)
特效后效果

步骤 16 打开"路径"层的三维开关,单击"路径"图层，展开【变换】选项组，设置【方向】的值为（0，17，335），【X轴旋转】的值为-72，【Y轴旋转】的值为124，【Z轴旋转】的值为27，单击【缩放】左侧的【约束比例】■按钮，取消约束；将时间调整到00:00:00:00帧的位置，设置【缩放】的值为（0，0，100），单击【缩放】左侧的码表■按钮，在当前位置设置关键帧，如图12.57所示；合成窗口效果如图12.58所示。

图12.57 设置【变换】选项组参数

图12.58 设置【变换】选项组参数后效果

步骤17 将时间调整到00:00:02:00帧的位置，设置【缩放】的值为（300，300，100），系统会自动设置关键帧，如图12.59所示；合成窗口效果如图12.60所示。

步骤18 选中"路径"层，将时间调整到00:00:01:15帧的位置，按T键展开【不透明度】属性，设置【不透明度】的值为100，单击左侧的码表■按钮，在当前位置设置关键帧。

图12.59 设置缩放关键帧

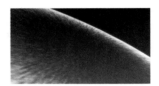

图12.60 设置缩放后效果

步骤19 将时间调整到00:00:02:00帧的位置，设置【不透明度】的值为0，系统会自动设置关键帧，如图12.61所示。

图12.61 设置不透明度关键帧

步骤20 这样就完成了爆炸冲击波的整体制作，按小键盘上的"0"键，即可在合成窗口中预览动画。

实例135 风化效果

特效解析 本例主要讲解利用【置换图】特效制作风化效果。完成的动画流程画面如图12.62所示。

知识点 【置换图】特效

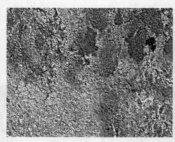

图12.62 动画流程画面

难易程度：★★☆☆☆
工程文件：下载文件\工程文件\第12章\风化效果
视频位置：下载文件\movie\实例135 风化效果.avi

操作步骤

步骤 01 执行菜单栏中的【文件】|【打开项目】命令，选择下载文件中的"工程文件\第12章\风化效果\风化效果练习.aep"文件并打开。

步骤 02 为"墙面"层添加【置换图】特效。在【效果和预设】面板中展开【扭曲】特效组，然后双击【置换图】特效。

步骤 03 在【效果控件】面板中修改【置换图】特效的参数，从【置换图层】下拉列表框中选择【贴图】选项；将时间调整到00:00:00:00帧的位置，设置【最大水平置换】的值为5，单击【最大水平置换】左侧的码表 ■ 按钮，在当前位置设置关键帧，如图12.63所示；合成窗口效果如图12.64所示。

图12.63 设置0秒关键帧

图12.64 设置关键帧后效果

步骤 04 将时间调整到00:00:02:14帧的位置，设置【最大水平置换】的值为917，系统会自动设置关键帧，如图12.65所示；合成窗口效果如图12.66所示。

图12.65 设置【置换图】特效参数

图12.66 设置【置换图】特效后效果

步骤 05 这样就完成了风化效果的整体制作，按小键盘上的"0"键，即可在合成窗口中预览动画。

实例136 粒子聚字效果

特效解析
本例主要讲解利用CC Particle World（CC粒子仿真世界）特效制作粒子聚字效果。完成的动画流程画面如图12.67所示。

知识点
1.【线性擦除】特效
2.【CC粒子仿真世界】特效

图12.67 动画流程画面

难易程度：★★☆☆☆
工程文件：下载文件\工程文件\第12章\粒子聚字动画
视频位置：下载文件\movie\实例136 粒子聚字效果.avi

操作步骤

步骤 01 执行菜单栏中的【文件】|【打开项目】命令，选择下载文件中的"工程文件\第12章\粒子聚字动画\粒子聚字动画练习.aep"文件，将"粒子聚字动画练习.aep"文件打开。

步骤 02 执行菜单栏中的【图层】|【新建】|【文本】命令，输入"A Nightmare on Elm Street"，设置文字字体为Trajan Pro，字号为36像素，字体颜色为白色。

步骤 03 为"A Nightmare on Elm Street"文字层添加【线性擦除】特效。在【效果和预设】面板中展开【过渡】特效组，然后双击【线性擦除】特效。

步骤 04 在【效果控件】面板中修改【线性擦除】特效的参数，设置【擦除角度】的值为253，【羽化】的值为93；将时间调整到00:00:01:02帧的位置，设置【过渡完成】的值为90%，单击【过渡完成】左侧的码表 按钮，在当前位置设置关键帧。

步骤 05 将时间调整到00:00:01:22帧的位置，设置【过渡完成】的值为10%，系统会自动设置关键帧，如图12.68所示。

图12.68 设置【线性擦除】特效参数

步骤 06 执行菜单栏中的【图层】|【新建】|【纯色】命令，打开【纯色设置】对话框，设置【名称】为"粒子"，【颜色】为黑色。

步骤 07 为"粒子"层添加CC Particle World（CC粒子仿真世界）特效。在【效果和预设】面板中展开【模拟】特效组，然后双击CC Particle World（CC粒子仿真世界）特效。

步骤 08 在【效果控件】面板中修改CC Particle World（CC粒子仿真世界）特效的参数，设置Birth Rate（生长速率）的值为8，Longevity（寿命）的值为2。

步骤 09 展开Producer（产生点）选项组，设置Radius Z（Z轴半径）的值为5；将时间调整到00:00:00:17帧的位置，设置PositionX（X轴位置）的值为-3，单击PositionX（X轴位置）左侧的码表 按钮，在当前位置设置关键帧，如图12.69所示。

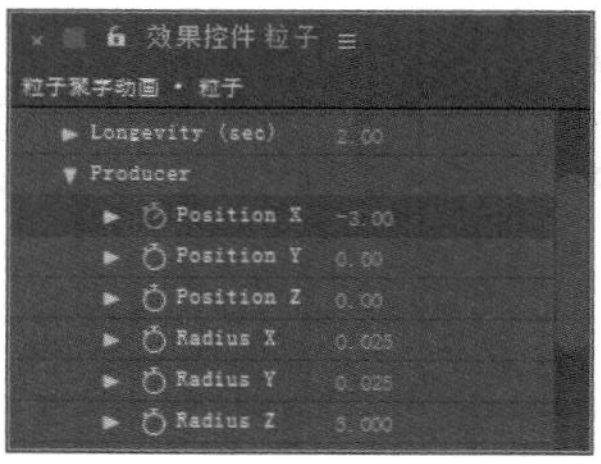

图12.69 设置【位置】17帧参数

步骤 10 将时间调整到00:00:02:06帧的位置，设置PositionX（X轴位置）的值为3，系统会自动设置关键帧，如图12.70所示。

图12.70 设置【位置】2秒06帧秒参数

步骤 11 展开Physics（物理学）选项组，设置Velocity（速率）的值为0.3，Gravity（重力）的值为0；展开Particle（粒子）选项组，设置Birth Color（生长色）为白色，Death Color（消逝色）为黑色，如图12.71所示；合成窗口效果如图12.72所示。

图12.71 设置CC Particle World（CC粒子仿真世界）特效参数

图12.72 设置CC Particle World（CC粒子仿真世界）特效后效果

步骤 12 在时间线面板中，将"粒子"层拖动到"A Nightmare on Elm Street"文字层下面，这样就完成了粒子聚字效果的整体制作，按小键盘上的"0"键，即可在合成窗口中预览动画。

实例137 手写字效果

特效解析 本例主要讲解利用3D Stroke（3D笔触）特效制作手写字效果。完成的动画流程画面如图12.73所示。

知识点 3D Stroke（3D笔触）特效

图12.73 动画流程画面

难易程度：★☆☆☆☆
工程文件：下载文件\工程文件\第12章\手写字动画
视频位置：下载文件\movie\实例137 手写字效果.avi

操作步骤

步骤 01 执行菜单栏中的【文件】|【打开项目】命令，选择下载文件中的"工程文件\第12章\手写字动画\手写字动画练习.aep"文件并打开。

步骤 02 执行菜单栏中的【图层】【新建】|【纯色】命令，打开【纯色设置】对话框，设置【名称】为"Love"，【颜色】为黑色。

步骤 03 选中"Love"层，在工具栏中选择【钢笔工具】，在图层上绘制一个Love路径，如图12.74所示。

步骤 04 为"Love"层添加3D Stroke（3D 笔触）特效。在【效果和预设】面板中展开Trapcode特效组，然后双击3D Stroke（3D 笔触）特效，如图12.75所示。

图12.74 绘制路径　　图12.75 添加3D 笔触特效

步骤 05 在【效果控件】面板中修改3D Stroke（3D 笔触）特效的参数，设置Color（颜色）为红色（R:255，G:0，B:0），Thickness（厚度）的值为5；将时间调整到00:00:00:00帧的位置，设置End（结束）的值为0，单击End（结束）左侧的码表按钮，在当前位置设置关键帧。

步骤 06 将时间调整到00:00:03:00帧的位置，设置End（结束）的值为100，系统会自动设置关键帧，如图12.76所示；合成窗口效果如图12.77所示。

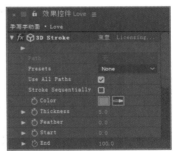

图12.76 设置3D Stroke（3D 笔触）特效参数

图12.77 设置33D Stroke（3D 笔触）特效后效果

步骤 07 这样就完成了手写字效果的整体制作，按小键盘上的"0"键，即可在合成窗口中预览动画。

实例138 冻结帧的使用

特效解析 本例主要讲解利用【冻结帧】属性制作静止图片效果。完成的动画流程画面如图12.78所示。

知识点 【冻结帧】特效

图12.78 动画流程画面

难易程度：★☆☆☆☆
工程文件：下载文件\工程文件\第12章\冻结帧
视频位置：下载文件\movie\实例138 冻结帧的使用.avi

操作步骤

步骤01 执行菜单栏中的【文件】|【打开项目】命令，选择下载文件中的"工程文件\第12章\冻结帧\冻结帧练习.aep"文件并打开。

步骤02 在时间线面板中选择"视频素材"层，执行菜单栏中的【图层】|【时间】|【冻结帧】命令，如图12.79所示；合成窗口效果如图12.80所示。

图12.79 设置【冻结帧】

图12.80 设置【冻结帧】后效果

步骤03 取消【冻结帧】命令，合成窗口效果分别

如图12.81和图12.82所示。一旦应用了【冻结帧】命令，动画即会变成静止效果。

图12.81 取消【冻结帧】后效果1

图12.82 取消【冻结帧】后效果2

实例139 为图片降噪

本例主要讲解利用【移除颗粒】特效为图片降噪。降噪的前后效果对比如图12.83所示。

知识点 【移除颗粒】特效

图12.83 降噪的前后效果对比

难易程度：★☆☆☆☆
工程文件：下载文件\工程文件\第12章\图片降噪效
视频位置：下载文件\movie\实例139 为图片降噪.avi

操作步骤

步骤01 执行菜单栏中的【文件】|【打开项目】命令，选择下载文件中的"工程文件\第12章\图片降噪效果\图片降噪效果练习.aep"文件并打开。

步骤02 为"照片.jpg"层添加【移除颗粒】特效。在【效果和预设】面板中展开【杂色和颗粒】特效组，双击【移除颗粒】特效。

步骤03 在【效果控件】面板中修改【移除颗粒】特效的参数，从【查看模式】下拉列表框中选择【最终输出】选项；展开【杂色深度减低设置】选项组，设置【杂色深度减低】的值为8，如图12.84所示；合成窗口效果如图12.85所示，这样就完成了为图片降噪的整体制作。

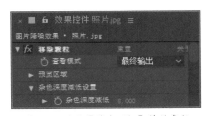

图12.84 设置【移除颗粒】特效参数

图12.85 设置【移除颗粒】特效后效果

实例140　去除场景中的电线

| 特效解析 | 本例主要讲解利用CC Simple Wire Removal（CC擦钢丝）特效去除场景中的电线。去除电线的前后效果对比如图12.86所示。 | 知识点 | CC Simple Wire Removal（CC擦钢丝）特效 |

图12.86　去除电线的前后效果对比

难易程度：★☆☆☆☆
工程文件：下载文件\工程文件\第12章\去除场景中的电线
视频位置：下载文件\movie\实例140　去除场景中的电线.avi

操作步骤

步骤01 执行菜单栏中的【文件】|【打开项目】命令，选择下载文件中的"工程文件\第12章\去除场景中的电线\去除场景中的电线练习.aep"文件并打开。

步骤02 为"擦钢丝"层添加CC Simple Wire Removal（CC擦钢丝）特效。在【效果和预设】面板中展开【键控】特效组，然后双击CC Simple Wire Removal（CC擦钢丝）特效。

步骤03 在【效果控件】面板中修改CC Simple Wire Removal（CC擦钢丝）特效的参数，设置Point A（点A）的值为（690，170），Point B（点B）的值为（218，110），Thickness（厚度）的值为6，如图12.87所示；合成窗口效果如图12.88所示，这样就完成了去除场景中电线的操作。

图12.87　设置CC Simple Wire Removal（CC擦钢丝）特效参数

图12.88　设置CC Simple Wire Removal（CC擦钢丝）特效后效果

实例141 粒子飞舞效果

特效解析 本例主要讲解利用CC Particle World（CC 粒子仿真世界）特效制作粒子飞舞效果。完成的动画流程画面如图12.89所示。

知识点 CC Particle World（CC 粒子仿真世界）特效

图12.89 动画流程画面

难易程度：★★☆☆☆
工程文件：下载文件\工程文件\第12章\粒子飞舞
视频位置：下载文件\movie\实例141 粒子飞舞效果.avi

操作步骤

步骤01 执行菜单栏中的【合成】|【新建合成】命令，打开【合成设置】对话框，设置【合成名称】为"粒子飞舞"，【宽度】为720，【高度】为576，【帧速率】为25，【持续时间】为00:00:05:00秒。

步骤02 执行菜单栏中的【图层】|【新建】|【纯色】命令，打开【纯色设置】对话框，设置【名称】为"粒子"，【颜色】为黑色。

步骤03 为"粒子"层添加CC Particle World（CC 粒子仿真世界）特效。在【效果和预设】面板中展开【模拟】特效组，然后双击CC Particle World（CC 粒子仿真世界）特效。

步骤04 在【效果控件】面板中修改CC Particle World（CC 粒子仿真世界）特效的参数，设置Birth Rate（生长速率）的值为36，Longevity（寿命）的值为2；展开Producer（产生点）选项组，设置Position Z（Z轴Position）的值为-0.08，Radius X（X轴半径）的值为0，Radius Y（Y轴半径）的值为0.16，按住Alt键单击Position X（X轴位置）左侧的码表按钮，输入表达式wiggle(2,.5)；按住Alt键单击Position Y（Y轴位置）左侧的码表按钮，输入表达式wiggle(2,.3)；按住Alt键单击Radius Z（Z轴半径）左侧的码表按钮，输入表达式wiggle(1.5,3)，如图12.90所示。

图12.90 设置表达式

步骤05 展开Physics（物理学）选项组，设置Velocity（速率）的值为0.08，Gravity（重力）的值为0，Extra（额外）的值为0.65，Extra Angle（特殊角度）的值为1x+148，如图12.91所示。

图12.91 设置Physics（物理学）选项组参数

步骤06 展开Particle（粒子）选项组，从Particle Type（粒子类型）下拉列表框中选择Faded Sphere（衰减球状）选项，设置Birth Size（生长大小）的值为0.077，Death Size（消逝大小）的值为0.122，Volume Shade（体积阴影）的值为37%，如图12.92所示；合成窗口效果如图12.93所示。

图12.92 设置Particle（粒子） 图12.93 设置CC Particle World
选项组参数 （CC粒子仿真世界）特效后效果

步骤 07 为"粒子"层添加【发光】特效。在【效果和预设】面板中展开【风格化】特效组，然后双击【发光】特效。

步骤 08 在【效果控件】面板中修改【发光】特效的参数，设置【发光强度】的值为23，从【发光颜色】下拉列表框中选择【A和B颜色】选项，

【颜色A】为黄色（H：47；S：64，B:98），【颜色B】为棕色（H：25；S：99，B:61），如图12.94所示；合成窗口效果如图12.95所示。

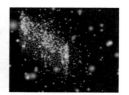

图12.94 设置【发光】特效参数 图12.95 设置【发光】特效后效果

步骤 09 这样就完成了粒子飞舞效果的整体制作，按小键盘上的"0"键，即可在合成窗口中预览动画。

实例142 墙面破碎出字

特效解析 本例主要讲解利用【碎片】特效制作墙面破碎出字效果。完成的动画流程画面如图12.96所示。

知识点 1.【碎片】特效
2.【矩形工具】

图12.96 动画流程画面

难易程度：★★★☆☆
工程文件：下载文件\工程文件\第12章\破碎出字
视频位置：下载文件\movie\实例142 墙面破碎出字.avi

操作步骤

步骤 01 执行菜单栏中的【文件】|【打开项目】命令，选择下载文件中的"工程文件\第12章\破碎出字\破碎出字练习.aep"文件并打开。

步骤 02 执行菜单栏中的【合成】|【新建合成】命令，打开【合成设置】对话框，设置【合成名称】为"文字"，【宽度】为720，【高度】为576，【帧速率】为25，【持续时间】为00:00:04:00秒。

步骤 03 在【项目】面板中选择"纹理"素材，将其拖动到"文字"合成的时间线面板中。

步骤 04 执行菜单栏中的【图层】|【新建】|【文本】命令，输入"墙面破碎"，设置字体为"华文行楷"，字号为25像素，字符间距为86，字体颜色为灰色（R:129，G:129，B:129；）如图12.97所示；合成窗口效果如图12.98所示。

步骤 05 执行菜单栏中的【合成】|【新建合成】命令，打开【合成设置】对话框，设置【合成名称】为"破裂"，【宽度】为720，【高度】为576，【帧速率】为25，【持续时间】为00:00:04:00秒。

图12.97 设置字体参数

图12.98 设置字体后效果

步骤 06 在【项目】面板中选择"文字"合成，将其拖动到"破裂"合成的时间线面板中。

步骤 07 执行菜单栏中的【图层】|【新建】|【灯光】命令，打开【灯光设置】对话框，从【灯光类型】下拉列表框中选择【点】选项，设置【颜色】为白色，【强度】为154%。

步骤 08 为"文字"文字层添加【碎片】特效。在【效果和预设】面板中展开【模拟】特效组，然后双击【碎片】特效。

步骤 09 在【效果控件】面板中修改【碎片】特效的参数，在【视图】下拉列表框中选择【已渲染】选项，从【渲染】下拉列表框中选择【块】选项；展开【形状】选项组，从【图案】下拉列表框中选择【玻璃】选项，设置【重复】的值为60，【凸出深度】的值为0.21，如图12.99所示。

步骤 10 展开【作用力 1】选项组，设置【深度】的值为0.05，【半径】的值为0.2；将时间调整到00:00:00:10帧的位置，设置【位置】的值为（-30，283），单击【位置】左侧的码表 按钮，在当前位置设置关键帧，如图12.100所示。

图12.99 设置【形状】选项组参数

图12.100 设置【位置】关键帧

步骤 11 将时间调整到00:00:03:07帧的位置，设置【位置】的值为（646，283），系统会自动设置关键帧，如图12.101所示。

图12.101 设置【位置】参数

步骤 12 展开【物理学】选项组，设置【旋转速度】的值为1，【随机性】的值为1，【粘度】的

值为0.1，【大规模方差】的值为25%，如图12.102所示。

图12.102 设置【物理学】参数

步骤 13 执行菜单栏中的【合成】|【新建合成】命令，打开【合成设置】对话框，设置【合成名称】为"蒙版动画"，【宽度】为720，【高度】为576，【帧速率】为25，【持续时间】为00:00:04:00秒。

步骤 14 在【项目】面板中选择"文字"合成，将其拖动到"蒙版动画"合成的时间线面板中。

步骤 15 将时间调整到00:00:00:10帧的位置，选择"文字"层，在工具栏中选择【矩形工具】 ，绘制一个长方形路径，按M键打开【蒙版路径】属性，选中【反选】复选框，单击【蒙版路径】左侧的码表 按钮，在当前位置设置关键帧，如图12.103所示。

步骤 16 将时间调整到00:00:02:18帧的位置，选择矩形左侧两个描点并从左侧拖动到右侧，系统会自动设置关键帧，如图12.104所示。

图12.103 绘制矩形路径　　图12.104 2秒18帧蒙版效果

步骤 17 在【项目】面板中选择"破裂"和"蒙版动画"合成，将其拖动到"破碎出字"合成的时间线面板中。

步骤 18 在时间线面板中，设置"蒙版动画"的【模式】为【相乘】，如图12.105所示；合成窗口效果如图12.106所示。

图12.105 设置模式　　图12.106 设置模式后的效果

步骤 19 这样就完成了墙面破碎出字的整体制作，按小键盘上的"0"键，即可在合成窗口中预览动画。

第13章 动漫特效及游戏场景合成

内容摘要

　　本章主要讲解动漫特效及场景合成特效的制作。通过4个案例，详细讲解动漫特效及场景合成的制作技巧。

教学目标

◆ 掌握魔戒动画特效的制作方法
◆ 掌握哈利魔球动漫特效的制作方法
◆ 掌握星光之源特效场景合成技术
◆ 掌握魔法火焰魔法场景的合成技术

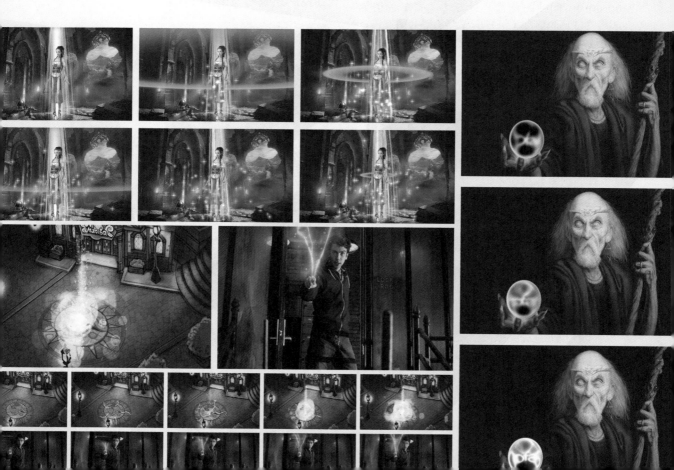

13.1 魔戒

特效解析 本例主要讲解CC Particle Word（CC 粒子仿真世界）特效、【快速方框模糊】特效、【网格变形】特效及CC Vector Blur（CC 矢量模糊）特效的使用。完成的动画流程画面如图13.1所示。

知识点
1. 【CC 粒子仿真世界】特效
2. 【CC 矢量模糊】特效
3. 【快速方框模糊】特效

图13.1 动画流程画面

难易程度：★★★☆☆
工程文件：下载文件\工程文件\第13章\魔戒
视频位置：下载文件\movie\13.1 魔戒.avi

操作步骤

实例143 制作光线合成

步骤 01 执行菜单栏中的【合成】|【新建合成】命令，打开【合成设置】对话框，设置【合成名称】为"光线"，【宽度】为1024，【高度】为576，【帧速率】为25，【持续时间】为00:00:03:00秒，如图13.2所示。

步骤 02 执行菜单栏中的【图层】|【新建】|【纯色】命令，打开【纯色设置】对话框，设置【名称】为"黑背景"，【颜色】为黑色，如图13.3所示。

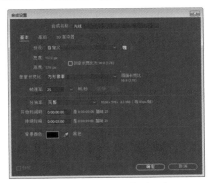

图13.2 【合成设置】对话框

图13.3 【纯色设置】对话框

步骤 03 执行菜单栏中的【图层】|【新建】|【纯色】命令，打开【纯色设置】对话框，设置【名称】为"内部线条"，【颜色】为白色，如图13.4所示。

步骤 04 选中"内部线条"层，在【效果和预设】面板中展开【模拟】特效组，双击CC Particle World（CC 粒子仿真世界）特效，如图13.5所示。

图13.4 【纯色设置】对话框　图13.5 添加CC Particle World（CC 粒子仿真世界）特效

步骤 05 在【效果控件】面板中设置 Birth Rate（出生率）的值为0.8，Longevity（寿命）的值为1.29；展开Producer（发生器）选项组，设置Position X（X轴位置）数值为-0.45，Position Z（Z轴位置）的值为0，Radius Y（Y轴半径）数值为0.02，Radius Z（Z轴半径）的值为0.195，如图13.6所示；效果如图13.7所示。

图13.6 设置Producer（发生器）　图13.7 画面效果
选项组参数

步骤 06 展开Physics（物理学）选项组，从Animation（动画）右侧的下拉列表框中选择Direction Axis（沿轴发射）选项，设置Gravity（重力）数值为0，如图13.8所示；效果如图13.9所示。

图13.8 设置Physics（物理学）　图13.9 画面效果
选项组参数

步骤 07 选中"内部线条"层，在【效果控件】面板中，按住Alt键单击Velocity（速度）左侧的码表按钮，在时间线面板中输入wiggle(8,.25)，如图13.10所示。

图13.10 设置表达式

步骤 08 展开Particle（粒子）选项组，从Particle Type（粒子类型）右侧的下拉列表框中选择Lens Convex（凸透镜）选项，设置Birth Size（产生粒子大小）数值为0.21，Death Size（死亡粒子大小）数值为0.46，如图13.11所示；效果如图13.12所示。

图13.11 设置Particle（粒子）　图13.12 画面效果
选项组参数

步骤 09 为了使粒子达到模糊效果，继续添加特效。选中"内部线条"层，在【效果和预设】面板中展开【模糊和锐化】特效组，双击【快速方框模糊】特效，如图13.13所示。

步骤 10 【效果控件】面板中设置【模糊半径】数值为41，效果如图13.14所示。

图13.13 添加【快速方框模糊】特效　图13.14 画面效果

步骤 11 在【效果和预设】面板中展开【模糊和锐化】特效组，然后双击CC Vector Blur（CC矢量模糊）特效，如图13.15所示。

步骤 12 设置Amount（数量）数值为88，从Property（参数）右侧的下拉列表框中选择Alpha（Alpha通道）选项，如图13.16所示。

图13.15 添加CC Vector Blur　图13.16 设置参数
（CC矢量模糊）特效

步骤 13 这样"内部线条"就制作完成了，下面来制作分散线条。执行菜单栏中的【图层】|【新建】|【纯色】命令，打开【纯色设置】对话框，如图

设置【名称】为"分散线条"，【颜色】为白色，如图13.17所示。

步骤14 选中"分散线条"层，在【效果和预设】面板中展开【模拟】特效组，双击CC Particle World（CC 粒子仿真世界）特效，如图13.18所示。

图13.17 【纯色设置】对话框　图13.18 添加CC Particle World
（CC 粒子仿真世界）特效

步骤15 【效果控件】面板中设置 Birth Rate（出生率）数值为1.7，Longevity（寿命）数值为1.17；展开Producer（发生器）选项组，设置Position X（X轴位置）数值为-0.36，Position Z（Z轴位置）数值为0，Radius Y（Y轴半径）数值为0.22，Radius Z（Z轴半径）数值为0.015，如图13.19所示；合成窗口效果如图13.20所示。

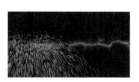

图13.19 设置Producer（发生器）　　图13.20 画面效果
选项组参数

步骤16 展开Physics（物理学）选项组，从Animation（动画）右侧的下拉列表框中选择Direction Axis（沿轴发射）选项，设置Gravity（重力）数值为0，如图13.21所示；效果如图13.22所示。

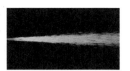

图13.21 设置Physics（物理学）　　图13.22 画面效果
选项组参数

步骤17 选中"内部线条"层，在【效果控件】面板中，按住Alt键单击Velocity（速度）左侧的码表按钮，在时间线面板中输入wiggle(8,.4)，如图13.23所示。

图13.23 设置表达式

步骤18 展开Particle（粒子）选项组，从Particle Type（粒子类型）右侧下拉列表框中选择Lens Convex（凸透镜）选项，设置Birth Size（产生粒子颜色）数值为0.1，Death Size（死亡粒子颜色）数值为0.1，Size Variation（大小随机）数值为61%，Max Opacity（最大透明度）数值为100%，如图13.24所示；效果如图13.25所示。

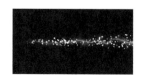

图13.24 设置Particle（粒子）参数　图13.25 画面效果

步骤19 为了使粒子达到模糊效果，继续添加特效。选中"分散线条"层，在【效果和预设】面板中展开【模糊和锐化】特效组，双击【快速方框模糊】特效，如图13.26所示。

步骤20 【效果控件】面板中设置【模糊半径】数值为40，效果如图13.27所示。

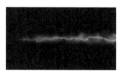

图13.26 添加【快速方框模糊】特效　图13.27 画面效果

步骤21 为了使粒子产生一些扩散线条的效果，在【效果和预设】面板中展开【模糊和锐化】特效组，然后双击CC Vector Blur（CC矢量模糊）特效，如图13.28所示。

步骤22 设置Amount（数量）数值为25，从Property（参数）右侧的下拉列表框中选择Alpha（Alpha通道）选项，如图13.29所示。

图13.28 添加特效　　　　图13.29 设置参数

步骤23 执行菜单栏中的【图层】|【新建】|【纯色】命令，打开【纯色设置】对话框，设置【名称】为"点光"，【颜色】为白色，如图13.30所示。

步骤24 选中"点光"层，在【效果和预设】面板中展开【模拟】特效组，然后双击CC Particle World（CC 粒子仿真世界）特效，如图13.31所示。

图13.30 【纯色设置】对话框　图13.31 添加CC Particle World（CC 粒子仿真世界）特效

步骤 25 【效果控件】面板中设置 Birth Rate（出生率）数值为0.1，Longevity（寿命）数值为2.79；展开Producer（发生器）选项组，设置Position X（X轴位置）数值为-0.45，Position Z（Z轴位置）数值为0，Radius Y（Y轴半径）数值为0.3，Radius Z（Z轴半径）数值为0.195，如图13.32所示；效果如图13.33所示。

步骤 26 展开Physics（物理学）选项组，从Animation（动画）右侧的下拉列表框中选择Direction Axis（沿轴发射）运动效果，设置Velocity（速度）数值为0.25，Gravity（重力）数值为0，如图13.34所示；效果如图13.35所示。

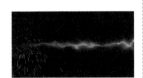

图13.32 设置Producer（发生器）　　图13.33 画面效果
选项组参数

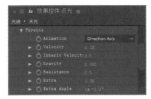

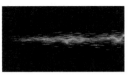

图13.34 设置Physics（物理学）　　图13.35 画面效果
选项组参数

步骤 27 展开Particle（粒子）选项组，从Particle Type（粒子类型）右侧下拉列表框中选择Lens Convex（凸透镜）粒子类型，设置Birth Size（产生粒子颜色）数值为0.04，Death Size（死亡粒子颜色）数值为0.02，如图13.36所示；效果如图13.37所示。

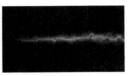

图13.36 设置Particle（粒子）参数　　图13.37 画面效果

步骤 28 选中"点光"层，将时间调整到00:00:00:22帧的位置，按住Alt键+[组合键以当前时间为入点，将其入点调整到开始位置，如图13.38所示。

图13.38 设置层入点

步骤 29 拖动"点光"层后面边缘，使其与"分散线条"的尾部对齐，如图13.39所示。

图13.39 层设置

步骤 30 将时间调整到00:00:00:00帧的位置，选中"点光"层，按T键展开【不透明度】属性，设置【不透明度】数值为0，单击码表按钮，在当前位置添加关键帧；将时间调整到00:00:00:09帧的位置，设置【不透明度】数值为100%，系统会自动创建关键帧，如图13.40所示。

图13.40 设置关键帧

步骤 31 执行菜单栏中的【图层】|【新建】|【调整图层】命令，打开【纯色设置】对话框，设置【名称】为"调整图层 1"。

步骤 32 选中"调整图层 1"，在【效果和预设】面板中展开【扭曲】特效组，双击【网格变形】特效，如图13.41所示；效果如图13.42所示。

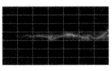

图13.41 添加【网格变形】特效　　图13.42 画面效果

步骤 33 【效果控件】面板中设置【行数】数值为4，【列数】数值为4，如图13.43所示；调整网格形状，效果如图13.44所示。

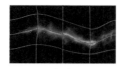

图13.43 设置【网格变形】参数　图13.44 调整【网格变形】
　　　　　　　　　　　　　　　特效后效果

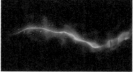

图13.45 其中几帧动画效果

步骤 34 这样"光线"合成就制作完成了，按小键盘上的"0"键预览其中几帧动画效果，如图13.45所示。

实例144　制作蒙版合成

步骤 01 执行菜单栏中的【合成】|【新建合成】命令，打开【合成设置】对话框，设置【合成名称】为"蒙版合成"，【宽度】为1024，【高度】为576，【帧速率】为25，【持续时间】为00:00:03:00秒，如图13.46所示。

图13.46 【合成设置】对话框

步骤 02 执行菜单栏中的【文件】|【导入】|【文件】命令，打开【导入文件】对话框，选择下载文件中的"工程文件\第13章\魔戒\背景.jpg"素材，如图13.47所示。单击【导入】按钮，素材将导入到【项目】面板中。

图13.47 【导入文件】对话框

步骤 03 从【项目】面板拖动"背景.jpg、光线"素材到"蒙版合成"时间线面板中，如图13.48所示。

图13.48 添加素材

步骤 04 选中"光线"层，按Enter（回车）键重新命名为"光线1"，并将其图层模式设置为【屏幕】，如图13.49所示。

图13.49 层设置

步骤 05 选中"光线1"层，按P键展开【位置】属性，设置【位置】数值为（366，-168），按R键展开【旋转】属性，设置【旋转】数值为-100，如图13.50所示。

图13.50 设置参数

步骤 06 选中"光线1"，在【效果和预设】面板中展开【颜色校正】特效组，双击【曲线】特效，如图13.51所示；默认【曲线】形状如图13.52所示。

图13.51 添加特效　　图13.52 默认曲线形状

步骤 07　【效果控件】面板中调整曲线形状，如图13.53所示。

步骤 08　从【通道】右侧下拉列表框中选择【红色】通道，调整曲线形状，如图13.54所示。

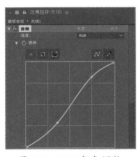　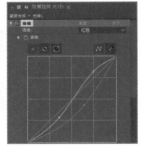

图13.53 RGB颜色调整　　图13.54 红色颜色调整

步骤 09　从【通道】右侧下拉列表框中选择【绿色】通道，调整曲线形状，如图13.55所示。

步骤 10　从【通道】右侧下拉列表框中选择【蓝色】通道，调整曲线形状，如图13.56所示。

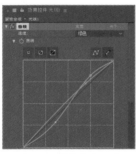　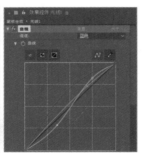

图13.55 绿色颜色调整　　图13.56 蓝色颜色调整

步骤 11　选中"光线1"，在【效果和预设】面板中展开【颜色校正】特效组，双击【色调】特效，如图13.57所示；设置【着色数量】为50%，效果如图13.58所示。

图13.57 添加特效　　图13.58 图像效果

步骤 12　选中"光线1"，按Ctrl+D组合键复制出"光线2"，如图13.59所示。

图13.59 复制层

步骤 13　选中"光线2"层，按P键展开【位置】属性，设置【位置】数值为（480，-204），按R键展开【旋转】属性，设置【旋转】数值为-81，如图13.60所示。

图13.60 设置【旋转】参数

步骤 14　选中"光线2"，按Ctrl+D组合键复制出"光线3"，如图13.61所示。

步骤 15　选中"光线3"层，按P键展开【位置】属性，设置【位置】数值为（596，-138），按R键展开【旋转】属性，设置【旋转】数值为-64，如图13.62所示。

图13.61 复制层

图13.62 设置参数

实例145 制作总合成

步骤 01 执行菜单栏中的【合成】|【新建合成】命令，打开【合成设置】对话框，设置【合成名称】为"总合成"，【宽度】为1024，【高度】为576，【帧速率】为25，【持续时间】为00:00:03:00秒。

步骤 02 从【项目】面板拖动"背景.jpg、蒙版合成"素材到"总合成"时间线面板中，如图13.63所示。

图13.63 添加素材

步骤 03 选中"蒙版合成"，选择工具栏中的【矩形工具】■，在总合成窗口中绘制矩形蒙版，如图13.64所示。

图13.64 绘制蒙版

步骤 04 将时间调整到00:00:00:00帧的位置，拖动蒙版上方两个锚点向下移动，直到看不到光线为止，单击码表按钮，在当前位置添加关键帧；将时间调整到00:00:01:18帧的位置，拖动蒙版上方两个锚点向上移动，系统会自动创建关键帧，效果如图13.65所示。

图13.65 动画效果

步骤 05 选中"蒙版 1"层，按F键展开【蒙版羽化】属性，设置【蒙版羽化】数值为（50，50），如图13.66所示。

图13.66 设置蒙版羽化参数

步骤 06 这样"魔戒"动画就制作完成了，按小键盘上的"0"键预览其中几帧动画效果，如图13.67所示。

图13.67 其中几帧动画效果

13.2 哈利魔球

特效解析：本例主要讲解利用CC Particle Word（CC粒子仿真世界）特效、【湍流置换】特效及CC Lens（CC镜头）特效制作哈利魔球动画效果。完成的动画流程画面如图13.68所示。

知识点：
1.【CC粒子仿真世界】特效
2.【湍流置换】特效
3.【CC镜头】特效

图13.68 动画流程画面

难易程度：★★☆☆☆
工程文件：下载文件\工程文件\第13章\哈利魔球
视频位置：下载文件\movie\13.2 哈利魔球.avi

操作步骤

实例146 制作文字合成

步骤01 执行菜单栏中的【合成】|【新建合成】命令，打开【合成设置】对话框，设置【合成名称】为"文字"，【宽度】为720，【高度】为576，【帧速率】为25，【持续时间】为00:00:03:00秒，如图13.69所示。

图13.69 【合成设置】对话框

步骤02 执行菜单栏中的【图层】|【新建】|【文本】命令，在"文字"的合成窗口中输入"ha li"，在【字符】面板中设置字体为BrowalliaUPC，字号为50像素，字体颜色为白色，如图13.70所示。

步骤03 选中"ha li"文字层，按P键展开【位置】属性，设置【位置】数值为（146，230），如图13.71所示；效果如图13.72所示。

图13.70 设置字体参数

图13.71 设置【位置】参数

图13.72 画面效果

步骤 04 执行菜单栏中的【图层】|【新建】|【文本】命令，在"文字"的合成窗口中输入"mofa"，在【字符】面板中设置字体为IrisUPC，字号为158像素，字体颜色为白色，如图13.73所示。

步骤 05 选中"Dongli"文字层，按P键展开【位置】属性，设置【位置】数值为（190，326），效果如图13.74所示。

图13.73 设置字体参数　　　图13.74 画面效果

实例147　制作烟雾合成

步骤 01 执行菜单栏中的【合成】|【新建合成】命令，打开【合成设置】对话框，设置【合成名称】为"烟雾"，【宽度】为720，【高度】为576，【帧速率】为25，【持续时间】为00:00:03:00秒，如图13.75所示。

图13.75 【合成设置】对话框

步骤 02 执行菜单栏中的【图层】|【新建】|【纯色】命令，打开【纯色设置】对话框，设置【名称】为"白背景"，【颜色】为白色，如图13.76所示。

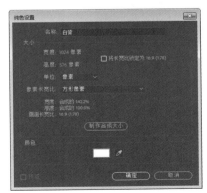

图13.76 【纯色设置】对话框

步骤 03 执行菜单栏中的【图层】|【新建】|【纯色】命令，打开【纯色设置】对话框，设置【名称】为"点粒子"，【颜色】为黑色。

步骤 04 选中"点粒子"层，在【效果和预设】面板中展开【模拟】特效组，双击CC Particle World（CC 粒子仿真世界）特效；如图13.77所示，效果如图13.78所示。

图13.77 添加特效　　　图13.78 画面效果

步骤 05 在【效果控件】面板中设置 Birth Rate（出生率）数值为0.4，Longevity（寿命）数值为8.87；展开Producer（发生器）选项组，设置Position X（X轴位置）数值为-0.43，Position Z（Z轴位置）数值为0.12，Radius Y（Y轴半径）数值为0.07，Radius Z（Z轴半径）数值为0.315，如图13.79所示。

步骤 06 展开Physics（物理学）选项组，从Animation（动画）右侧的下拉列表框中选择Direction Axis（沿轴发射）运动效果，设置Gravity（重力）数值为0，Extra（追加）数值为-0.21，如图13.80所示。

图13.79 设置Producer（发生器）　图13.80 设置Physics（物理学）
　　　　选项组参数　　　　　　　　　选项组参数

步骤 07 选中"点粒子"层，在【效果控件】面板中，按住Alt键单击Velocity（速度）左侧的码表按钮，在时间线面板中输入wiggle(7,.25)，如图13.81所示。

图13.81 设置表达式

步骤 08 展开Particle（粒子）选项组，从Particle Type（粒子类型）右侧下拉列表框中选择Lens Convex（凸透镜）粒子类型，设置Birth Size（产生粒子大小）数值为0.045，Death Size（死亡粒子大小）数值为0.025，如图13.82所示。

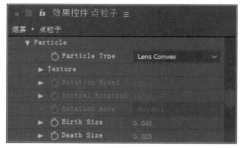

图13.82 设置Particle（粒子）参数

步骤 09 执行菜单栏中的【图层】|【新建】|【纯色】命令，打开【纯色设置】对话框，设置【名称】为"扩散粒子"，【颜色】为黑色。

步骤 10 选中"扩散粒子"层，在【效果和预设】面板中展开【模拟】特效组，双击CC Particle World（CC 粒子仿真世界）特效，如图13.83所示；效果如图13.84所示。

图13.83 添加特效　　　　图13.84 画面效果

步骤 11 在【效果控件】面板中展开Producer（发生器）选项组，设置Position X（X轴位置）数值为-0.43，Position Z（Z轴位置）数值为0.12，Radius Y（Y轴半径）数值为0.12，Radius Z（Z轴半径）数值为0.315，如图13.85所示；效果如图13.86所示。

步骤 12 展开Physics（物理学）选项组，从Animation（动画）右侧的下拉列表框中选择Direction Axis（沿轴发射），设置Gravity（重力）数值为0，Extra（追加）数值为-0.21，如图13.87所示；效果如图13.88所示。

图13.85 设置Producer（发生器）参数　　图13.86 画面效果

图13.87 设置Physics（物理学）参数　　图13.88 画面效果

步骤 13 选中"扩散粒子"层，在【效果控件】面板中，按住Alt键单击Velocity（速度）左侧的码表按钮，在时间线面板中输入wiggle(7,.25)，如图13.89所示。

图13.89 设置表达式

步骤 14 展开Particle（粒子）选项组，从Particle Type（粒子类型）右侧下拉列表框中选择Lens Convex（凸透镜）选项，如图13.90所示；效果如图13.91所示。

图13.90 设置Particle（粒子）参数　　图13.91 画面效果

步骤 15 为了使粒子达到模糊效果，继续添加特效。选中"扩散粒子"层，在【效果和预设】面板中展开【模糊和锐化】特效组，双击【快速方框模糊】特效，如图13.92所示。

步骤 16 在【效果控件】面板中设置【模糊度】数值为45，效果如图13.93所示。

图13.92 添加特效　　　　图13.93 画面效果

步骤 17 为了使粒子产生一些扩散线条的效果，在【效果和预设】面板中展开【模糊和锐化】特效组，然后双击CC Vector Blur（CC矢量模糊）特效，如图13.94所示。

步骤 18 设置Amount（数量）数值为91，从Property（参数）右侧的下拉列表框中选择Alpha（Alpha通道）选项，如图13.95所示。

图13.94 添加特效　　　图13.95 参数设置

步骤 19 执行菜单栏中的【图层】|【新建】|【纯色】命令，打开【纯色设置】对话框，设置【名称】为"线粒子"，【颜色】为黑色。

步骤 20 选中"线粒子"层，在【效果和预设】面板中展开【模拟】特效组，双击CC Particle World（CC粒子仿真世界）特效，如图13.96所示；效果如图13.97所示。

图13.96 添加特效　　　图13.97 画面效果

步骤 21 在【效果控件】面板中展开Producer（发生器）选项组，设置Position X（X轴位置）数值为-0.43，Position Z（Z轴位置）数值为0.12，Radius Y（Y轴半径）数值为0.01，Radius Z（Z轴半径）数值为0.315，如图13.98所示；效果如图13.99所示。

图13.98 设置Producer（发生器）参数　　图13.99 画面效果

步骤 22 展开Physics（物理学）选项组，从Animation（动画）右侧的下拉列表框中选择Direction Axis（沿轴发射）选项，设置Gravity（重力）数值为0，Extra（追加）数值为-0.21，如图13.100所示；效果如图13.101所示。

图13.100 设置Physics（物理学）参数　图13.101 画面效果

步骤 23 选中"线粒子"层，在【效果控件】面板中，按住Alt键单击Velocity（速度）左侧的码表按钮，在时间线面板中输入wiggle(7,.25)，如图13.102所示。

图13.102 设置表达式

步骤 24 展开Particle（粒子）选项组，从Particle Type（粒子类型）右侧下拉列表框中选择Lens Convex（凸透镜）选项，如图13.103所示；效果如图13.104所示。

图13.103 设置Particle（粒子）参数　　图13.104 画面效果

步骤 25 为了使粒子达到模糊效果，继续添加特效。选中"线粒子"层，在【效果和预设】面板中展开【模糊和锐化】特效组，双击【快速方框模糊】特效，如图13.105所示。

步骤 26 在【效果控件】面板中设置【模糊半径】数值为22，效果如图13.106所示。

图13.105 添加特效　　　图13.106 画面效果

步骤 27 为了使粒子产生一些扩散线条的效果，在【效果和预设】面板中展开【模糊和锐化】特效组，双击CC Vector Blur（CC矢量模糊）特效，如图13.107所示。

步骤 28 设置Amount（数量）数值为23，从Property（参数）右侧的下拉列表框中选择Alpha（Alpha通道）选项，如图13.108所示。

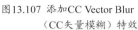

图13.107 添加CC Vector Blur
（CC矢量模糊）特效

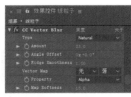

图13.108 设置参数

参数如图13.110所示。

图13.110 设置【位置】参数

步骤 29 执行菜单栏中的【图层】|【新建】|【摄像机】命令，设置【预设】为50毫米，打开【摄像机设置】对话框，单击【确定】按钮，如图13.109所示。

步骤 31 这样就完成了烟雾动画，其中几帧动画效果如图13.111所示。

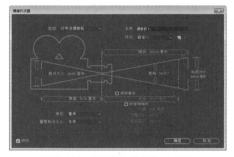

图13.109 【摄像机设置】对话框

步骤 30 选中"摄像机1"层，按P键展开【位置】属性，设置【位置】数值为（606，155，-738），

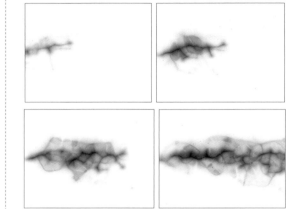

图13.111 其中几帧动画效果

实例148 制作小合成

步骤 01 执行菜单栏中的【合成】|【新建合成】命令，打开【合成设置】对话框，新建一个【合成名称】为"小合成"，【宽度】为720，【高度】为576，【帧速率】为25，【持续时间】为00:00:03:00秒的合成，如图13.112所示。

图13.113 【纯色设置】对话框

步骤 03 将【项目】面板中"文字"合成拖动到"小合成"时间线面板中，如图13.114所示。

图13.112 【合成设置】对话框

图13.114 层设置

步骤 02 执行菜单栏中的【图层】|【新建】|【纯色】命令，打开【纯色设置】对话框，设置【名称】为"黑背景"，【颜色】为黑色，如图13.113所示。

步骤 04 将时间调整到00:00:00:20帧的位置，选中

"文字"合成,按T键展开【不透明度】属性,设置【不透明度】数值为0,单击码表按钮,在当前位置添加关键帧;将时间调整到00:00:01:09帧的位置,设置【不透明度】数值为100%,如图13.115所示。

图13.115 设置关键帧

步骤 05 给"文字"合成添加特效,在【效果和预设】面板中展开【扭曲】特效组,双击【湍流置换】特效,如图13.116所示;此时画面效果如图13.117所示。

图13.116 添加【湍流置换】特效　　图13.117 画面效果

步骤 06 在【效果控件】面板中设置【大小】数值为24,如图13.118所示;效果如图13.119所示。

图13.118 设置参数　　　　图13.119 画面效果

步骤 07 将时间调整到00:00:01:10帧的位置,选中"文字"合成,设置【数量】数值为50,单击码表按钮,在当前位置添加关键帧;将时间调整到00:00:01:24帧的位置,设置【数量】数值为0,按F9键,使关键帧更平滑,如图13.120所示。

图13.120 设置关键帧

步骤 08 在【效果控件】面板中,按住Alt键单击【演化】左侧的码表按钮,在时间线面板中输入time*500,如图13.121所示。

图13.121 设置表达式

步骤 09 为了使文字具有发光效果,在【效果和预设】面板中展开【风格化】特效组,双击【发光】特效,如图13.122所示;此时画面效果如图13.123所示。

图13.122 添加特效　　　　图13.123 画面效果

步骤 10 在【效果控件】面板中设置【发光半径】数值为16,如图13.124所示;效果如图13.125所示。

图13.124 设置【发光】特效参数　图13.125 设置【发光】
　　　　　　　　　　　　　　　　　特效后效果

步骤 11 为了使文字具有模糊效果,在【效果和预设】面板中展开【模糊和锐化】特效组,双击【快速方框模糊】特效,如图13.126所示。

图13.126 添加【快速方框模糊】特效

步骤 12 将时间调整到00:00:01:02帧的位置,设置【模糊半径】数值为16,单击码表按钮,在当前位置添加关键帧;将时间调整到00:00:01:07帧的位置,设置【模糊半径】数值为0,系统会自动创建关键帧,如图13.127所示。

图13.127 设置关键帧

步骤 13 将【项目】面板中"烟雾"合成拖动到"小合成"时间线面板中，如图13.128所示。

图13.128 层设置

步骤 14 选中"烟雾"层，在【效果和预设】面板中展开【通道】特效组，双击【反转】特效，如图13.129所示；不更改任何数值，效果如图13.130所示。

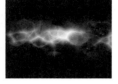

图13.129 添加特效　　图13.130 画面效果

步骤 15 设置"烟雾"层的图层模式为【屏幕】，如图13.131所示。

图13.131 设置图层模式

步骤 16 执行菜单栏中的【图层】|【新建】|【纯色】命令，打开【纯色设置】对话框，设置【名称】为"渐变层"，【颜色】为黑色，如图13.132所示。

图13.132 【纯色设置】对话框

步骤 17 选中"渐变层"，在【效果和预设】面板中展开【生成】特效组，双击【梯度渐变】特效，如图13.133所示。

图13.133 添加特效

步骤 18 在【效果控件】面板中设置【渐变起点】数值为（355，278），【起始颜色】为粉红色（R:243，G:112，B:112），【渐变终点】数值为（375，732），【结束颜色】为青色（R:77，G:211，B:235），从【渐变形状】右侧的下拉列表框中选择【径向渐变】选项，如图13.134所示；效果如图13.135所示。

图13.134 设置参数　　图13.135 画面效果

步骤 19 在时间线面板中设置"渐变层"的图层模式为【颜色加深】，如图13.136所示；效果如图13.137所示。

图13.136 设置图层模式

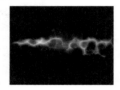

图13.137 画面效果

步骤 20 执行菜单栏中的【图层】|【新建】|【纯色】命令，打开【纯色设置】对话框，设置【名称】为"圆蒙版"，【颜色】为粉色（R:254，G:97，B:97），如图13.138所示。

步骤 21 选中"圆蒙版"层，选择工具栏中的【椭圆工具】，在"小合成"合成窗口中绘制一个正圆蒙板，如图13.139所示。

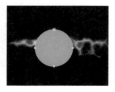

图13.138 【纯色设置】对话框　　图13.139 绘制蒙版

步骤22 选中"蒙版 1"层，按Ctrl+D组合键复制出"蒙版 2"层，设置"蒙版 2"模式为【相减】，如图13.140所示。

图13.140 蒙版设置

步骤23 选中"蒙版 2"层，按F键展开【蒙版羽化】属性，设置【蒙版羽化】数值为（70，70），如图13.141所示。

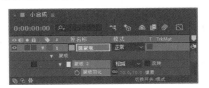

图13.141 设置蒙版羽化参数

步骤24 这样就完成了小合成的动画制作，其中几帧动画效果，如图13.142所示。

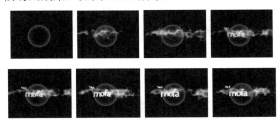

图13.142 小合成动画效果

实例149 制作总合成

步骤01 执行菜单栏中的【合成】|【新建合成】命令，打开【合成设置】对话框，新建一个【合成名称】为"总合成"，【宽度】为1024，【高度】为576，【帧速率】为25，【持续时间】为00:00:03:00秒的合成，如图13.143所示。

图13.143 【合成设置】对话框

步骤02 执行菜单栏中的【文件】|【导入】|【文件】命令，打开【导入文件】对话框，选择下载文件中的"工程文件\第13章\哈利魔球\背景.jpg"素材，如图13.144所示。单击【导入】按钮，素材将导入到【项目】面板中。

图13.144 【导入文件】对话框

步骤03 从【项目】面板拖动"背景.jpg"素材到"总合成"时间线面板中，如图13.145所示。

图13.145 添加素材

步骤04 选中"背景"层，在【效果和预设】面板中展开【颜色校正】特效组，双击【色相/饱和度】特效，如图13.146所示；此时画面效果如图13.147所示。

图13.146 添加特效

图13.147 画面效果

步骤 05 在【效果控件】面板中设置【主色相】数值为22，如图13.148所示；效果如图13.149所示。

图13.148 设置参数

图13.149 画面效果

步骤 06 从【项目】面板拖动"小合成"素材到"总合成"时间线面板中，如图13.150所示。

图13.150 添加"小合成"

步骤 07 选中"小合成"层，在【效果和预设】面板中展开【扭曲】特效组，双击CC Lens（CC镜头）特效，如图13.151所示；此时画面效果如图13.152所示。

图13.151 添加特效

图13.152 画面效果

步骤 08 在【效果控件】面板中设置Center（中心）数值为（332，294），【大小】数值为29，如图13.153所示；效果如图13.154所示。

图13.153 设置参数

图13.154 设置参数后效果

步骤 09 选中"小合成"层，在【效果和预设】面板中展开【颜色校正】特效组，双击【色相/饱和度】特效，如图13.155所示；此时画面效果如图13.156所示。

图13.155 添加特效

图13.156 画面效果

步骤 10 在【效果控件】面板中设置【主色相】数值为62，如图13.157所示；效果如图13.158所示。

图13.157 设置参数

图13.158 画面效果

步骤 11 选中"小合成"层，按P键展开【位置】属性，设置【位置】数值为（298，422），按S键展开【缩放】属性，设置【缩放】数值为（53，53），如图13.159所示。

图13.159 设置参数

步骤 12 将时间调整到00:00:00:07帧的位置，展开【不透明度】属性，设置【不透明度】数值为0，单击码表按钮，在当前位置添加关键帧；将时间调整到00:00:00:09帧的位置，设置【不透明度】数值为100%，如图13.160所示。

图13.160 设置关键帧

步骤 13 这样就完成了哈利魔球效果的制作，按小键盘上的"0"键进行预览，其中几帧画面效果如图13.161所示。

图13.161 其中几帧动画效果

13.3 星光之源

特效解析 本例主要讲解利用【分形杂色】特效、【曲线】特效、【贝塞尔曲线变形】特效及【蒙版】命令制作星光之源动画效果。完成的动画流程画面如图13.162所示。

知识点
1. 【曲线】特效
2. 【贝塞尔曲线变形】特效
3. 【分形杂色】特效

图13.162 动画流程画面

难易程度：★★★☆☆
工程文件：下载文件\工程文件\第13章\星光之源
视频位置：下载文件\movie\13.3 星光之源.avi

操作步骤

实例150 制作绿色光环合成

步骤01 执行菜单栏中的【合成】|【新建合成】命令，打开【合成设置】对话框，设置【合成名称】为"绿色光环"，【宽度】为1024，【高度】为576，【帧速率】为25，【持续时间】为00:00:05:00秒，如图13.163所示。

步骤02 执行菜单栏中的【文件】|【导入】|【文件】命令，打开【导入文件】对话框，选择下载文件中的"工程文件\第13章\星光之源\背景.png、人物.png"素材，如图13.164所示。单击【导入】按钮，"背景.png、人物.png"素材将导入到【项目】面板中。

步骤03 在【项目】面板中选择"人物.png"素材，将其拖动到"绿色光环"合成的时间线面板中，如图13.165所示。

图13.165 添加素材

步骤04 执行菜单栏中的【图层】|【新建】|【纯色】命令，打开【纯色设置】对话框，设置【名称】为"绿环"，【宽度】数值为1024像素，【高度】数值为576像素，【颜色】为绿色（R:144，G:215，B:68），如图13.166所示。

步骤05 选中"绿环"层，选择工具栏中的【椭圆工具】，在"绿色光环"合成窗口中绘制椭圆形蒙版，如图13.167所示。

图13.163 【合成设置】对话框　图13.164 【导入文件】对话框

图13.166 纯色设置

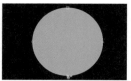

图13.167 绘制蒙版

步骤06 选中"绿环"层，按F键展开【蒙版羽化】属性，设置【蒙版羽化】数值为（5，5），如图13.168所示。

图13.168 设置【蒙版羽化】参数

步骤07 为了制作出圆环效果，再次选择工具栏中的【椭圆工具】 ，在合成窗口中绘制椭圆形蒙版，选择相减模式，如图13.169所示。

步骤08 选中"蒙版2"层，按F键展开【蒙版羽化】属性，设置【蒙版羽化】数值为（75，75），效果如图13.170所示。

图13.169 绘制蒙版

图13.170 蒙版羽化效果

步骤09 选中"绿环"层，单击三维层 按钮，将三维层打开，设置【方向】的值为（262，0，0），如图13.171所示。

图13.171 设置参数

步骤10 选中"绿环"层，将时间调整到00:00:00:00帧的位置，按S键展开【缩放】属性，设置【缩放】数值为（0，0，0），单击码表 按钮，在当前位置添加关键帧；将时间调整到00:00:00:14帧的位置，设置【缩放】数值为（599，599，599），系统会自动创建关键帧，如

图13.172所示。

图13.172 设置【缩放】关键帧

步骤11 将时间调整到00:00:00:11帧的位置，按T键展开【不透明度】属性，设置【不透明度】数值为100%，单击码表按钮，在当前位置添加关键帧；将时间调整到00:00:00:17帧的位置，设置【不透明度】数值为0，系统会自动创建关键帧，如图13.173所示。

图13.173 设置【不透明度】关键帧

步骤12 选中"绿环"层，设置其【模式】为【屏幕】，如图13.174所示。

图13.174 设置叠加模式

步骤13 执行菜单栏中的【图层】|【新建】|【纯色】命令，打开【纯色设置】对话框，设置【名称】为"蒙版"，【宽度】数值为1024像素，【高度】数值为576像素，【颜色】为黑色，如图13.175所示。

图13.175 【纯色设置】对话框

步骤14 选中"蒙版"层，按T键展开【不透明度】属性，设置【不透明度】数值为0%，如图13.176所示。

图13.176 设置【不透明度】参数

步骤15 选中"蒙版"层，选择选择工具栏中的【钢笔工具】■，在合成窗口中绘制蒙版，如图13.177所示。

步骤16 绘制完成后，将蒙版显示出来，按T键展开【不透明度】属性，设置【不透明度】数值为100%，效果如图13.178所示。

图13.177 绘制蒙版　　图13.178 不透明度效果

步骤17 选中"蒙版"层，设置其【模式】为【轮廓Alpha】，如图13.179所示。

图13.179 设置模式

步骤18 这样"绿色光环"合成就制作完成了，其中几帧动画效果如图13.180所示。

图13.180 其中几帧动画效果

实例151　制作星光之源合成

步骤01 执行菜单栏中的【合成】|【新建合成】命令，打开【合成设置】对话框，设置【合成名称】为"星光之源"，【宽度】为1024，【高度】为576，【帧速率】为25，【持续时间】为00:00:05:00秒。

步骤02 在【项目】面板中选择"背景.png"素材，将其拖动到"星光之源"合成的时间线面板中，如图13.181所示。

图13.181 添加素材

步骤03 选择"背景.png"层，在【效果和预设】面板中展开【颜色校正】特效组，双击【曲线】特效，如图13.182所示；默认曲线形状如图13.183所示。

图13.182 添加特效　　图13.183 默认曲线形状

提示技巧

【曲线】特效可以通过调整曲线的弯曲度或复杂度来调整图像的亮区和暗区的分布情况。

步骤04 在【效果控件】面板中，从【通道】下拉列表框中选择【红色】通道，调整曲线形状如图13.184所示；效果如图13.185所示。

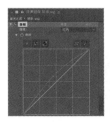

图13.184 调整红色通道曲线　　图13.185 画面效果

步骤05 从【通道】下拉列表框中选择【蓝色】通道，调整曲线形状如图13.186所示；效果如图13.187所示。

图13.186 调整蓝色通道曲线　　图13.187 画面效果

步骤06 执行菜单栏中的【图层】|【新建】|【纯色】命令，打开【纯色设置】对话框，设置【名色】命令，打开【纯色设置】对话框，设置【名

称】为"光线"，【宽度】数值为1024像素，【高度】数值为576像素，【颜色】为黑色，如图13.188所示。

步骤 07 选择"光线"层，在【效果和预设】面板中展开【杂色和颗粒】特效组，双击【分形杂色】特效，如图13.189所示。

图13.188 【纯色设置】对话框　　图13.189 添加特效

步骤 08 在【效果控件】面板中设置【对比度】数值为300，【亮度】数值为-47；展开【变换】选项组，撤选【统一缩放】复选框，设置【缩放宽度】数值为7，【缩放高度】数值为1394，如图13.190所示；效果如图13.191所示。

图13.190 设置参数　　　　图13.191 画面效果

步骤 09 在【效果控件】面板中，按住Alt键单击【演化】左侧的码表按钮，在"星光之源"时间线面板中输入"Time*500"，如图13.192所示。

图13.192 设置表达式

提示技巧

使用【分形杂色】特效，也可以轻松制作出各种云雾效果，还可以通过动画预置选项，制作出各种常用的动画画面。

步骤 10 选择"光线"层，设置其【模式】为【屏幕】，如图13.193所示。

图13.193 设置模式

步骤 11 调整光线颜色。在【效果和预设】面板中展开【颜色校正】特效组，双击【曲线】特效，如图13.194所示；默认曲线形状如图13.195所示。

图13.194 添加【曲线】特效　　图13.195 默认曲线形状

步骤 12 在【效果控件】面板中，从【通道】下拉列表框中选择【RGB】通道，调整曲线形状如图13.196所示；效果如图13.197所示。

图13.196 调整RGB通道曲线　　图13.197 画面效果

步骤 13 从【通道】下拉列表框中选择【绿色】通道，调整曲线形状如图13.198所示；效果如图13.199所示。

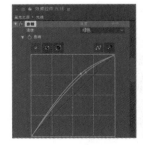

图13.198 调整绿色通道曲线　　图13.199 画面效果

步骤 14 选择"光线"层，在【效果和预设】面板中展开【风格化】特效组，双击【发光】特效，如图13.200所示；效果如图13.201所示。

图13.200 添加特效　　　　图13.201 画面效果

步骤 15 选中"光线"层，选择工具栏中的【矩形工具】■，在"星光之源"合成窗口中绘制矩形蒙版，如图13.202所示。

图13.202 绘制蒙版

步骤 16 选中"光线"层，按F键展开【蒙版羽化】属性，设置【蒙版羽化】数值为（45，45），如图13.203所示。

图13.203 设置【蒙版羽化】参数

步骤 17 选择"光线"层，在【效果和预设】面板中展开【扭曲】特效组，双击【贝塞尔曲线变形】特效，如图13.204所示；默认的贝塞尔曲线变形形状如图13.205所示。

图13.204 添加特效　　　图13.205 默认形状

提示技巧

【贝塞尔曲线变形】特效是在层的边界上沿一个封闭曲线来变形图像，图像每个角有3个控制点，角上的点为顶点，用来控制线段的位置，顶点两侧的两个点为切点，用来控制线段的弯曲曲率。

步骤 18 调整贝塞尔曲线变形形状，如图13.206所示。

图13.206 调整后的形状

步骤 19 执行菜单栏中的【图层】|【新建】|【纯色】命令，打开【纯色设置】对话框，设置【名称】为"中间光"，【宽度】数值为1024像素，【高度】数值为576像素，【颜色】为白色，如图13.207所示。

步骤 20 选中"中间光"层，单击工具栏中的【矩形工具】■按钮，在合成窗口中绘制矩形蒙版，如图13.208所示。

 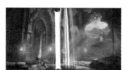

图13.207 【纯色设置】对话框　图13.208 绘制矩形蒙版

步骤 21 选中"中间光"层，按F键展开【蒙版羽化】属性，设置【蒙版羽化】数值为（25，25），如图13.209所示。

图13.209 设置【蒙版羽化】参数

步骤 22 选中"中间光"层，按P键展开【位置】属性，设置【位置】数值为（568，274），如图13.210所示。

图13.210 设置【位置】参数

步骤 23 为"中间光"添加高光效果，选中"中间光"层，在【效果和预设】面板中展开【风格化】特效组，双击【发光】特效；如图13.211所示，效果如图13.212所示。

图13.211 添加特效　　　图13.212 画面效果

提示技巧

【发光】特效可以寻找图像中亮度比较大的区域，然后对其周围的像素进行加亮处理，从而产生发光效果。

步骤 24 在【效果控件】面板中设置【发光阈值】数值为0，【发光半径】数值为43，从【发光颜色】下拉列表框中选择【A和B颜色】选项，【颜色A】为黄绿色（R:228，G:255，B:2），【颜色B】为黄色（R:252，G:255，B:2），如图13.213所

第13章　动漫特效及游戏场景合成

235

示；效果如图13.214所示。

图13.213 设置参数

图13.214 画面效果

步骤25 选中"中间光"层，将时间调整到00:00:00:00帧的位置，设置【不透明度】数值为100%，单击码表■按钮，在当前位置添加关键帧；将时间调整到00:00:00:02帧的位置，设置【不透明度】数值为50%，系统会自动创建关键帧，如图13.215所示。

图13.215 图层排列效果

步骤26 选中两个关键帧，按Ctrl+C组合键进行复制，将时间调整到00:00:00:04帧的位置，按Ctrl+V组合键进行粘贴；将时间调整到00:00:00:08帧的位置，按Ctrl+V组合键；将时间调整到00:00:00:12帧的位置，按Ctrl+V组合键；将时间调整到00:00:00:16帧的位置，按Ctrl+V组合键；将时间调整到00:00:00:20帧的位置，按Ctrl+V组合键；将时间调整到00:00:00:24帧的位置，按Ctrl+V组合键；将时间调整到00:00:01:03帧的位置，按Ctrl+V组合键；将时间调整到00:00:01:07帧的位置，按Ctrl+V组合键；将时间调整到00:00:01:11帧的位置，按Ctrl+V组合键；将时间调整到00:00:01:15帧的位置，按Ctrl+V组合键；将时间调整到00:00:01:19帧的位置，按Ctrl+V组合键；将时间调整到00:00:01:23帧的位置，按Ctrl+V组合键；将时间调整到00:00:02:02帧的位置，按Ctrl+V组合键；将时间调整到00:00:02:06帧的位置，按Ctrl+V组合键；将时间调整到00:00:02:10帧的位置，按Ctrl+V组合键；将时间调整到00:00:02:14帧的位置，按Ctrl+V组合键；将时间调整到00:00:02:18帧的位置，按Ctrl+V组合键；将时间调整到00:00:02:22帧的位置，设置【不透明度】数值为100%，系统会自动创建关键帧，如图13.216所示。

图13.216 设置关键帧

步骤27 在【项目】面板中，选择"人物.png、绿色光环"素材，将其拖动到"星光之源"合成的时间线面板中，如图13.217所示。

图13.217 添加素材

步骤28 选中"绿色光环"层，并将其重命名为"绿色光环1"，如图13.218所示。

图13.218 重命名设置

步骤29 选中"绿色光环1"层，按Ctrl+D组合键复制出"绿色光环2"层，并将"绿色光环2"层的入点设置在00:00:00:19帧的位置，如图13.219所示。

图13.219 设置"绿色光环2"起点

步骤30 选中"绿色光环2"层，按Ctrl+D组合键复制出"绿色光环3"层，并将"绿色光环3"层的入点设置在00:00:01:11帧的位置，如图13.220所示。

图13.220 设置"绿色光环3"起点

步骤31 执行菜单栏中的【图层】|【新建】|【纯色】命令，打开【纯色设置】对话框，设置【名称】为"Particular"，【宽度】数值为1024像素，【高度】数值为576像素，【颜色】为黑色，如图13.221所示。

步骤32 选中"Particular"层，在【效果和预设】面板中展开Trapcode特效组，双击Particular（粒子）特效，如图13.222所示。

图13.221 【纯色设置】对话框

图13.222 添加特效

步骤33 在【效果控件】面板中展开Emitter（发射器）选项组，设置Particular/sec（每秒发射的粒子数量）为90；从Emitter Type（发射器类型）下拉列表框中选择Box（盒子）选项，设置Position（位置）数值为（510，414，0），Velocity（速度）数值为340，Emitter Size X（发射器X轴大小）数值为146，Emitter Size Y（发射器Y轴大小）数值为154，Emitter Size Z轴（发射器Z轴大小）数值为579，如图13.223所示；效果如图13.224所示。

图13.223 设置Emitter（发射器）
参数选项组

图13.224 画面效果

步骤34 展开Particle（粒子）选项组，设置Life（生命）数值为1，从Particle Type（粒子类型）下拉列表框中选择Star（星形）选项，设置Color Random（颜色随机）数值为31，如图13.225所示；效果如图13.226所示。

图13.225 设置Particle（粒子）
选项组参数

图13.226 画面效果

步骤35 为了提高粒子亮度，选中"Particular"层，在【效果和预设】面板中展开【风格化】特效组，双击【发光】特效，如图13.227所示；效果如图13.228所示。

图13.227 添加特效

图13.228 画面效果

步骤36 在【效果控件】面板中，从【发光颜色】下拉列表框中选择【A和B颜色】选项，如图13.229所示；此时画面效果如图13.230所示。

图13.229 设置参数

图13.230 画面效果

步骤37 这样"星光之源"合成就制作完成了，按小键盘上的"0"键预览其中几帧效果，如图13.231所示。

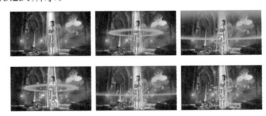

图13.231 其中几帧动画效果

13.4 魔法火焰

特效解析 本例主要讲解CC Particle World（CC仿真粒子世界）特效、【色光】特效的应用以及蒙版工具的使用。本例最终的动画流程效果如图13.232所示。

知识点
1.【色光】特效
2.【曲线】特效
3.【CC仿真粒子世界】特效

图13.232 最终动画流程效果

难易程度：★★★☆☆
工程文件：下载文件\工程文件\第13章\魔法火焰
视频位置：下载文件\movie\13.4 魔法火焰.avi

操作步骤

实例152 制作烟火合成

步骤01 执行菜单栏中的【合成】|【新建合成】命令，打开【合成设置】对话框，设置【合成名称】为"烟火"，【宽度】为1024，【高度】为576，【帧速率】为25，并设置【持续时间】为00:00:05:00秒，如图13.233所示。

步骤02 执行菜单栏中的【文件】|【导入】|【文件】命令，打开【导入文件】对话框，选择下载文件中的"工程文件\第13章\魔法火焰\烟雾.jpg、背景.jpg"素材，如图13.234所示。单击【导入】按钮，将"烟雾.jpg、背景.jpg"素材导入到【项目】面板中。

步骤03 执行菜单栏中的【图层】|【新建】|【纯色】命令，打开【纯色设置】对话框，设置【名称】为"白色蒙版"，【宽度】数值为1024像素，【高度】数值为576像素，【颜色】为白色，如图13.235所示。

步骤04 选中"白色蒙版"层，选择工具栏中的【矩形工具】■，在"烟火"合成中绘制矩形蒙版，如图13.236所示。

图13.235 【纯色设置】对话框　　图13.236 绘制蒙版

图13.233 【合成设置】对话框　图13.234 【导入文件】对话框

步骤05 在【项目】面板中选择"烟雾.jpg"素材，

将其拖动到"烟火"合成的时间线面板中，如图13.237所示。

图13.237 添加素材

图13.238 设置遮罩

步骤 06 选中"白色蒙版"层，设置轨道遮罩为【亮度反转遮罩（烟雾.jpg）】，如图13.238所示；这样单独的云雾就被提出来了，效果如图13.239所示。

图13.239 画面效果

实例153 制作中心光合成

步骤 01 执行菜单栏中的【合成】|【新建合成】命令，打开【合成设置】对话框，设置【合成名称】为"中心光"，【宽度】为1024，【高度】为576，【帧速率】为25，【持续时间】为00:00:05:00秒，如图13.240所示。

步骤 02 执行菜单栏中的【图层】|【新建】|【纯色】命令，打开【纯色设置】对话框，设置【名称】为"粒子"，【宽度】数值为1024像素，【高度】数值为576像素，【颜色】为黑色，如图13.241所示。

图13.240 【合成设置】对话框

图13.241 【纯色设置】对话框

步骤 03 选中"粒子"层，在【效果和预设】面板中展开【模拟】特效组，双击CC Particle World（CC仿真粒子世界）特效，如图13.242所示；此时画面效果如图13.243所示。

图13.242 添加特效

图13.243 画面效果

步骤 04 在【效果控件】面板中设置Birth Rate（生长速率）数值为1.5，Longevity（寿命）数值为1.5；展开Producer（发生器）选项组，设置Radius

X（X轴半径）数值为0，Radius Y（Y轴半径）数值为0.215，Radius Z（Z轴半径）数值为0，如图13.244所示；效果如图13.245所示。

图13.244 设置【发生器】参数

图13.245 画面效果

步骤 05 展开Physics（物理学）选项组，从Animation（动画）下拉列表框中选择Twirl（扭转）选项，设置Velocity（速度）数值为0.07，Gravity（重力）数值为-0.05，Extra（额外）数值为0，Extra Angle（额外角度）数值为180；如图13.246所示；效果如图13.247所示。

图13.246 设置【物理学】参数

图13.247 画面效果

步骤 06 展开Particle（粒子）选项组，从Particle Type（粒子类型）下拉列表框中选择Tripolygon（三角形）选项，设置Birth Size（生长大小）数值为0.053，Death Size（消逝大小）数值为0.087，如图13.248所示；效果如图13.249所示。

图13.248 设置【粒子】参数

图13.249 画面效果

步骤 07 执行菜单栏中的【图层】|【新建】|【纯色】命令，打开【纯色设置】对话框，设置【名称】为"中心亮棒"，【宽度】数值为1024像素，【高度】数值为576像素，【颜色】为橘黄色（R:255，G:177，B:76），如图13.250所示。

步骤 08 选中"中心亮棒"层，选择工具栏中的【钢笔工具】 ，绘制闭合蒙版，如图13.251所示。将其【蒙版羽化】设置为（18，18）。

图13.250 【纯色设置】对话框   图13.251 画面效果

实例154 制作爆炸光合成

步骤 01 执行菜单栏中的【合成】|【新建合成】命令，打开【合成设置】对话框，设置【合成名称】为"爆炸光"，【宽度】为1024，【高度】为576，【帧速率】为25，【持续时间】为00:00:05:00秒。

步骤 02 在【项目】面板中选择"背景"素材，将其拖动到"爆炸光"合成的时间线面板中，如图13.252所示。

图13.252 添加素材

步骤 03 选中"背景"层，按Ctrl+D组合键复制出另一个"背景"层，按Enter（回车）键重新命名为"背景粒子"层，设置其【模式】为【相加】，如图13.253所示。

图13.253 复制层并设置

步骤 04 选中"背景粒子"层，在【效果和预设】面板中展开【模拟】特效组，双击CC Particle World（CC仿真粒子世界）特效，如图13.254所示；此时画面效果如图13.255所示。

图13.254 添加特效   图13.255 画面效果

步骤 05 在【效果控件】面板中设置Birth Rate（生长速率）数值为0.2，Longevity（寿命）数值为0.5；展开Producer（发生器）选项组，设置Position X（X轴位置）数值为-0.07，Position Y（Y轴位置）数值为0.11，Radius X（X轴半径）数值为0.155，Radius Z（Z轴半径）数值为0.115，如图13.256所示；效果如图13.257所示。

图13.256 设置【发生器】参数   图13.257 画面效果

步骤 06 展开Physics（物理学）选项组，设置Velocity（速度）数值为0.37，Gravity（重力）数值为0.05，如图13.258所示；效果如图13.259所示。

图13.258 设置【物理学】参数   图13.259 画面效果

步骤 07 展开Particle（粒子）选项组，从Particle Type（粒子类型）下拉列表框中选择Lens Convex（凸透镜）选项，设置Birth Size（生长大小）数值为0.639，Death Size（消逝大小）数值为0.694，如图13.260所示；效果如图13.261所示。

图13.260 设置【粒子】参数　　图13.261 画面效果

步骤 08 选中"背景粒子"层，在【效果和预设】面板中展开【颜色校正】特效组，双击【曲线】特效，如图13.262所示；默认曲线形状如图13.263所示。

图13.262 添加特效　　图13.263 默认曲线形状

步骤 09 在【效果控件】面板中调整曲线形状，如图13.264所示；效果如图13.265所示。

图13.264 调整曲线形状　　图13.265 画面效果

步骤 10 在【项目】面板中选择"中心光"合成，将其拖动到"爆炸光"合成的时间线面板中，如图13.266所示。

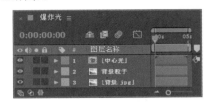

图13.266 添加合成

步骤 11 选中"中心光"合成，设置其【模式】为【相加】，如图13.267所示；此时效果如图13.268所示。

图13.267 设置模式

图13.268 画面效果

步骤 12 因为"中心光"的位置有所偏移，所以设置【位置】数值为（471，288），如图13.269所示；效果如图13.270所示。

图13.269 设置位置参数　　图13.270 画面效果

步骤 13 在【项目】面板中选择"烟火"合成，将其拖动到"爆炸光"合成的时间线面板中，如图13.271所示。

图13.271 添加合成

步骤 14 选中"烟火"合成，设置其【模式】为【相加】，如图13.272所示；此时效果如图13.273所示。

图13.272 设置模式　　图13.273 画面效果

步骤 15 按P键展开【位置】属性，设置【位置】数值为（464，378），如图13.274所示；效果如图13.275所示。

图13.274 设置【位置】参数　　图13.275 画面效果

步骤 16 选中"烟火"合成，在【效果和预设】面板中展开【模拟】特效组，双击CC Particle World（CC粒子仿真世界）特效，如图13.276所示；此时画面效果如图13.277所示。

图13.276 添加特效　　图13.277 画面效果

步骤 17 在【效果控件】面板中设置Birth Rate（生长速率）数值为5，Longevity（寿命）数值为0.73；展开Producer（发生器）选项组，设置

Radius X（X轴半径）数值为1.055，Radius Y（Y轴半径）数值为0.225，Radius Z（Z轴半径）数值为0.605，如图13.278所示；效果如图13.279所示。

图13.278 设置【发生器】参数　　图13.279 画面效果

步骤18 展开Physics（物理学）选项组，设置Velocity（速度）数值为1.4，Gravity（重力）数值为0.38，如图13.280所示；效果如图13.281所示。

图13.280 设置【物理学】参数　　图13.281 画面效果

步骤19 展开Particle（粒子）选项组，从Particle Type（粒子类型）下拉列表框中选择Lens Convex（凸透镜）选项，设置Birth Size（生长大小）数值为3.64，Death Size（消逝大小）数值为4.05，Max Opacity（最大透明度）数值为51%，如图13.282所示；效果如图13.283所示。

图13.282 设置【粒子】参数　　图13.283 画面效果

步骤20 选中"烟火"合成，按S键展开【缩放】，设置数值为（50，50），如图13.284所示；效果如图13.285所示。

图13.284 设置【缩放】参数　　图13.285 画面效果

步骤21 在【效果和预设】面板中展开【颜色校正】特效组，双击【色光】特效，如图13.286所示；此时画面效果如图13.287所示。

图13.286 添加特效　　图13.287 画面效果

步骤22 在【效果控件】面板中展开【输入相位】选项组，从【获取相位，自】下拉列表框中选择【Alpha】选项，如图13.288所示；画面效果如图13.289所示。

图13.288 设置参数　　图13.289 画面效果

步骤23 展开【输出循环】选项组，从【使用预设调板】下拉列表框中选择【无】选项，如图13.290所示；效果如图13.291所示。

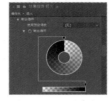

图13.290 设置参数　　图13.291 画面效果

步骤24 在【效果和预设】面板中展开【颜色校正】特效组，双击【曲线】特效，如图13.292所示；调整曲线形状如图13.293所示。

图13.292 添加特效　　图13.293 调整形状

步骤25 在【效果控件】面板中，从【通道】下拉列表框中选择【红色】，调整形状如图13.294所示。

步骤26 从【通道】下拉列表框中选择【绿色】，调整形状如图13.295所示。

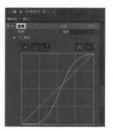

图13.294 调整红色曲线　　图13.295 调整绿色曲线

步骤27 从【通道】下拉列表框中选择【蓝色】，调整形状如图13.296所示。

步骤28 从【通道】下拉列表框中选择【Alpha】通道，调整形状如图13.297所示。

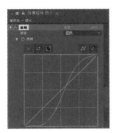

图13.296 调整蓝色曲线

图13.297 调整Alpha曲线

步骤 29 在【效果和预设】面板中展开【模糊和锐化】特效组，双击CC Vector Blur（CC矢量模糊）特效，如图13.298所示；此时的画面效果如图13.299所示。

图13.298 添加特效

图13.299 画面效果

步骤 30 在【效果控件】面板中设置Amount（数量）数值为10，如图13.300所示；效果如图13.301所示。

图13.300 设置参数

图13.301 画面效果

步骤 31 执行菜单栏中的【图层】|【新建】|【纯色】命令，打开【纯色设置】对话框，设置【名称】为"红色蒙版"，【宽度】数值为1024像素，【高度】数值为576像素，【颜色】为红色（R:255，G:0，B:0），如图13.302所示。

步骤 32 选择工具栏中的【钢笔工具】，绘制一个闭合蒙版，如图13.303所示。

图13.302 【纯色设置】对话框

图13.303 绘制蒙版

步骤 33 选中"红色蒙版"层，按F键展开【蒙版羽化】数值为（30，30），如图13.304所示。

图13.304 设置【蒙版羽化】参数

步骤 34 选中"烟火"合成，设置【轨道遮罩】为"Alpha遮罩'[红色蒙版]'"，如图13.305所示。

图13.305 设置【轨道遮罩】

步骤 35 执行菜单栏中的【图层】|【新建】|【纯色】命令，打开【纯色设置】对话框，设置【名称】为"粒子"，【宽度】数值为1024像素，【高度】数值为576像素，【颜色】为黑色，如图13.306所示。

步骤 36 在【效果和预设】面板中展开【模拟】特效组，双击CC Particle World（CC仿真粒子世界）特效，如图13.307所示。

图13.306 【纯色设置】对话框

图13.307 添加特效

步骤 37 在【效果控件】面板中设置Birth Rate（生长速率）数值为0.5，Longevity（寿命）数值为0.8；展开Producer（发生器）选项组，设置Position Y（Y轴位置）数值为0.19，Radius X（X轴半径）数值为0.46，Radius Y（Y轴半径）数值为0.325，Radius Z（Z轴半径）数值为1.3，如图13.308所示；效果如图13.309所示。

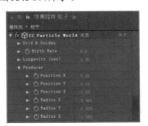

图13.308 设置【发生器】参数

图13.309 画面效果

步骤 38 展开Physics（物理学）选项组，从Animation（动画）下拉列表框中选择Twirl（扭转）选项，设置Velocity（速度）数值为1，Gravity（重力）数值为-0.05，Extra Angle（额外角度）数值为1x+170，如图13.310所示；效果如图13.311所示。

步骤 39 展开Particle（粒子）选项组，从Particle Type（粒子类型）下拉列表框中选择QuadPolygon（四边形）选项，设置Birth Size（生长大小）数值为0.153，Death Size（消逝大小）数值为0.077，Max Opacity（最大透明度）数值为75%，如图13.312所示；效果如图13.313所示。

图13.312 设置【粒子】参数　　图13.313 画面效果

步骤 40 这样"爆炸光"合成就制作完成了，其中的几帧动画效果如图13.314所示。

图13.314 其中几帧动画效果

图13.310 设置参数　　　图13.311 画面效果

实例155 制作总合成

步骤 01 执行菜单栏中的【合成】|【新建合成】命令，打开【合成设置】对话框，新建一个【合成名称】为"总合成"，【宽度】为1024，【高度】为576，【帧速率】为25，【持续时间】为00:00:05:00秒的合成。

步骤 02 在【项目】面板中选择"背景、爆炸光"合成，将其拖动到"总合成"的时间线面板中，使"爆炸光"合成的入点在00:00:00:05帧的位置，如图13.315所示。

图13.315 添加"背景、爆炸光"素材

步骤 03 执行菜单栏中的【图层】|【新建】|【纯色】命令，打开【纯色设置】对话框，设置【名称】为"闪电1"，【宽度】数值为1024像素，【高度】数值为576像素，【颜色】为黑色。

步骤 04 选中"闪电1"层，设置其【模式】为【相加】，如图13.316所示。

图13.316 设置模式

步骤 05 选中"闪电1"层，在【效果和预设】面板中展开【过时】特效组，双击【闪光】特效，如图13.317所示；此时画面效果如图13.318所示。

图13.317 添加特效　　　图13.318 画面效果

步骤 06 在【效果控件】面板中设置【起始点】数值为（641，433），【结束点】数值为（642，434），【区段】数值为3，【宽度】数值为6，【核心宽度】数值为0.32，【外部颜色】为黄色（R:255，G:246，B:7），【内部颜色】为深黄色（R:255，G:228，B:0），如图13.319所示；效果如图13.320所示。

图13.319 设置参数　　　图13.320 画面效果

步骤 07 选中"闪电1"层，将时间调整到00:00:00:00帧的位置，设置【起始点】数值为（641，433），【区段】的值为3，单击各属性的码表按钮，在当前位置添加关键帧。

步骤 08 将时间调整到00:00:00:05帧的位置，设置【起始点】的值为（468，407），【区段】的值为6，系统会自动创建关键帧，如图13.321所示。

图13.321 设置关键帧

步骤 09 将时间调整到00:00:00:00帧的位置，按T键展开【不透明度】属性，设置【不透明度】数值为0，单击码表按钮，在当前位置添加关键帧；将时间调整到00:00:00:03帧的位置，设置【不透明度】数值为100%，系统会自动创建关键帧；将时间调整到00:00:00:14帧的位置，设置【不透明度】数值为100%；将时间调整到00:00:00:16帧的位置，设置【不透明度】数值为0，如图13.322所示。

图13.322 设置【不透明度】关键帧

步骤 10 选中"闪电1"层，按Ctrl+D组合键复制出另一个"闪电1"层，并将其重命名为"闪电2"，如图13.323所示。

图13.323 复制层

步骤 11 在【效果控件】面板中设置【结束点】数值为（588，443），将时间调整到00:00:00:00帧的位置，设置【起始点】数值为（584，448）；将时间调整到00:00:00:05帧的位置，设置【起始点】数值为（468，407），如图13.324所示。

图13.324 设置【开始点】关键帧

步骤 12 选中"闪电2"层，按Ctrl+D组合键复制出另一个"闪电2"层，并将其重命名为"闪电3"，如图13.325所示。

图13.325 复制层

步骤 13 在【效果控件】面板中设置【结束点】数值为（599，461）；将时间调整到00:00:00:00帧的位置，设置【起始点】数值为（584，448）；将时间调整到00:00:00:05帧的位置，设置【起始点】数值为（459，398），如图13.326所示。

图13.326 设置【开始点】关键帧

步骤 14 选中"闪电3"层，按Ctrl+D组合键复制出另一个"闪电3"层，并将其重命名为"闪电4"，如图13.327所示。

图13.327 复制层

步骤 15 在【效果控件】面板中设置【结束点】数值为（593，455）；将时间调整到00:00:00:00帧的位置，设置【起始点】数值为（584，448）；将时间调整到00:00:00:05帧的位置，设置【起始点】数值为（459，398），如图13.328所示。

图13.328 设置【开始点】关键帧

步骤 16 选中"闪电4"层，按Ctrl+D组合键复制出另一个"闪电4"层，并将其重命名为"闪电5"，如图13.329所示。

图13.329 复制层

步骤 17 在【效果控件】面板中设置【结束点】数值为（593，455）；将时间调整到00:00:00:00帧的位置，设置【起始点】数值为（584，448）；将时间调整到00:00:00:05帧的位置，设置【起始点】数值为（476，378），如图13.330所示。

图13.330 设置【开始点】关键帧

步骤 18 这样"魔法火焰"的制作就完成了，按小键盘上的"0"键预览其中几帧的效果，如图13.331所示。

图13.331 其中几帧动画效果

第14章 ID标识演绎及公益宣传片

内容摘要

公司ID即公司的标志，是公众对它们印象的理解。宣传片是目前宣传企业形象的手段之一，它能有效地把企业形象提升到一个新的层次，更好地把企业的产品和服务展示给大众，能详细地说明产品的功能、用途及其优点，诠释企业的文化理念。本章通过两个实例，详细讲解了公司ID及公益宣传片的制作方法与技巧，让读者可以快速掌握宣传片的制作精髓。

教学目标

◆ 掌握"Apple"Logo演绎动画的制作
◆ 掌握公益宣传片的制作技巧

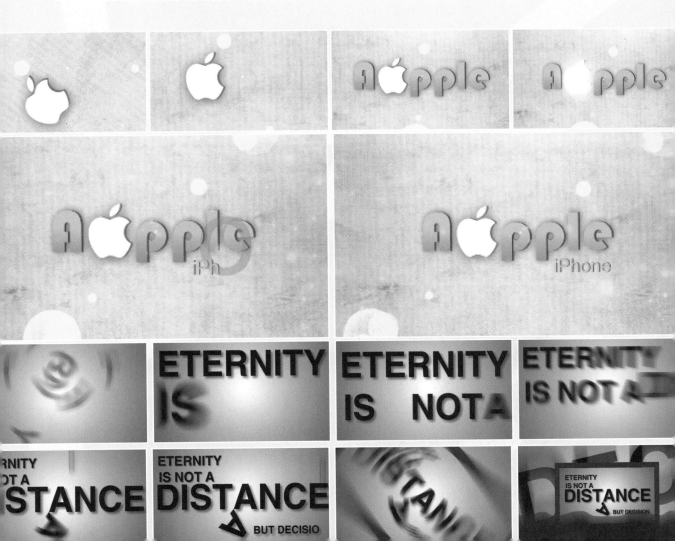

14.1 "Apple" Logo演绎

<table>
<tr><td>特效解析</td><td>本例主要讲解"Apple"Logo 演绎动画的制作。利用【四色渐变】、【梯度渐变】和【投影】特效制作"Apple"ID表现效果。完成的动画流程画面如图14.1所示。</td><td>知识点</td><td>1.【四色渐变】特效
2.【梯度渐变】特效
3.【投影】特效</td></tr>
</table>

图14.1 动画流程画面

难易程度：★★★☆☆
工程文件：下载文件\工程文件\第14章\"Apple"Logo演绎
视频位置：下载文件\movie\14.1 "Apple"Logo演绎.avi

操作步骤

实例156 制作背景

步骤 01 执行菜单栏中的【合成】|【新建合成】命令，打开【合成设置】对话框，设置【合成名称】为"背景"，【宽度】为720，【高度】为405，【帧速率】为25，【持续时间】为00:00:05:00秒，如图14.2所示。

步骤 02 执行菜单栏中的【文件】|【导入】|【文件】命令，打开【导入文件】对话框，选择下载文件中的"工程文件\第14章\"Apple"Logo演绎\苹果.tga，纹理.jpg，宣纸.jpg"素材，单击【导入】按钮，将素材导入到【项目】面板中，如图14.3所示。

图14.2 【合成设置】对话框

图14.3 导入素材

步骤 03 在【项目】面板中选择"纹理.jpg"和"宣纸.jpg"素材,将其拖动到"背景"合成的时间线面板中,如图14.4所示。

图14.4 添加素材

步骤 04 按Ctrl+Y组合键打开【纯色设置】对话框,设置纯色层【名称】为"背景",【颜色】为黑色,如图14.5所示。

图14.5 【纯色设置】对话框

步骤 05 选择"背景"层,在【效果和预设】面板中展开【生成】特效组,双击【四色渐变】特效,如图14.6所示。

步骤 06 在【效果控件】面板中修改【四色渐变】特效参数,展开【位置和颜色】选项组,设置【点1】的值为(380,-86),【颜色1】为白色,【点2】的值为(796,242),【颜色2】为黄色(R:226,G:221,B:179),【点3】的值为(355,441),【颜色3】为白色,【点 4】的值为(-92,192),【颜色4】为黄色(R:226,G:224,B:206),如图14.7所示。

图14.6 添加特效   图14.7 设置参数

步骤 07 选择"宣纸"层,设置图层混合模式为【相乘】,按T键展开"宣纸.jpg"层的【不透明度】选项,设置【不透明度】的值为30%,如图14.8所示。

图14.8 设置【不透明度】参数

步骤 08 选择"纹理.jpg"层,按Ctrl+Alt+F组合键,让"纹理.jpg"层匹配合成窗口大小,设置【经典颜色加深】层混合模式,如图14.9所示。

图14.9 添加层混合模式

步骤 09 选择"纹理"层,在【效果和预设】面板中展开【颜色校正】特效组,双击【黑色和白色】和【曲线】特效。

步骤 10 在【效果控件】面板中修改【曲线】特效的参数,如图14.10所示。

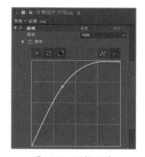

图14.10 调整曲线

步骤 11 这样就完成了背景的制作,在合成窗口中预览效果如图14.11所示。

图14.11 合成窗口中一帧的效果

实例157 制作文字和Logo定版

步骤 01 执行菜单栏中的【合成】|【新建合成】命令，打开【合成设置】对话框，设置【合成名称】为"文字和Logo"，【宽度】为720，【高度】为405，【帧速率】为25，并设置【持续时间】为00:00:05:00秒，如图14.12所示。

图14.12 【合成设置】对话框

步骤 02 在【项目】面板中选择文字.tga和苹果.tga素材，将其拖动到"文字和Logo"合成的时间线面板中，如图14.13所示。

图14.13 添加素材

步骤 03 选择"苹果.tga"层，按S键，展开文字层的【缩放】选项，设置【缩放】的值为（12，12），如图14.14所示。

图14.14 设置文字层【缩放】参数

步骤 04 选择"苹果.tga"层，按P键，展开【位置】选项，设置【位置】的值为（286，196）；选择"文字.tga"层，按P键，展开【位置】选项，设置【位置】的值为（360，202），如图14.15所示。

图14.15 设置【位置】参数

步骤 05 此时在合成窗口中预览效果，如图14.16所示。

步骤 06 选择"文字.tga"层，在【效果和预设】面板中展开【生成】特效组，双击【梯度渐变】特效，如图14.17所示。

图14.16 合成窗口中一帧的 　　　　图14.17 添加特效
效果

步骤 07 设置【渐变起点】的值为（356，198），【起始颜色】为浅绿色（R:214，G:234，B:180），【渐变终点】的值为（354，246），【结束颜色】为绿色（R:176，G:208，B:95），如图14.18所示。

步骤 08 在【效果和预设】面板中展开【透视】特效组，双击【投影】特效两次，如图14.19所示。在【效果控件】面板中会出现【投影】和【投影2】。

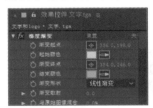 

图14.18 设置【梯度渐变】特效参数　　图14.19 添加特效

步骤 09 为了方便观察投影效果，在合成窗口中单击【切换透明网格】 按钮，如图14.20所示。

图14.20 切换透明网格

步骤 10 在【效果控件】面板中修改【投影】特效参数，设置【投影颜色】为深绿色（R:46，G:73，B:3），【方向】的值为88，【距离】的值为3，如图14.21所示。

步骤 11 修改【投影2】特效参数，设置【投影颜色】为绿色（R:84，G:122，B:24），【方向】的值为82，【距离】的值为2，【柔和度】的值为27，如图14.22所示。

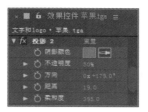

图14.21 设置【投影】特效参数　图14.22 设置【投影2】特效参数

图14.25 设置【投影2】特效参数　图14.26 【字符】面板

步骤12 选择"苹果.tga"层，在【效果和预设】面板中展开【透视】特效组，双击【投影】特效两次，在【效果控件】面板中会出现【投影】和【投影2】，如图14.23所示。

步骤13 在【效果控件】面板中修改【投影】特效参数，设置【阴影颜色】为紫灰色（R:53，G:45，B:55），【方向】的值为85，【距离】的值为32，如图14.24所示。

图14.27 设置【位置】参数

步骤17 选择"iPhone"层，在【效果和预设】面板中展开【透视】特效组，双击【投影】特效，如图14.28所示。

步骤18 在【效果控件】面板中修改【投影】特效参数，设置【阴影颜色】为深绿色（R:46，G:73，B:3），【方向】的值为88，【距离】的值为2，如图14.29所示。

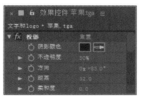

图14.23 添加特效　　　图14.24 设置【投影】特效参数

步骤14 修改【投影2】特效参数，设置【投影颜色】为褐色（R:139，G:132，B:77），【方向】的值为179，【距离】的值为19，【柔和度】395，如图14.25所示。

步骤15 执行菜单栏中的【图层】|【新建】|【文本】命令，创建文字层，在合成窗口输入"iPhone"，设置字体为Arial，字体大小为33，字体颜色为淡绿色（R:216，G:235，B:185），如图14.26所示。

步骤16 按P键，展开"iPhone"层的【位置】选项，设置【位置】的值为（424，269），如图14.27所示。

图14.28 添加【投影】特效　图14.29 设置【投影】特效参数

步骤19 这样就完成了文字和Logo定版的制作，在合成窗口中的效果如图14.30所示。

图14.30 在合成窗口中一帧的效果

实例158 制作文字和Logo动画

步骤01 选择"文字.tga"层，调整时间到00:00:01:13帧的位置，按T键，展开【不透明度】选项，设置【不透明度】的值为0，并单击【不透明度】左侧的码表按钮，在此位置设置关键帧，如图14.31所示。

图14.31 设置【不透明度】的值为0

步骤 02 调整时间到00:00:02:13帧的位置，设置【不透明度】的值为100%，系统自动设置关键帧，如图14.32所示。

图14.32 设置【不透明度】的值为100%

步骤 03 选择"苹果.tga"层，调整时间到00:00:00:00帧的位置，按T键，展开【不透明度】选项，设置【不透明度】的值为0，并单击【不透明度】左侧的码表按钮，在此位置设置关键帧，如图14.33所示。

图14.33 设置【不透明度】的值为0

步骤 04 调整时间到00:00:01:13帧的位置，设置【不透明度】的值为100%，系统自动设置关键帧，如图14.34所示。

图14.34 设置【不透明度】的值为100%

步骤 05 选择"苹果.tga"层，按Ctrl+D组合键将其复制一层，并重命名为"苹果发光"，取消【不透明度】关键帧，如图14.35所示。

图14.35 重命名设置

步骤 06 调整时间到00:00:02:21帧的位置，按住Alt键+[组合键为"苹果发光"层设置入点，如图14.36所示。

图14.36 设置入点

步骤 07 调整时间到00:00:03:00帧的位置，按住Alt键+]组合键为"苹果发光"层设置出点，如图14.37所示。

图14.37 设置出点

步骤 08 选择"苹果发光"层，在【效果和预设】面板中展开【风格化】特效组，双击【发光】特效，如图14.38所示。

步骤 09 在【效果控件】面板中修改【发光】特效参数，设置【发光阈值】的值为100%，【发光半径】的值为400，【发光强度】的值为4，如图14.39所示。

图14.38 添加【发光】特效 图14.39 设置【发光】特效参数

步骤 10 选择"iPhone"层，在时间线面板中展开文字层，单击【文本】右侧的"动画" ![动画] 按钮，在弹出的菜单中选择【不透明度】命令，此时在【文本】选项组中出现一个【动画制作工具1】的选项，将其下的【不透明度】的值设置0，如图14.40所示。

图14.40 设置【不透明度】参数

步骤 11 单击【动画制作工具1】选项右侧的【添加】 ![添加] 按钮，在弹出的菜单中选择【属性】|【缩放】命令，设置【缩放】的值为（700，700），如图14.41所示。

图14.41 设置【缩放】参数

步骤 12 调整时间到00:00:03:13帧的位置，展开【动画制作工具1】选项组中的【范围选择器1】选项，单击【起始】选项左侧的码表■按钮，添加关键帧，并设置【起始】的值为0，如图14.42所示。

图14.42 添加关键帧并设置【起始】的值

步骤 13 调整时间到00:00:04:12帧的位置，设置【起始】的值为100%，系统自动添加关键帧，如图14.43所示。

图14.43 设置【起始】的值并添加关键帧

步骤 14 这样文字和Logo动画的制作就完成了，在合成窗口下单击【切换透明网格】■按钮，按小键盘上的"0"键预览动画，其中两帧效果如图14.44所示。

图14.44 其中两帧效果

实例159 制作光晕效果

步骤 01 执行菜单栏中的【合成】|【新建合成】命令，打开【合成设置】对话框，设置【合成名称】为"合成"，【宽度】为720，【高度】为405，【帧速率】为25，并设置【持续时间】为00:00:05:00秒，如图14.45所示。

图14.45 【合成设置】对话框

步骤 02 在项目面板中选择"背景"和"文字和Logo"合成，将其拖动到"合成"时间线面板中，如图14.46所示。

图14.46 拖动合成到时间线面板

步骤 03 在时间线面板中按Ctrl+Y组合键，打开【纯色设置】对话框，设置纯色层【名称】为"光晕"，【颜色】为黑色，如图14.47所示。

步骤 04 选择"光晕"层，在【效果和预设】面板中展开【生成】特效组，双击【镜头光晕】特效，如图14.48所示。

图14.47 【纯色设置】对话框　图14.48 添加【镜头光晕】特效

步骤 05 选择"光晕"层，设置"光晕"层图层混合模式为【相加】，如图14.49所示。

图14.49 设置混合模式

步骤 06 调整时间到00:00:00:00帧的位置，在【效果控件】面板中修改【镜头光晕】特效参数，设置【光晕中心】的值为（-182，-134），并单击左侧的码表 按钮，在此位置设置关键帧，如图14.50所示。

图14.50 设置光晕中心的值并添加关键帧

步骤 07 调整时间到00:00:04:24帧的位置，设置【光晕中心】的值为（956，-190），系统自动建立一个关键帧，如图14.51所示。

图14.51 设置【光晕中心】的值

步骤 08 选择"光晕"层，在【效果和预设】面板中展开【颜色校正】特效组，双击【色相/饱和度】特效，如图14.52所示。

步骤 09 在【效果控件】面板中修改【色相/饱和度】特效参数，选中【彩色化】复选框，设置【着色色相】的值为70，【着色饱和度】的值为100，如图14.53所示。

图14.52 添加【色相/饱和度】 图14.53 设置【色相/饱和
　　　　特效　　　　　　　　度】特效参数

步骤 10 这样文字动画的制作就完成了，按小键盘上的"0"键预览动画，其中两帧效果如图14.54所示。

图14.54 其中两帧效果

实例160 制作摄像机动画

步骤 01 执行菜单栏中的【合成】|【新建合成】命令，打开【合成设置】对话框，设置【合成名称】为"总合成"，【宽度】为720，【高度】为405，【帧速率】为25，【持续时间】为00:00:05:00秒，如图14.55所示。

图14.55 【合成设置】对话框

步骤 02 在【项目】面板中选择"合成"，将其拖动到"总合成"时间线面板中，如图14.56所示。

图14.56 拖动合成到时间线面板

步骤 03 在时间线面板中按Ctrl+Y组合键，打开【纯色设置】对话框，设置纯色层【名称】为"粒子"，【颜色】为白色，如图14.57所示。

图14.57 【纯色设置】对话框

步骤 04 选择"粒子"层，在【效果和预设】面板中展开RG Trapcode特效组，双击Particular（粒子）特效，如图14.58所示。

步骤 05 在【效果控件】面板中修改Particular（粒子）特效参数，从Emitter Type（发射器类型）右侧下拉列表框中选择Box（盒子）选项，设置Position Z（Z轴位置）的值为-300，设置如图14.59所示。

图14.58 添加Particular
（粒子）特效

图14.59 设置Emitter（发射器）
参数

步骤06 展开Particle（Master）（粒子）选项组，设置Life（生命）的值为10，Size（大小）的值为4，Particle Type（粒子类型）为GS（No DOF），Size Random为100%，如图14.60所示。

图14.60 设置Particle（粒子）参数

步骤07 执行菜单栏中的【图层】|【新建】|【摄像机】命令，打开【摄像机设置】对话框，设置【预设】为28毫米，如图14.61所示。

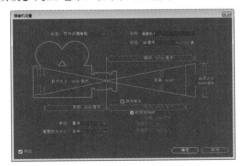

图14.61 【摄像机设置】对话框

步骤08 执行菜单栏中的【图层】|【新建】|【空对象】命令，开启"空1"层和"合成"合成层的三维层开关，如图14.62所示。

图14.62 开启三维层开关

步骤09 在时间线面板中选择摄像机做空对象层的

子连接，如图14.63所示。

图14.63 设置子物体连接

步骤10 选择空对象层，调整时间到00:00:01:01帧的位置，按P键展开【位置】选项，设置【位置】的值为（304，202，207），在此位置设置关键帧，如图14.64所示。

图14.64 设置【位置】的值并添加关键帧

步骤11 调整时间到00:00:01:01帧的位置，按R键展开【旋转】选项，设置【Z轴旋转】的值为90，在此位置设置关键帧，如图14.65所示。

图14.65 设置【旋转】的值并添加关键帧

步骤12 按U键，展开所有关键帧，调整时间到00:00:01:13帧的位置，设置【位置】的值为（350，203，209），【Z轴旋转】的值为0，如图14.66所示。

图14.66 设置关键帧

步骤13 调整时间到00:00:04:24帧的位置，设置【位置】的值为（350，202，-70），如图14.67所示。

图14.67 设置关键帧

步骤14 选择"合成"合成，按S键，展开【缩放】选项，设置【缩放】的值为（110，110，110）。

步骤15 执行菜单栏中的【图层】|【新建】|【调整图层】命令，重命名为"调节"层。选择"调节"

层，在【效果和预设】面板中展开【颜色校正】特效组，双击【曲线】特效，如图14.68所示。

步骤16 在【效果控件】面板中修改【曲线】特效的参数，如图14.69所示。

步骤17 这样就完成了"Apple"Logo演绎的整体制作，按小键盘的"0"键，即可在合成窗口中预览动画。

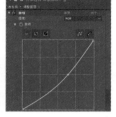

图14.68 添加【曲线】特效　图14.69 设置【曲线】参数

14.2 公益宣传片

特效解析　本例主要讲解公益宣传片的制作。首先利用文本自身的【动画】属性制作不同的文字动画；然后通过添加切换手法及运动模糊特效，制作出更具艺术性的动画文字效果；最后通过场景合成及蒙版手法，完成公益宣传片的制作。完成的动画流程画面如图14.70所示。

知识点
1. 动画属性
2. 【更多选项】
2. 【运动模糊】
3. 【投影】

图14.70 动画流程画面

难易程度：★★★☆☆
工程文件：下载文件\工程文件\第14章\公益宣传片
视频位置：下载文件\movie\14.2 公益宣传片.avi

实例161 制作合成场景一动画

步骤01 执行菜单栏中的【合成】|【新建合成】命令，打开【合成设置】对话框，设置【合成名称】为"合成场景一"，【宽度】为720，【高度】为405，【帧速率】为25，并设置【持续时间】为00:00:04:00秒，如图14.71所示。

步骤02 执行菜单栏中的【图层】|【新建】|【文本】命令，创建文字层，在合成窗口中分别创建文字"ETERNITY""IS""NOT""A"，设置字体为"[JQCuHeiJT]"，字体大小为130像素，字体颜色为墨绿色（R:0，G:50，B:50），如图14.72所示。

图14.71 【合成设置】对话框　　图14.72 【字符】面板

步骤03 选择所有文字层，按P键，展开【位置】选项，设置"ETERNITY"层的【位置】的值为（40，158），"IS"层【位置】的值为（92，273），"NOT"层【位置】的值为（208，314），"A"层【位置】的值为（514，314），如图14.73所示。

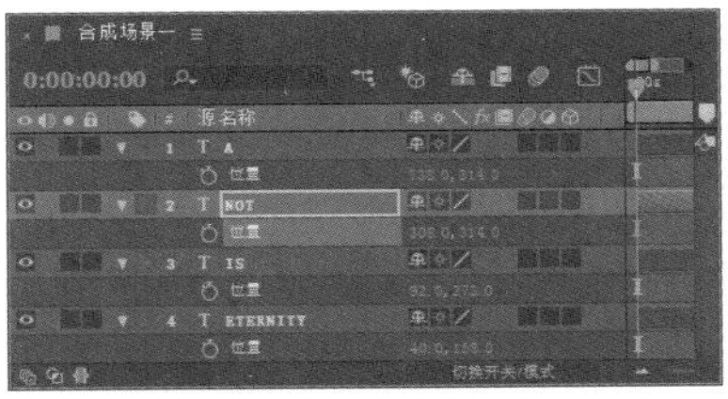

图14.73 设置【位置】的参数

步骤04 为了方便观察，在合成窗口中单击【切换透明网格】按钮，效果如图14.74所示。

ETERNITY
ISNOT A

图14.74 文字效果

步骤05 在时间线面板选择"IS""NOT""A"层，单击眼睛按钮将其隐藏，以便制作动画，如图14.75所示。

图14.75 隐藏层

步骤06 选择"ETERNITY"层，在时间线面板中展开文字层，单击【文本】右侧的【动画】按钮，在弹出的菜单中选择【旋转】命令，设置【旋转】的值为4x；调整时间到00:00:00:00帧的位置，单击【旋转】左侧的码表按钮，在此位置设置关键帧，如图14.76所示。

图14.76 设置关键帧

步骤07 调整时间到00:00:00:12帧的位置，设置【旋转】的值为0，系统自动添加关键帧，如图14.77所示。

图14.77 设置【旋转】参数

步骤08 调整时间到00:00:00:00帧的位置，按T键，展开【不透明度】选项，设置【不透明度】的值为0，单击【不透明度】左侧的码表按钮，在此位置设置关键帧；调整时间到00:00:00:12帧的位置，设置【不透明度】的值为100%，系统自动添加关键帧，如图14.78所示。

图14.78 设置不透明度关键帧

步骤09 选择"ETERNITY"层，在时间线面板中展开

【文本】|【更多选项】选项组，从【锚点分组】的下拉列表框中选择【全部】选项，如图14.79所示。

图14.79 选择【全部】选项

步骤 10 选择"ETERNITY"层，在时间线面板中展开【文本】|【动画制作工具1】|【范围选择器1】|【高级】选项组，从【形状】的下拉列表框中选择【三角形】选项，如图14.80所示。

图14.80 选择【三角形】选项

步骤 11 这样就完成了"ETERNITY"层的动画效果制作，按小键盘上的"0"键在合成窗口中预览效果，如图14.81所示。

图14.81 在合成窗口中预览效果

步骤 12 在时间线面板中选择"IS"层，单击眼睛 按钮，将其显示，按A键展开【锚点】，设置【锚点】的值为（40，-41），如图14.82所示。

图14.82 设置【锚点】参数

步骤 13 调整时间到00:00:00:12帧的位置，按S键，展开【缩放】选项，设置【缩放】的值为（5000，5000），并单击【缩放】左侧的码表 按钮，在此位置设置关键帧；调整时间到00:00:00:24帧的位置，设置【缩放】的值为（100，100），系统自动添加关键帧，如图14.83所示。

图14.83 设置【缩放】参数

步骤 14 在时间线面板选择"NOT"层，单击眼睛

按钮，将其显示，在时间线面板中展开文字层，单击【文本】右侧的（动画）**动画:** 按钮，在弹出的菜单中选择【不透明度】命令，设置【不透明度】的值0%；单击【动画制作工具1】右侧【添加】**添加:** 按钮，在弹出的菜单中选择【属性】|【字符位移】命令，设置【字符位移】的值20，如图14.84所示。

图14.84 设置字符位移

步骤 15 调整时间到00:00:00:24帧的位置，展开【范围选择器1】选项组，设置【起始】的值为0，单击【起始】左侧的码表 按钮，在此位置设置关键帧；调整时间到00:00:01:17帧的位置，设置【起始】的值为100%，系统自动添加关键帧，如图14.85所示。

图14.85 设置【起始】的值

步骤 16 调整时间到00:00:01:19帧的位置，按P键，展开【位置】选项，设置【位置】的值为（308，314），单击【位置】的码表 按钮，在此位置设置关键帧；按R键，展开【旋转】选项，单击【旋转】的码表 按钮，在此位置设置关键帧，按U键展开所有关键帧，如图14.86所示。

图14.86 添加关键帧

步骤 17 调整时间到00:00:01:23帧的位置，设置【旋转】的值为-6，系统自动添加关键帧；调整时间到00:00:02:00帧的位置，设置【位置】的值为（208，314），系统自动添加关键帧；设置【旋转】的值为0，系统自动添加关键帧，如图14.87所示。

图14.87 添加关键帧

步骤 18 在时间线面板选择"A"层，单击眼睛 按钮，将其显示，调整时间到00:00:01:20帧的位置，按P键，展开【位置】选项，并单击【位置】左侧的码表 按钮，在此位置设置关键帧；调整时间到00:00:01:17帧的位置，设置【位置】的值为（738，314），如图14.88所示。

图14.88 设置【位置】的值

步骤 19 在时间线面板中单击【运动模糊】 按

钮，并启用所有图层的【运动模糊】 ，如图14.89所示。

图14.89 开启【运动模糊】

步骤 20 这样"合成场景一"动画就制作完成了，按小键盘上的"0"键，即可在合成窗口中预览动画，如图14.90所示。

图14.90 合成窗口中预览效果

实例162 制作合成场景二动画

步骤 01 执行菜单栏中的【合成】|【新建合成】命令，打开【合成设置】对话框，设置【合成名称】为"合成场景二"，【宽度】为720，【高度】为405，【帧速率】为25，【持续时间】为00:00:04:00秒，如图14.91所示。

图14.91 【合成设置】对话框

步骤 02 按Ctrl+Y组合键打开【纯色设置】对话框，设置纯色层【名称】为"背景"，【颜色】为黑色，如图14.92所示。

步骤 03 选择"背景"层，在【效果和预设】面板中展开【生成】特效组，双击【梯度渐变】特效，如图14.93所示。

图14.92 【纯色设置】对话框

图14.93 添加【梯度渐变】特效

步骤 04 在【效果控件】面板中修改【梯度渐变】特效的参数，设置【渐变起点】的值为（368，198），【起始颜色】为白色，【渐变终点】的值为（-124，522），【结束颜色】为墨绿色（R:0，G:68，B:68），【渐变形状】为【径向渐变】，如图14.94所示。

图14.94 设置【梯度渐变】参数

步骤 05 在【项目】面板中选择"合成场景一"合成，拖动到"合成场景二"合成中，在【效果和预设】面板中展开【透视】特效组，双击【投影】特效，如图14.95所示。

步骤 06 在【效果控件】面板中修改【投影】特效的参数，设置【阴影颜色】为墨绿色（R:0，G:50，B:50），【距离】的值为11，【柔和度】的值为18，如图14.96所示。

图14.95 添加【投影】特效 图14.96 设置【投影】特效参数

步骤 07 调整时间到00:00:02:00帧的位置，按P键，展开【位置】选项，单击【位置】左侧的码表按钮，在此位置设置关键帧；按S键，展开【缩放】选项，单击【缩放】左侧的码表按钮，在此位置设置关键帧；按U键，展开所有关键帧，如图14.97所示。

图14.97 添加关键帧

步骤 08 调整时间到00:00:02:04帧的位置，设置【位置】的值为（162，102），系统自动添加关键帧；设置【缩放】的值为（38，38），系统自动添加关键帧，如图14.98所示。

图14.98 设置关键帧

步骤 09 执行菜单栏中的【图层】|【新建】|【文本】命令，创建文字层，在合成窗口中分别创建文字"DISTANCE"，设置"A"字体为"[JQCuHeiJT]"，字体大小为130像素，字体颜色为墨绿色（R:0，G:50，B:50）。再创建文字"BUT DECISION"，设置字体为"[JQCuHeiJT]"，字体大小为39像素，字体颜色为墨绿色（R:0，G:50，B:50），如图14.99所示。

图14.99 【字符】面板

步骤 10 选择所有文字层，按P键，展开【位置】选项，设置"DISTANCE"层的【位置】的值为（30，248），"A"层【位置】的值为（328，248），"BUT DECISION"层【位置】的值为（402，338）；调整时间到00:00:02:04帧的位置，选择"DISTANCE"层，单击【位置】左侧的码表按钮，在此位置设置关键帧，如图14.100所示。

图14.100 设置【位置】参数

步骤 11 调整时间到00:00:02:00帧的位置，设置"DISTANCE"层【位置】的值为（716，248），系统自动添加关键帧，如图14.101所示。

图14.101 设置【位置】参数

步骤 12 调整时间到00:00:02:04帧的位置，选择"A"层，按T键，展开【不透明度】选项，设置【不透明度】的值为0，单击【不透明度】的码表按钮，在此位置设置关键帧；调整时间到00:00:02:05帧的位置，设置【不透明度】的值为100%，系统自动添加关键帧，如图14.102所示。

图14.102 设置【不透明度】的参数

步骤 13 按A键，展开【锚点】选项，设置【锚点】的值为（3，0），如图14.103所示。

图14.103 设置中心点

步骤14 按R键，展开【旋转】选项，调整时间到00:00:02:05帧的位置，单击【旋转】的码表按钮，在此位置设置关键帧；调整时间到00:00:02:28帧的位置，设置【旋转】的值为163，系统自动添加关键帧；调整时间到00:00:02:11帧的位置，设置【旋转】的值为100，系统自动添加关键帧；调整时间到00:00:02:13帧的位置，设置【旋转】的值为159；调整时间到00:00:02:15帧的位置，设置【旋转】的值为159；调整时间到00:00:02:17帧的位置，设置【旋转】的值为121；调整时间到00:00:02:19帧的位置，设置【旋转】的值为147；调整时间到00:00:02:21帧的位置，设置【旋转】的值为131，系统自动添加关键帧，如图14.104所示。

图14.104 设置【旋转】的值

步骤15 选择"BUT DECISION"层，在时间线面板中展开文字层，单击【文本】右侧的【动画】动画：按钮，在弹出的菜单中选择【位置】命令，设置【位置】的值为（0，-355），如图14.105所示。

图14.105 设置【位置】参数

步骤16 展开【范围选择器1】选项组，调整时间到00:00:02:07帧的位置，单击【起始】的码表按钮，在此位置添加关键帧；调整时间到00:00:02:23帧的位置，设置【起始】的值为100%，系统自动添加关键帧，如图14.106所示。

图14.106 设置【起始】的值

步骤17 在时间线面板中单击【运动模糊】按钮，除"背景"层外，启用剩下图层的【运动模糊】，如图14.107所示。

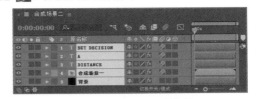

图14.107 开启【运动模糊】

步骤18 选择"合成场景一"合成层，在【效果控件】面板中选择【投影】特效，按Ctrl+C组合键复制【投影】特效，选择文字层，如图14.108所示，按Ctrl+V组合键，分别将【投影】特效粘贴到所有文字层，如图14.109所示。

图14.108 选择文字层

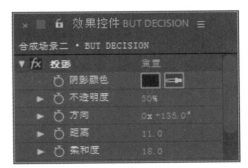

图14.109 将投影特效粘贴到文字层

步骤19 这样"合成场景二"动画就制作完成了，按小键盘上的"0"键，即可在合成窗口中预览动画，如图14.110所示。

图14.110 合成窗口中预览效果

实例163 最终合成场景动画

步骤01 执行菜单栏中的【合成】|【新建合成】命令，打开【合成设置】对话框，设置【合成名称】为"最终合成场景"，【宽度】为720，【高度】为405，【帧速率】为25，【持续时间】为00:00:04:00秒，如图14.111所示。

图14.111 【合成设置】对话框

步骤02 打开"合成场景二"合成，将"合成场景二"合成中的背景，按Ctrl+C组合键复制到"最终合成场景"合成中，如图14.112所示。

图14.112 复制背景到"合成场景二"合成

步骤03 在项目面板中选择"合成场景二"合成，将其拖动到"最终合成场景"合成中，如图14.113所示。

图14.113 将"合成场景二"合成其拖动到合成中

步骤04 在时间线面板中按Ctrl+Y组合键，打开【纯色设置】对话框，设置纯色【名称】为"字框"，【颜色】为墨绿色（R:0，G:80，B:80），如图14.114所示。

图14.114 【纯色设置】对话框

步骤05 选择"字框"层，双击工具栏中的【矩形工具】■按钮，连续按两次M键，展开【蒙版1】选项组，设置【蒙版扩展】的值为-33，选中【反转】复选框，如图14.115所示。

图14.115 设置【蒙版扩展】的值

步骤06 按S键，展开"字框"层的【缩放】选项，单击 图标取消约束比例，设置【缩放】的值为（110，120），如图14.116所示。

图14.116 设置【缩放】的值

步骤07 选择"字框"层，做"合成场景二"合成层的子物体连接，如图14.117所示。

图14.117 子物体连接

步骤08 调整时间到00:00:03:04帧的位置，选择"合成场景二"层，按S键展开【缩放】选项，单击【缩放】选项的码表■按钮，在此添加关键帧；按R键，展开【旋转】选项，单击【旋转】选项的码表■按钮，在此添加关键帧；按U键，展开所有关键帧，如图14.118所示。

图14.118 添加关键帧

步骤09 调整时间到00:00:03:12帧的位置，设置【缩放】的值为（50，50），系统自动添加关键帧；设置【旋转】的值为1x，系统自动添加关键帧，如图14.119所示。

图14.119 添加关键帧

步骤10 执行菜单栏中的【图层】|【新建】|【文

本】命令，创建文字层，在合成窗口中输入"DECISION"，设置字体大小为318像素，字体颜色为墨绿色（R:0，G:46，B:46），如图14.120所示。

图14.120 【字符】面板

步骤11 选择"DECISION"层，按R键展开【旋转】选项，设置【旋转】的值为-12，如图14.121所示。

图14.121 设置【旋转】的值

步骤12 在时间线面板中按Ctrl+Y组合键，打开【纯色设置】对话框，设置纯色层【名称】为"波浪"，【颜色】为墨绿色（R:0，G:68，B:68），如图14.122所示。

图14.122 【纯色设置】对话框

步骤13 在【效果和预设】面板中展开【扭曲】特效组，双击【波纹】特效，如图14.123所示。

步骤14 在【效果控件】面板中修改【波纹】特效的参数，设置【半径】的值为100，【波纹中心】的值为（360，160），【波形速度】的值为2，【波形宽度】的值为49，【波形高度】的值为46，如图14.124所示。

图14.123 添加【波纹】特效　　图14.124 设置【波纹】特效参数

步骤15 调整时间到00:00:03:12帧的位置，选择"波浪"层和"DECISION"层，按P键，展开【位置】选项，设置"波浪"层【位置】的值为（360，636），单击【位置】的码表按钮，在此添加关键帧；设置"DECISION"层【位置】的值为（27，-39），单击【位置】的码表按钮，在此添加关键帧，如图14.125所示。

图14.125 设置【位置】的值

步骤16 调整时间到00:00:03:13帧的位置，设置"波浪"层【位置】的值为（360，471），系统自动添加关键帧；设置"DECISION"层【位置】的值为（27，348），系统自动添加关键帧，如图14.126所示。

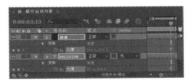

图14.126 设置【位置】的值

步骤17 在时间线面板中单击【运动模糊】按钮，除"背景"层外，启用剩下图层的【运动模糊】，如图14.127所示。

图14.127 开启【运动模糊】

步骤18 这样就完成了"公益宣传片"的整体制作，按小键盘的"0"键，即可在合成窗口中预览动画。

第15章　商业栏目包装案例表现

内容摘要

　　本章主要讲解商业栏目案例实战演练，通过对多个商业案例的练习，了解商业案例的制作方法与技巧。

教学目标

◆ 了解商业案例的制作模式
◆ 掌握特效之间的关联使用
◆ 掌握商业栏目包装的制作技巧

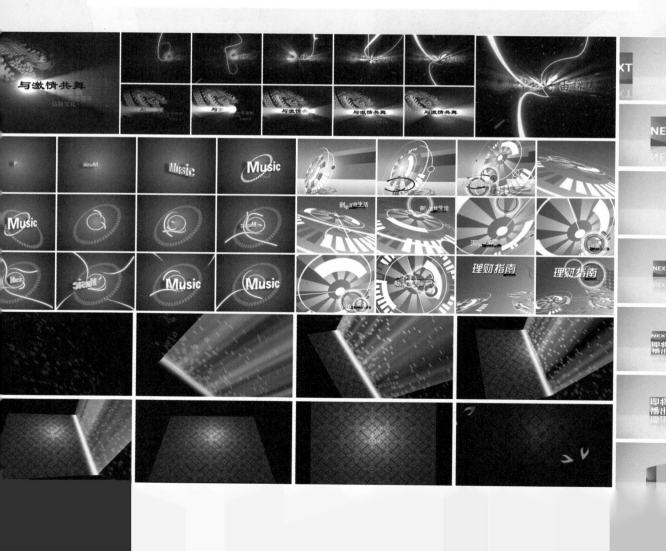

15.1 电视频道包装——神秘宇宙探索

特效解析

"神秘宇宙探索"是一个有关电视频道包装的动画，本例的制作主要应用了Shine（光）、3D Stroke（3D笔触）、Starglow（星光）和Particular（粒子）等特效，通过这些特效的运用，制作出了发光字体、带有光晕的流动线条以及辐射状的粒子效果，为读者展示了一个由多种特效配合使用，制作出强大魅力的电视频道包装效果。完成的动画流程画面如图15.1所示。

知识点

1.【发光】特效
2.层模式的使用
3.【星光】特效

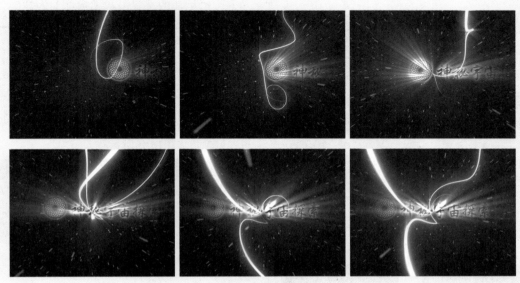

图15.1 动画流程画面

难易程度：★★☆☆☆
工程文件：下载文件\工程文件\第15章\神秘宇宙探索
视频位置：下载文件\movie\15.1 电视频道包装——神秘宇宙探索.avi

操作步骤

实例164 制作文字运动效果

步骤 01 执行菜单栏中的【文件】|【导入】|【文件】命令，打开【导入文件】对话框，选择下载文件中的"工程文件\第15章\神秘宇宙探索\Logo.psd"素材并打开。

步骤 02 单击【导入】按钮，将打开"Logo.psd"对话框，在【导入种类】下拉列表框中选择【合成】选项，将素材以合成的方式导入，单击【确定】按钮，素材将导入到【项目】面板中，如图15.2所示。

步骤 03 在【项目】面板中选择"Logo"合成。按

Ctrl + K组合键，打开【合成设置】对话框，设置【持续时间】为00:00:10:00秒，如图15.3所示。

步骤 04 双击打开"Logo"合成，选择"Logo"层，在【效果和预设】面板中展开【风格化】特效组，然后双击【发光】特效，如图15.4所示。

步骤 05 在【效果控件】面板中，从【发光基于】下拉列表框中选择【Alpha通道】选项，设置【发光阈值】的值为65%，【发光半径】的值为23，【发光强度】的值为5.2，从【合成原始项目】下拉列表框中选择【顶端】选项，【发光颜色】下

拉列表框中选择【A和B颜色】选项，如图15.5所示。

图15.2 导入素材　　图15.3 设置"Logo"合成的持续时间

图15.4 添加【发光】特效 图15.5 设置【发光】特效的参数

步骤 06 设置完成【发光】特效参数后，合成窗口中的画面效果如图15.6所示。在"Logo"层的【效果控件】面板中复制【发光】特效，然后将其粘贴到"神秘宇宙探索"层，此时的画面效果如图15.7所示。

图15.6 添加发光特效后的效果　　图15.7 文字效果

步骤 07 将时间调整到00:00:00:00帧的位置，选择"Logo"层，展开【变换】选项组，设置【锚点】的值为（149，266），【位置】的值为（149，266），然后单击【旋转】左侧的码表■按钮，在当前位置设置关键帧，并修改【旋转】的值为2x，如图15.8所示。

图15.8 在当前位置设置关键帧

步骤 08 将时间调整到00:00:09:24帧的位置，修改【旋转】的值为0，如图15.9所示。

图15.9 修改【旋转】的值为0

步骤 09 执行菜单栏中的【合成】|【新建合成】命令，打开【合成设置】对话框，设置【合成名称】为"运动的文字"，【宽度】为720，【高度】为576，【帧速率】为25，【持续时间】为00:00:10:00秒，单击【确定】按钮，在【项目】面板中将会创建一个名为"运动的文字"的合成。

步骤 10 在【项目】面板中选择"Logo"合成，将其拖动到时间线面板中。将时间调整到00:00:07:00帧的位置，按P键，打开该层的【位置】选项，然后单击【位置】左侧的码表■按钮，在当前位置设置关键帧，如图15.10所示。

图15.10 在00:00:07:00帧的位置设置关键帧

步骤 11 将时间调整到00:00:00:00帧的位置，设置【位置】的值为（767，288），如图15.11所示。

图15.11 设置【位置】的值为（767，288）

步骤 12 这样就完成了文字的运动效果，拖动时间滑块，在合成窗口中观看动画，其中几帧的画面效果如图15.12所示。

图15.12 其中几帧的画面效果

实例165 制作发光字

步骤 01 执行菜单栏中的【合成】|【新建合成】命令，打开【合成设置】对话框，新建一个【合成名称】为"变幻发光字"，【宽度】为720，【高度】为576，【帧速率】为25，【持续时间】为00:00:10:00秒的合成。

步骤 02 打开"变幻发光字"合成，按Ctrl + Y组合键打开【纯色设置】对话框，设置【名称】为背景，【颜色】为蓝色（R:0，G:66，B:134），如图15.13所示。

步骤 03 选择"背景"固态层，单击工具栏中的【椭圆工具】 按钮，在合成窗口中心绘制一个椭圆，如图15.14所示。

图15.13 【纯色设置】对话框　　图15.14 绘制椭圆

步骤 04 在时间线面板中，确认当前选择为"背景"固态层，按F键，打开该层的【蒙版羽化】选项，设置【蒙版羽化】的值为（360，360），如图15.15所示。

图15.15 设置【蒙版羽化】的值

步骤 05 在【项目】面板中选择"运动的文字"合成，将其拖动到"变幻发光字"合成的时间线面板的顶层，如图15.16所示。

图15.16 添加合成素材

步骤 06 选择"运动的文字"合成层，在【效果和预设】面板中展开Trapcode特效组，然后双击Shine（光）特效。

步骤 07 在【效果控件】面板中展开Pre-Process（预设）选项组，选中Use Mask（使用蒙版）复选框，设置Mask Radius（蒙版半径）的值为150，【蒙版羽化】的值为95，Ray Length（光线长度）的值为8，Boost Light（光线亮度）的值为8；展开Colorize（着色）选项组，在Colorize（着色）下拉列表框中选择3 – Color Gradient（三色渐变）选项，设置Midtones（中间色）为蓝色（R:40，G:180，B:255），Shadows（阴影色）为深蓝色（R:30，G:120，B:165），如图15.17所示；其中一帧的画面效果如图15.18所示。

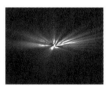

图15.17 设置Shine（光）特效的　　图15.18 其中一帧的画面
　　　　参数　　　　　　　　　　　　　效果

实例166 制作绚丽光线效果

步骤 01 在"变幻发光字"合成的时间线面板中，按Ctrl + Y组合键，新建一个名为"光线"，【颜色】为黑色的固态层，如图15.19所示。

步骤 02 在时间线面板中，选择"光线"固态层，单击工具栏中的【钢笔工具】 按钮，在合成窗口中绘制一个如图15.20所示的路径。

图15.19 新建固态层

步骤 03 为"光线"固态层添加3D Stroke（3D笔触）特效。在【效果和预设】面板中展开Trapcode特效组，然后双击3D Stroke（3D笔触）特效，添加后的默认效果如图15.21所示。

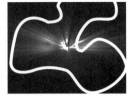

图15.20 绘制路径　　　图15.21 特效效果

步骤 04 将时间调整到00:00:00:00帧的位置，在【效果控件】面板中，设置【颜色】为浅蓝色（R:186，G:225，B:255），Thickness（厚度）的值为2，End（结束）的值为50，单击Offset（偏移）左侧的码表█按钮，在当前位置设置关键帧，选中Loop（循环）复选框，如图15.22所示；设置后的画面效果如图15.23所示。

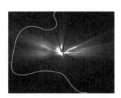

图15.22 设置3D Stroke（3D笔触）　图15.23 设置后的画面效果
特效参数

步骤 05 展开Taper（锥形）选项组，选中Enable（启用）复选框；展开Transform（转换）选项组，设置Bend（弯曲）的值为4.6，单击Bend Axis（弯曲轴）左侧的码表█按钮，在00:00:00:00帧的位置设置关键帧；设置Z Position（Z轴位置）的值为-50，【X轴旋转】的值为-5，Y Rotation（Y轴旋转）的值为100，【Z轴旋转】的值为30，如图15.24所示；设置完成后的画面效果如图15.25所示。

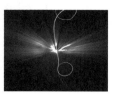

图15.24 设置3D Stroke（3D笔触）　图15.25 设置后的画面效果
特效参数

步骤 06 确认当前选择为"光线"固态层，按U键，打开该层的所有关键帧，然后将时间调整到00:00:08:00帧的位置，设置Offset（偏移）的值为340，Bend Axis（弯曲轴）的值为70，系统将在当前位置自动创建关键帧，如图15.26所示。

图15.26 在00:00:08:00帧的位置修改参数

步骤 07 为"光线"固态层添加Starglow（星光）特效。在【效果和预设】面板中展开RG Trapcode特效组，然后双击Starglow（星光）特效，如图15.27所示；其中一帧的画面效果如图15.28所示。

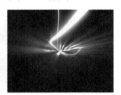

图15.27 添加Starglow（星光）特效　图15.28 其中一帧的画面效果

步骤 08 在【效果控件】面板中，设置Boost Light（光线亮度）的值为0.6，展开Colormap A（颜色图A）选项组，设置Midtones（中间色）为蓝色（R:40，G:180，B:255），Shadows（阴影色）为天蓝色（R:40，G:120，B:255）；展开Colormap B（颜色图B）选项组，设置Midtones（中间色）为浅紫色（R:136，G:79，B:255），Shadows（阴影色）为深紫色（R:85，G:0，B:222），如图15.29所示；其中一帧的画面效果如图15.30所示。

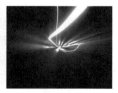

图15.29 设置Starglow（星光）的　图15.30 其中一帧的画参数　　　面效果

实例167 制作粒子辐射效果

步骤01 在【项目】面板中选择"运动的文字"合成，将其拖动到合成的时间线面板的顶层，然后将其重命名为"运动的文字1"，并将"运动的文字1"和"光线"固态层的【模式】修改为【屏幕】，如图15.31所示。

图15.31 修改图层的模式

步骤02 选择"运动的文字1"合成层，单击工具栏中的【椭圆工具】■■■■按钮，在合成窗口中单击的同时按住Ctrl键，从合成的中心绘制一个椭圆，如图15.32所示。然后按F键，打开该层的【蒙版羽化】选项，设置【蒙版羽化】的值为（150，150），完成后的画面效果如图15.33所示。

图15.32 绘制椭圆蒙版　　　图15.33 羽化效果

提示技巧

使用【椭圆工具】绘制圆形时，拖动鼠标指针同时按住Shift键，可以绘制正圆形；拖动鼠标指针同时按住Shift+Ctrl组合键，可以从中心绘制正圆形。

步骤03 新建"粒子"固态层。在合成的时间线面板中按Ctrl+Y组合键，新建一个名称为"粒子"，【颜色】为黑色的固态层。

步骤04 选择"粒子"固态层，在【效果和预设】面板中展开Trapcode特效组，然后双击Particular（粒子）特效。

步骤05 在【效果控件】面板中展开Emitter（发射器）选项组，设置Particles/sec（每秒发射的粒子数量）为400，从Emitter Type（发射器类型）下拉列表框中选择Box（盒子）选项，Velocity（速率）数值为0，Emitter Size X（发射器X轴缩放）数值为1353，Emitter Size Y（发射器Y轴缩放）数值为1067，如图15.34所示；此时其中一帧的画面

效果如图15.35所示。

图15.34 设置Particular（粒子）　图15.35 设置后的画面效果
　　　特效参数

步骤06 在【效果控件】面板中展开Particle（Master）（粒子）选项组，设置Life（寿命）数值为4，Sphere Feather（球形羽化）数值为57，Size（大小）数值为3，如图15.36所示。

图15.36 设置Particle（粒子）参数

步骤07 展开Physics（Master）（物理学）|Air（空气）选项组，设置Wind Z（Z轴风力）数值为-1000，如图15.37所示。

图15.37 设置Physics（物理学）参数

步骤08 这样就完成了"电视频道包装——神秘宇宙探索"的整体制作，按小键盘上的"0"键播放预览。最后将文件保存并输出成动画。

15.2 电视特效表现——与激情共舞

特效解析

"与激情共舞"是一个关于电视特效表现的动画。通过本例的制作，展现了传统历史文化的深厚内涵，片头中利用发光体素材及光特效制作出类似闪光灯的效果，主题文字通过蒙版动画跟随发光体的闪光效果逐渐出现，制作出与激情共舞电视特效表现动画。完成的动画流程画面如图15.38所示。

知识点

1.【色相/饱和度】特效
2.【颜色键】特效
3. Shine（光）特效

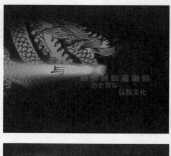

图15.38 动画流程画面

难易程度：★★☆☆☆
工程文件：下载文件\工程文件\第15章\与激情共舞
视频位置：下载文件\movie\15.2 电视特效表现——与激情共舞.avi

操作步骤

实例168 制作运动的胶片字

步骤01 执行菜单栏中的【合成】|【新建合成】命令，打开【合成设置】对话框，设置【合成名称】为"胶片字"，【宽度】为720，【高度】为576，【帧速率】为25，【持续时间】为00:00:04:00秒，单击【确定】按钮，在【项目】面板中，将会新建一个名称为"胶片字"的合成。

步骤02 执行菜单栏中的【文件】|【导入】|【文件】命令，打开【导入文件】对话框，选择下载文件中的"工程文件\第15章\与激情共舞\发光体.psd、图腾.psd、版字.jpg、胶片.psd、蓝色烟雾.mov"素材。单击【导入】按钮，将素材导入

到【项目】面板中。

步骤03 打开"胶片字"合成的时间线面板，在【项目】面板中选择"胶片.psd"素材，将其拖动到时间线面板中，如图15.39所示。

图15.39 添加素材

步骤04 单击工具栏中的【横排文字工具】按钮，在合成窗口中输入文字"历史百年"，设置

字体为"[HeitiCSEG]"，颜色为白色，字符大小为30像素，如图15.40所示；设置完成后的文字效果如图15.41所示。

图15.40 参数设置

图15.41 文字效果

提示技巧

可以按Ctrl + 6组合键，快速打开【字符】面板。

步骤 05 使用相同的方法，利用【横排文字工具】，在合成窗口中输入文字"弘扬文化"，完成后的效果如图15.42所示。

图15.42 输入文字"弘扬文化"

步骤 06 选择"弘扬文化""历史百年""胶片"3个层，按T键，打开【不透明度】选项，在时间线面板的空白处单击，取消选择。然后分别设置"弘扬文化"层【不透明度】的值为35%，"历史百年"层【不透明度】的值为35%，"胶片.psd"层【不透明度】的值为25%，如图15.43所示。

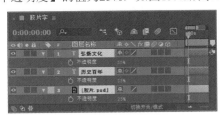

图15.43 设置图层的【不透明度】

步骤 07 将时间调整到00:00:00:00帧的位置，选择

"弘扬文化""历史百年""胶片"3个层，按P键，打开【位置】选项，单击【位置】左侧的码表按钮，在当前位置设置关键帧，此时3个层将会同时创建关键帧。在时间线面板的空白处单击，取消选择，然后分别设置"弘扬文化"层【位置】的值为（460，338），"历史百年"层【位置】的值为（330，308），"胶片.psd"层【位置】的值为（445，288），如图15.44所示。

图15.44 设置【位置】关键帧

步骤 08 将时间调整到00:00:03:10帧的位置，修改"弘扬文化"层【位置】的值为（330，338），"历史百年"层【位置】的值为（410，308），"胶片.psd"层【位置】的值为（332，288），如图15.45所示。

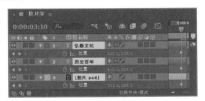

图15.45 在00:00:03:10帧处修改【位置】的值

步骤 09 这样就完成了运动的"胶片字"的整体制作，拖动时间滑块，在合成窗口中观看动画效果，其中几帧的画面如图15.46所示。

图15.46 其中几帧的画面效果

实例169 制作流动的烟雾背景

步骤 01 执行菜单栏中的【合成】|【新建合成】命令，打开【合成设置】对话框，设置【合成名称】为"与激情共舞"，【宽度】为720，【高度】为576，【帧速率】为25，【持续时间】为00:00:04:00秒，单击【确定】按钮，在【项目】面板中，将会新建一个名称为"与激情共舞"的合成。

步骤 02 打开"与激情共舞"合成，在【项目】面板中选择"蓝色烟雾.mov"视频素材，将其拖动到时间

线面板中，如图15.47所示。

图15.47 添加"蓝色烟雾.mov"素材

步骤 03 选择"蓝色烟雾.mov"层，在【效果和预设】面板中展开【颜色校正】特效组，然后双击【色相/饱和度】特效，如图15.48所示；默认画面效果如图15.49所示。

图15.48 添加特效　　　　图15.49 默认的画面效果

步骤 04 在【效果控件】面板中设置Master Hue（主色相）的值为112，如图15.50所示。此时的画面效果如图15.51所示。

 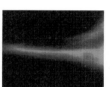

图15.50 设置参数　　　图15.51 参数设置后的画面
效果

步骤 05 按T键，打开该层的【不透明度】选项，设置【不透明度】的值为22%，如图15.52所示。

图15.52 设置【不透明度】的值

步骤 06 按Ctrl＋D组合键复制"蓝色烟雾.mov"层，并将复制层重命名为"蓝色烟雾2"，如图15.53所示。

图15.53 将复制层重命名为"蓝色烟雾2"

步骤 07 选择"蓝色烟雾.mov""蓝色烟雾2"两个图层，按S键，打开【缩放】选项，在时间线面板

的空白处单击，取消选择。然后分别设置"蓝色烟雾2"的【缩放】的值为（112，-112），"蓝色烟雾.mov"的【缩放】的值为（112，112），如图15.54所示；此时合成窗口中的画面效果如图15.55所示。

图15.54 设置【缩放】的值　图15.55 设置后的画
面效果

提示技巧

将【缩放】的值修改为（112，-112）后，图像将会以中心点的位置为轴，垂直翻转。

步骤 08 按P键，打开【位置】选项，设置"蓝色烟雾2"的【位置】的值为（360，578），"蓝色烟雾.mov"的【位置】的值为（360，-4），如图15.56所示；此时合成窗口中的画面效果如图15.57所示。

图15.56 设置【位置】的值　图15.57 设置后的画面
效果

步骤 09 将时间调整到00:00:01:20帧的位置，选择"蓝色烟雾2"层，按住Alt键＋[组合键，为该层设置入点，如图15.58所示。

图15.58 为"蓝色烟雾2"设置入点

步骤 10 将时间调整到00:00:00:00帧的位置，然后按住Shift键，拖动素材条，使其起点位于00:00:00:00帧的位置，完成后的效果如图15.59所示。

图15.59 调整"蓝色烟雾2"的入点位置

实例170 制作素材位移动画

步骤01 在【项目】面板中选择"图腾.psd"素材，将其拖动到时间线面板中，然后按S键，打开该层的【缩放】选项，设置【缩放】的值为（250，250），如图15.60所示；此时的画面效果如图15.61所示。

图15.60 设置【缩放】的值为（250，250）

图15.61 设置缩放后的画面效果

步骤02 单击工具栏中的【钢笔工具】按钮，在合成窗口中绘制一条路径，如图15.62所示。按F键，打开该层的【蒙版羽化】选项，设置【蒙版羽化】的值为（30，30），此时的画面效果如图15.63所示。

图15.62 绘制蒙版　　　　图15.63 羽化效果

步骤03 确认当前时间在00:00:00:00帧的位置。按P键，打开该层的【位置】选项，设置【位置】的值为（355，56），为其添加关键帧，如图15.64所示。

图15.64 设置【位置】的值

步骤04 将时间调整到00:00:02:17帧的位置，设置【位置】的值为（235，40），如图15.65所示。

图15.65 设置【位置】的值

步骤05 在【项目】面板中，选择"版字.jpg"，将其拖动到时间线面板中，如图15.66所示。

图15.66 添加"版字.jpg"素材

步骤06 选择"版字.jpg"层，在【效果和预设】面板中展开【键控】特效组，然后双击【颜色键】特效，如图15.67所示；默认画面效果如图15.68所示。

图15.67 添加【颜色键】特效　　图15.68 默认画面效果

步骤07 在【效果控件】面板中设置【主色】为棕色（R:181，G:140，B:69），【颜色容差】的值为32，如图15.69所示；此时的画面效果如图15.70所示。

图15.69 设置【颜色键】特效的参数

图15.70 设置参数后的"版字"效果

步骤08 展开【变换】选项组，单击【位置】左侧的码表按钮，在00:00:00:00帧的位置，设置关键帧，并设置【位置】的值为（575，282），【缩放】的值为（45，45），【不透明度】的值为20%；将时间调整到00:00:03:10帧的位置，设置【位置】的值为（506，282），如图15.71所示。

图15.71 在00:00:03:10帧的位置设置关键帧

步骤 09 单击工具栏中的【椭圆工具】■按钮，为"版字.jpg"层绘制一个椭圆蒙版，如图15.72所示。按F键，打开该层的【蒙版羽化】选项，设置

【蒙版羽化】的值为（50，50），完成后的效果如图15.73所示。

图15.72 绘制椭圆蒙版 　　　图15.73 羽化效果

实例171 制作发光体

步骤 01 在【项目】面板中选择"发光体.psd""胶片字"，将其拖动到时间线面板中，如图15.74所示。

图15.74 添加"发光体.psd""胶片字"素材

步骤 02 在时间线面板的空白处单击，取消选择。然后选择"胶片字"合成层，按P键，打开该层的【位置】选项，设置【位置】的值为（405，350），如图15.75所示。

图15.75 设置【位置】的值为（405，350）

步骤 03 选择"发光体.psd"层，在【效果和预设】面板中展开RG Trapcode特效组，然后双击Shine（光）特效，如图15.76所示。其中一帧的画面效果如图15.77所示。

提示技巧

Shine（光）特效是第三方插件，需要读者自己安装。

图15.76 添加Shine（光）特效 　图15.77 添加特效后的画面效果

步骤 04 将时间调整到00:00:00:00帧的位置，在

【效果控件】面板中单击Source Point（源点）左侧的码表■按钮，在当前位置设置关键帧，并修改Source Point（源点）的值为（479，282），Ray Length（光线长度）的值为12，Boost Light（光线亮度）的值为3.5；展开Colorize（着色）选项组，在Colorize（着色）下拉列表框中选择3 – Color Gradient（三色渐变）选项，设置Midtones（中间色）为黄色（R:240，G:217，B:32），Shadows（阴影色）的颜色为红色（R:190，G:43，B:6），如图15.78所示；此时的画面效果如图15.79所示。

图15.78 设置Shine（光）的参数 　图15.79 设置参数后的画面效果

步骤 05 将时间调整到00:00:01:00帧的位置，单击Ray Length（光线长度）左侧的码表■按钮，在当前位置设置关键帧，如图15.80所示。将时间调整到00:00:02:22帧的位置，设置Source Point（源点）的值为（303，292），Ray Length（光线长度）的值为18，如图15.81所示。

图15.80 为Ray Length（光线长度）设置关键帧

图15.81 修改参数的值

图15.83 画面效果

图15.84 绘制矩形蒙版

步骤 06 将时间调整到00:00:03:10帧的位置，设置Source Point（源点）的值为（253，290），Ray Length（光线长度）的值为15，如图15.82所示；此时的画面效果如图15.83所示。

图15.82 在00:00:03:10帧的位置修改参数

步骤 07 单击工具栏中的【矩形工具】█按钮，在合成窗口中为"发光体.psd"层绘制一个蒙版，如图15.84所示。将时间调整到00:00:00:00帧的位置，按M键，打开该层的【蒙版路径】选项，单击【蒙版路径】左侧的码表█按钮，在当前位置设置关键帧，如图15.85所示。

图15.85 为【蒙版路径】设置关键帧

提示技巧

在绘制矩形蒙版时，需要将光遮住，不可以太小。

步骤 08 将时间调整到00:00:02:19帧的位置，修改蒙版的形状，系统将在当前位置自动设置关键帧，如图15.86所示。将时间调整到00:00:03:02帧的位置，修改蒙版的形状，如图15.87所示。

图15.86 在00:00:02:19帧的
位置修改形状

图15.87 在00:00:03:02帧的
位置修改形状

实例172　制作文字定版

步骤 01 单击工具栏中的【横排文字工具】█按钮，在合成窗口中输入文字"与激情共舞"，设置字体为"[FZLSJW]"，字体【填充颜色】为黑色，字符大小为67像素，如图15.88所示；此时合成窗口中的画面效果如图15.89所示。

图15.90 修改【位置】的值

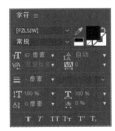

图15.88 【字符】面板

图15.89 设置参数后的画面效果

图15.91 文字的位置

步骤 02 在时间线面板中选择"与激情共舞"文字层，按P键打开该层的【位置】选项，设置【位置】的值为（207，318），如图15.90所示；此时文字的位置如图15.91所示。

步骤 03 单击工具栏中的【矩形工具】█按钮，在合成窗口中为"与激情共舞"文字层绘制一个蒙版，如图15.92所示。将时间调整到00:00:00:00帧的位置，按M键，打开该层的【蒙版路径】选项，单击【蒙版路径】左侧的码表■按钮，在当前位置设置关键帧，如图15.93所示。

图15.92 绘制蒙版

图15.93 在00:00:00:00帧的位置设置关键帧

步骤 04 将时间调整到00:00:01:13帧的位置，在当前位置修改蒙版形状，如图15.94所示。

图15.94 00:00:01:13帧的蒙版形状

步骤 05 制作渐现效果。在时间线面板中按Ctrl + Y组合键打开【纯色设置】对话框，设置【名称】为"渐现"，【颜色】为黑色，如图15.95所示。

图15.95 【纯色设置】对话框

步骤 06 单击【确定】按钮，在时间线面板中将会创建一个名为"渐现"的固态层。将时间调整到00:00:00:00帧的位置，选择"渐现"固态层，按T键，打开该层的【不透明度】选项，单击【不透明度】左侧的码表■按钮，在当前位置设置关键帧，如图15.96所示。

图15.96 设置【不透明度】关键帧

步骤 07 将时间调整到00:00:00:06帧的位置，修改【不透明度】的值为0%，如图15.97所示。

图15.97 修改【不透明度】的值

步骤 08 这样就完成了"电视特效表现——与激情共舞"的整体制作，按小键盘上的"0"键播放预览。最后将文件保存并输出成动画。

15.3 《Music频道》ID演绎

特效解析 本例讲解《Music频道》ID演绎动画的制作，利用3D Stroke（3D笔触）、Starglow（星光）特效制作流动光线效果，利用【高斯模糊】等特效制作Music字符运动模糊效果，进而制作出整体的频道ID演绎动画。本例最终的动画流程画面如图15.98所示。

知识点
1. 素材的导入
2. 【高斯模糊】特效
3. 【3D笔触】特效
4. 【星光】特效

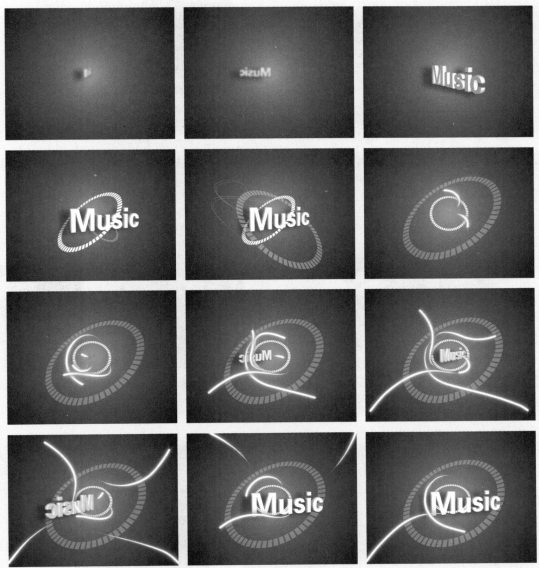

图15.98 动画流程画面

难易程度：★★★☆☆
工程文件：下载文件\工程文件\第15章\Music
视频位置：下载文件\movie\15.3 《Music频道》ID演绎.avi

实例173 导入素材与建立合成

步骤 01 导入三维素材。执行菜单栏中的【文件】|【导入】|【文件】命令，打开【导入文件】对话框，选择下载文件中的"工程文件\第15章\Music\c1\c1.000.tga"素材，然后选中【Targa序列】复选框，如图15.99所示。

图15.99 【导入文件】对话框

步骤 02 单击"导入"按钮，此时将打开【解释素材：c1.[000-027].tga】对话框，在Alpha通道选项组中选中【直接-无遮罩】单选按钮，如图15.100所示。单击【确定】按钮，将素材黑色背景抠除，素材将以合成的方式导入到【项目】面板中。

图15.100 以合成的方式导入素材

步骤 03 使用相同的方法将"工程文件\第15章\Music\c2"文件夹内的.tga文件导入到【项目】面板中，如图15.101所示。

步骤 04 执行菜单栏中的【文件】|【导入】|【文件】命令，打开【导入文件】对话框，选择下载文件中的"工程文件\第15章\Music\单帧.tga、锯齿.psd"，如图15.102所示。

图15.101 导入合成素材　　图15.102 【导入文件】对话框

步骤 05 执行菜单栏中的【合成】|【新建合成】命令，打开【合成设置】对话框，设置【合成名称】为"Music动画"，【宽度】为720，【高度】为576，【帧速率】为25，【持续时间】为00:00:05:05秒，如图15.103所示。单击【确定】按钮，在【项目】面板中，将会新建一个名为"Music动画"的合成，如图15.104所示。

图15.103 【合成设置】对话框　　图15.104 新建合成

实例174 制作Music动画

步骤 01 在【项目】面板中选择"c1.[000-027].tga""单帧.tga""c2.[116-131].tga"素材，将其拖动到时间线面板中，分别在"c1.[000-027].tga"和"c2.[116-131].tga"素材上单击鼠标右键，从弹出的快捷菜单中选择【时间】|【时间伸缩】命令，打开【时间伸缩】对话框，设置"c1.[000-027].tga"【新持续时间】为00:00:01:03，设置"c2.[116-131].tga"【新持续时间】为00:00:00:15，如图15.105所示。

图15.105 调整后的效果

步骤 02 调整时间到00:00:01:02帧的位置，选择"单帧.tga"素材层，按住Alt键+[组合键，将其入点设置到当前位置，效果如图15.106所示。

图15.106 设置入点

步骤03 调整时间到00:00:04:14帧的位置，选择"单帧.tga"素材层，按住Alt键+]组合键，将其出点设置到当前位置，调整"c2.[116-131].tga"素材层，将其入点设置到当前位置，如图15.107所示。

图15.107 设置出点

步骤04 调整时间到00:00:01:02帧的位置，打开"单帧.tga"素材层的三维属性开关。按R键，打开【旋转】属性，单击【Y轴旋转】左侧的码表按钮，为其建立关键帧，如图15.108所示；此时画面效果如图15.109所示。

图15.108 建立关键帧　　　图15.109 调整效果

步骤05 调整时间到00:00:04:14帧的位置，修改【Y轴旋转】的值为-38，系统自动建立关键帧，如图15.110所示；效果如图15.111所示。

图15.110 修改属性　　　图15.111 修改后的效果

步骤06 这样"Music动画"的合成就制作完成了，按小键盘上的"0"键，在合成窗口中预览动画，其中几帧的效果如图15.112所示。

图15.112 "Music动画"合成的预览图

实例175 制作光线动画

步骤01 执行菜单栏中的【合成】|【新建合成】命令，打开【合成设置】对话框，设置【合成名称】为"光线"，【宽度】为720，【高度】为576，【帧速率】为25，并设置【持续时间】为00:00:01:20秒，如图15.113所示。

步骤02 按Ctrl + Y组合键打开【纯色设置】对话框，设置【名称】为"光线"，【宽度】为720，【高度】为576，【颜色】为黑色，如图15.114所示。

图15.115 绘制平滑路径　　图15.116 添加3D Stroke（3D笔触）特效

图15.113 新建合成　　　图15.114 新建纯色层

步骤03 选择"光线"纯色层，单击工具栏中的【钢笔工具】按钮，绘制一条平滑的路径，如图15.115所示。

步骤04 在【效果和预设】面板中展开RG Trapcode特效组，然后双击3D Stroke（3D笔触）特效，如图15.116所示。

步骤05 调整时间到00:00:00:00帧的位置，在【效果控件】面板中修改3D Stroke（3D笔触）特效的参数，设置【颜色】为白色，Thickness（厚度）的值为1，End（结束）的值为24，Offset（偏移）的值为-30，并单击End（结束）和Offset（偏移）左侧的码表按钮；展开Taper（锥形）选项组，选中Enable（启用）复选框，如图15.117所示；画面效果如图15.118所示。

图15.117 设置3D Stroke（3D笔触）　　图15.118 画面效果
特效参数

步骤 06 调整时间到00:00:00:14帧的位置，修改End（结束）的值为50，Offset（偏移）的值为11，如图15.119所示。

步骤 07 调整时间到00:00:01:07帧的位置，修改End（结束）的值为30，Offset（偏移）的值为90，如图15.120所示。

图15.119 设置00:00:00:14帧的位置参数　　图15.120 设置00:00:01:07帧的位置参数

步骤 08 在【效果和预设】面板中展开RG Trapcode特效组，然后双击Starglow（星光）特效，如图15.121所示。

步骤 09 在【效果控件】面板中修改Starglow（星光）特效的参数，在Preset（预设）下拉列表框中选择Warm Star（暖色星光）选项；展开Pre-Process（预设）选项组，设置Threshold（阈值）的值为160，修改Boost Light（发光亮度）的值为3，如图15.122所示。

图15.121 添加特效　　图15.122 设置参数

步骤 10 展开Colormap A（颜色图A）选项组，从Preset（预设）下拉列表框中选择One Color（单色）选项，并设置【颜色】为橙色（R:255，G:166，B:0），如图15.123所示。

步骤 11 确认选择"光线"素材层，按Ctrl+D组合键，复制"光线"层并重命名为"光线2"，如图15.124所示。

图15.123 设置Colormap A　　图15.124 复制"光线"素材层
（颜色贴图A）

步骤 12 选中"光线2"层，按P键，打开【位置】属性，修改【位置】属性值为（368，296），如图15.125所示。

图15.125 修改【位置】属性

步骤 13 按Ctrl+D组合键复制"光线2"并重命名为"光线3"，选中"光线3"素材层，按S键，打开【缩放】属性，关闭约束比例开关，并修改【缩放】的值为（-100，100），如图15.126所示。

图15.126 修改【缩放】的值

步骤 14 选中"光线3"素材层，按U键，打开建立了关键帧的属性，选中End（结束）属性及Offset（偏移）属性的全部关键帧，调整时间到00:00:00:12帧的位置，拖动所有关键帧使入点与当前时间对齐，如图15.127所示。

图15.127 调整关键帧位置

步骤 15 选中"光线3"素材层，按Ctrl+D组合键复制"光线3"并重命名为"光线4"，按P键，打开【位置】属性，修改【位置】值为（360，288），如图15.128所示。

图15.128 修改【位置】属性

实例176 制作光动画

步骤01 执行菜单栏中的【合成】|【新建合成】命令，打开【合成设置】对话框，设置【合成名称】为"光"，【宽度】为720，【高度】为576，【帧速率】为25，【持续时间】为00:00:03:20，如图15.129所示。

步骤02 按Ctrl + Y组合键打开【纯色设置】对话框，设置【名称】为"光1"，【宽度】为720，【高度】为576，【颜色】为黑色，如图15.130所示。

图15.129 新建合成　　　图15.130 新建纯色层

步骤03 选择"光1"纯色层，单击工具栏中的【钢笔工具】按钮，在"光1"合成窗口中绘制一条平滑的路径，如图15.131所示。

步骤04 在【效果和预设】面板中展开Trapcode特效组，然后双击3D Stroke（3D笔触）特效，如图15.132所示。

图15.131 绘制平滑路径　　图15.132 添加特效

步骤05 调整时间到00:00:00:00帧的位置，在【效果控件】面板中修改3D Stroke（3D笔触）特效的参数，设置【颜色】为白色，Thickness（厚度）的值为5，End（结束）的值为0，Offset（偏移）的值为0，并单击End（结束）和Offset（偏移）左侧的码表按钮；展开Taper（锥形）选项组，选中Enable（启用）复选框，如图15.133所示。

步骤06 调整时间到00:00:01:07帧的位置，修改Offset（偏移）的值为15，系统自动建立关键帧，如图15.134所示。

步骤07 调整时间到00:00:01:22帧的位置，修改End（结束）的值为100，Offset（偏移）的值为90，系统自动建立关键帧，如图15.135所示。

步骤08 在【效果和预设】面板中展开RG Trapcode特效组，然后双击Starglow（星光）特效，如图15.136所示。

图15.133 修改特效的参数　　图15.134 修改【偏移】的值

图15.135 修改End（结束）　　图15.136 添加特效与Offset的值（偏移）

步骤09 在【效果控件】面板中修改Starglow（星光）特效的参数，在Preset（预设）下拉列表框中选择Warm Star（暖色星光）选项；展开Pre-Process（预设）选项组，设置Threshold（阈值）的值为160，修改Streak Length（光线长度）的值为5，如图15.137所示。

图15.137 设置参数

步骤10 按Ctrl + Y组合键打开【纯色设置】对话框，设置【名称】为"光2"，【宽度】为720，【高度】为576，【颜色】为黑色，如图15.138所示。

步骤11 选择"光2"纯色层，单击工具栏中的【钢笔工具】按钮，在"光2"合成窗口中绘制一条平滑的路径，如图15.139所示。

图15.138 新建纯色层　　　图15.139 绘制平滑路径

步骤 12 单击时间线面板中的"光2"纯色层，按Ctrl+D组合键复制"光2"层并重命名为"光3"，以同样的方法复制出"光4""光5"，如图15.140所示。

图15.140 复制光层

步骤 13 调整时间到00:00:00:00帧的位置，选中"光1"素材层，在【效果控件】面板中选中3D Stroke（3D笔触）和Starglow（星光）两个特效，按Ctrl+C组合键复制特效，在"光2"素材层的【效果控件】面板中，按Ctrl+V组合键粘贴特效，如图15.141所示；此时的画面效果如图15.142所示。

图15.141 粘贴特效　　　图15.142 特效预览

步骤 14 调整时间到00:00:00:09帧的位置，在"光3"素材层的【效果控件】面板中，按Ctrl+V组合键粘贴特效，如图15.143所示；粘贴特效后的效果如图15.144所示。

步骤 15 选中时间线面板中的"光3"纯色层，按R键，打开【旋转】属性，修改【旋转】的值为75，如图15.145所示；此时的画面效果如图15.146所示。

图15.143 粘贴特效　　　图15.144 复制特效后的效果预览

图15.145 修改属性　　　图15.146 效果预览

步骤 16 调整时间到00:00:00:15帧的位置，在"光4"素材层的【效果控件】面板中，按Ctrl+V组合键粘贴特效，如图15.147所示；此时的画面效果如图15.148所示。

图15.147 粘贴特效　　　图15.148 复制特效后的效果预览

步骤 17 选中时间线面板中的"光4"纯色层，按R键，打开【旋转】属性，修改【旋转】的值为175，如图15.149所示；此时的画面效果如图15.150所示。

图15.149 修改属性　　　图15.150 旋转后
效果

步骤 18 调整时间到00:00:00:23帧的位置，在"光5"素材层的【效果控件】面板中，按Ctrl+V组合键粘贴特效，如图15.151所示；此时的画面效果如图15.152所示。

图15.151 粘贴特效　　　图15.152 复制特效后的效果预览

步骤 19 在时间线面板中选中"光1"纯色层，按Ctrl+D组合键复制并重命名为"光6"，按U键，打开"光6"建立关键帧的属性；调整时间到00:00:01:10帧的位置，选中时间线中的"光线6"的全部关键帧，向右拖动使起始帧与当前时间对齐，如图15.153所示。

图15.153 调整关键帧位置

步骤20 光动画就制作完成了，按空格或小键盘上的"0"键进行预览，其中几帧的效果如图15.154所示。

图15.154 "光"合成的动画预览

实例177 制作最终合成动画

步骤01 执行菜单栏中的【合成】|【新建合成】命令，打开【合成设置】对话框，设置【合成名称】为"最终合成"，【宽度】为720，【高度】为576，【帧速率】为25，【持续时间】为00:00:10:00秒，并将"光""光线""Music动画""锯齿.psd"素材拖入到时间线面板中，如图15.155所示。

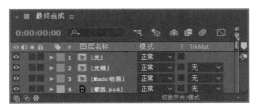

图15.155 将素材导入时间线面板

步骤02 按Ctrl + Y组合键打开【纯色设置】对话框，设置【名称】为"背景"，【宽度】为720，【高度】为576，【颜色】为黑色，如图15.156所示。

步骤03 在【效果和预设】面板中展开【生成】特效组，然后双击【梯度渐变】特效，如图15.157所示。

图15.156 【纯色设置】对话框

图15.157 添加特效

步骤04 在【效果控件】面板中修改【梯度渐变】特效的参数，设置【渐变形状】为【径向渐变】，【渐变起点】的值为（360，288），【起始颜色】为红色（R:255，G:30，B:92），【渐变终点】的值为（360，780），【结束颜色】为暗红色（R:40，G:1，B:5），如图15.158所示。

图15.158 设置【梯度渐变】特效参数

步骤05 选中"锯齿.psd"层，打开三维属性开关，按Ctrl+D组合键复制三次"锯齿.psd"，并分别重命名为"锯齿2""锯齿3""锯齿4"，如图15.159所示。

图15.159 复制"锯齿.psd"素材层

步骤06 调整时间到00:00:01:22帧的位置，选中"锯齿.psd"素材层，展开【变换】选项组，单击【缩放】属性左侧的码表 按钮，建立关键帧，修改【缩放】的值为（30，30，30）；调整时间到00:00:02:05帧的位置，修改【缩放】的值为（104，104，104）；调整时间到00:00:02:09帧的位置，修改【缩放】的值为（79，79，79），单击【Z轴旋转】左侧的码表 按钮，建立关键帧；调整时间到00:00:04:08帧的位置，修改【缩放】的值为（79，79，79），添加延时帧，修改【Z轴旋转】的值为30，调整时间到00:00:04:15帧的位置，修改【缩放】的值为（0，0，0），如图15.160所示。

图15.160 设置"锯齿.psd"的关键帧

步骤 07 确认选中"锯齿.psd"素材层,修改【位置】属性值为(410,340,0),【X轴旋转】属性的值为-54,【Y轴旋转】属性值为-30,【不透明度】属性的值为44%,如图15.161所示。

图15.161 设置【旋转】属性

步骤 08 调整时间到00:00:01:05帧的位置,单击"锯齿2"素材层,打开【变换】选项组,修改【位置】属性的值为(350,310,0),单击【缩放】左侧的码表按钮,在当前建立关键帧;将【缩放】值更改为0,修改【X轴旋转】的值为-57,修改【Y轴旋转】的值为33,如图15.162所示。

图15.162 设置"锯齿2"的属性值并建立关键帧

步骤 09 调整时间到00:00:01:06帧的位置,修改【缩放】属性的值为(28,28,28);调整时间到00:00:01:15帧的位置,修改【缩放】属性的值为(64,64,64);调整时间到00:00:01:20帧的位置,修改【缩放】属性的值为(51,51,51),单击【Z轴旋转】左侧的码表按钮,在当前建立关键帧;调整时间到00:00:04:03帧的位置,修改【缩放】属性的值为(51,51,51),在此处添加延时帧,修改【Z轴旋转】的值为80;调整时间到00:00:04:09帧的位置,修改【缩放】属性的值为(0,0,0),如图15.163所示。

图15.163 建立"锯齿2"的关键帧动画

步骤 10 此时按空格键或小键盘上的"0"键可预览两个两个锯齿层的动画,其中几帧的预览效果如图15.164所示。

图15.164 锯齿动画的预览效果

步骤 11 选择"锯齿3.psd"素材层,调整时间到00:00:05:22帧的位置,单击【缩放】左侧的码表按钮,在当前位置建立关键帧;然后设置【缩放】的值为0,【X轴旋转】的值为-50,【Y轴旋转】的值为25,【Z轴旋转】的值为-18,【不透明度】的值为35%,如图15.165所示。

图15.165 设置"锯齿3"层的属性

步骤 12 调整时间到00:00:06:03帧的位置,【缩放】的值为(106,106,106);调整时间到00:00:06:06帧的位置,设置【缩放】的值为(85,85,85),单击【X轴旋转】属性、【Y轴旋转】属性、【Z轴旋转】属性左侧的码表按钮,添加关键帧,如图15.166所示。

图15.166 设置"锯齿3"的关键帧

步骤 13 调整时间到00:00:09:24帧的位置,设置【X轴旋转】的值为-36,【Y轴旋转】的值为12,【Z轴旋转】的值为112,如图15.167所示。

图15.167 设置"锯齿3"的旋转属性

步骤 14 调整时间到00:00:05:16帧的位置,选中"锯齿4"素材层,打开【变换】选项组,单击【缩放】属性左侧的码表按钮,修改【缩放】的值为(0,0,0);调整时间到00:00:05:24帧的位置,修改【缩放】的值为(37,37,37);调整时间到00:00:06:02帧的位置,修改【缩放】的值为(31,31,31),单击【X轴旋转】和【Z轴旋转】属性左侧的码表按钮,在当前建立关键帧;调整时间到00:00:09:24帧的位置,修改【X轴旋转】的值为-63,【Z轴旋转】的值为180,如图15.168所示。

图15.168 设置"锯齿4"的关键帧

步骤15 选中"Music动画"层,打开三维动画开关,在【效果和预设】面板中展开【透视】特效组,然后双击【投影】特效,如图15.169所示。

步骤16 在【效果控件】面板中修改【投影】特效的参数,设置【方向】的角度为257,设置【距离】的值为40,【柔和度】的值为45,如图15.170所示。

图15.169 添加特效　　　图15.170 设置参数

步骤17 在【效果和预设】面板中展开【颜色校正】特效组,然后双击【亮度和对比度】特效,如图15.171所示。

步骤18 在【效果控件】面板中,修改【亮度】值为18,如图15.172所示。

图15.171 添加特效　　　图15.172 修改数值

步骤19 在【效果和预设】面板中展开【模糊和锐化】特效组,然后双击【高斯模糊】特效,如图15.173所示。

步骤20 调整时间到00:00:00:00帧的位置,在【效果控件】面板中单击【模糊度】左侧的码表按钮,建立关键帧,并修改【模糊度】值为8,如图15.174所示。

图15.173 添加特效　　　图15.174 建立关键帧

步骤21 调整时间到00:00:00:16帧的位置,修改【模糊度】的值为0;调整时间到00:00:04:16帧的位置,单击时间线面板中【模糊度】左侧的【在当前时间添加或移除关键帧】按钮;调整时间到00:00:05:04帧的位置,修改【模糊度】的值为8,如图15.175所示。

图15.175 创建【模糊度】关键帧

步骤22 选中"Music动画"合成层,按Ctrl+D组合键复制合成并重命名为"Music动画2",并将"Music动画2"合成层移动到"光线"层与"光"层之间,将"Music动画2"的入点调整到00:00:07:01帧的位置,如图15.176所示,在【效果控件】面板中删除【高斯模糊】特效。

图15.176 调整"Music动画2"的位置

步骤23 调整时间到00:00:02:12帧的位置,拖动时间线中的"光线"层,调整入点为当前时间,如图15.177所示。

图15.177 调整"光线"层的持续时间条位置

步骤24 调整时间到00:00:06:05帧的位置,拖动时间线中"光"层,调整入点为当前时间,如图15.178所示。

图15.178 调整"光"层的持续时间条位置

步骤 25 调整完"光"层的持续时间条位置后，全部的Music动画就制作完成了，按空格键或小键盘上的"0"键，即可在合成窗口中预览动画。其中几帧的动画效果如图15.179所示。

图15.179 其中几帧的动画效果

15.4 电视栏目包装——节目导视

特效解析　"节目导视"是一个有关电视栏目包装的动画。本例主要通过三维层⬚命令及【父级】属性的使用，将动画的延展及空间变幻表现出来，制作出动态且有立体感的动画效果。完成的动画流程画面如图15.180所示。

知识点
1. 三维层⬚
2. 父级关系

图15.180 动画流程画面

难易程度：★★★★☆
工程文件：下载文件\工程文件\第15章\节目导视
视频位置：下载文件\movie\15.4 电视栏目包装——节目导视.avi

操作步骤

实例178　制作方块合成

步骤 01 执行菜单栏中的【合成】|【新建合成】命令，打开【合成设置】对话框，设置【合成名称】为"方块"，【宽度】为720，【高度】为576，【帧速率】为25，【持续时间】为00:00:06:00秒。

步骤 02 执行菜单栏中的【文件】|【导入】|【文件】命令，打开【导入文件】对话框，选择下载

文件中的"工程文件\第15章\节目导视\背景.bmp、红色Next.png、红色即将播出.png、长条.png"素材，单击【打开】按钮，将"篮球人物.psd"素材导入到【项目】面板中。

步骤 03 打开"方块"合成，在【项目】面板中选择"红色Next.png"素材，将其拖动到"方块"合成的时间线面板中，打开三维层⬚按钮，如图15.181所示。

图15.181 添加素材

步骤04 选中"红色Next"层，选择工具栏中的【向后平移（锚点）工具】，按住Shift键向上拖动，直到图像的边缘为止，移动前效果如图15.182所示，移动后效果如图15.183所示。

图15.182 移动前效果图　　图15.183 移动后效果图

步骤05 按S键展开【缩放】属性，设置【缩放】数值为（111，111，111），如图15.184所示。

图15.184 设置【缩放】参数

步骤06 按P键展开【位置】属性，将时间调整到00:00:00:00帧的位置，设置【位置】数值为（47，184，-172），单击码表按钮，在当前位置添加关键帧；将时间调整到00:00:00:07帧的位置，设置【位置】数值为（498，184，-43），系统会自动创建关键帧；将时间调整到00:00:00:14帧的位置，设置【位置】数值为（357，184，632）；将时间调整到00:00:01:04帧的位置，设置【位置】数值为（357，184，556）；将时间调整到00:00:02:18帧的位置，设置【位置】数值为（357，184，556）；将时间调整到00:00:03:07帧的位置，设置【位置】数值为（626，184，335），如图15.185所示。

图15.185 设置【位置】关键帧

步骤07 按R键展开【旋转】属性，将时间调整到00:00:01:04帧的位置，设置【X轴旋转】数值为0，单击码表按钮，在当前位置添加关键帧；将时

间调整到00:00:01:11帧的位置，设置【X轴旋转】数值为-90，系统会自动创建关键帧，如图15.186所示。

图15.186 设置【X轴旋转】关键帧

步骤08 将时间调整到00:00:02:18帧的位置，设置【Z轴旋转】数值为0，单击码表按钮，在当前位置添加关键帧；将时间调整到00:00:03:07帧的位置，设置【Z轴旋转】数值为-90，如图15.187所示。

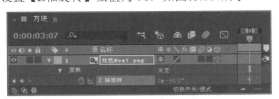

图15.187 设置【Z轴旋转】关键帧

步骤09 选中"红色Next"层，将时间调整到00:00:01:11帧的位置，按住Alt键+]组合键，切断后面的素材，如图15.188所示。

图15.188 层设置

步骤10 在【项目】面板中选择"红色即将播出.png"素材，将其拖动到"方块"合成的时间线面板中，打开三维层按钮，如图15.189所示。

图15.189 添加素材

步骤11 选中"红色即将播出.png"层，将时间调整到00:00:01:04帧的位置，按住Alt键+[组合键，将素材的入点剪切到当前帧的位置；将时间调整到00:00:03:06帧的位置，按住Alt键+]组合键，将素材的出点剪切到当前帧的位置，如图15.190所示。

图15.190 层设置

步骤12 按R键展开【旋转】属性，设置【X轴旋转】数值为90，如图15.191所示。

图15.191 设置【X轴旋转】参数

步骤13 选中"红色即将播出"层，选择工具栏中的【向后平移（锚点）工具】 ，按住Shift键向上拖动，直到图像的边缘为止，移动前效果如图15.192所示，移动后效果如图15.193所示。

图15.192 移动前效果图　　　图15.193 移动前效果图

步骤14 展开【父级】属性，将"红色即将播出"层设置为"红色Next"层的子层，如图15.194所示。

图15.194 【父级】设置

步骤15 选中"红色即将播出"层，按P键展开【位置】属性，设置【位置】数值为（96，121，89），【缩放】数值为（100，100，100），如图15.195所示；效果如图15.196所示。

图15.195 设置参数

图15.196 画面效果

步骤16 在【项目】面板中选择"长条.png"素材，将其拖动到"方块"合成的时间线面板中，打开三维层 按钮，如图15.197所示。

图15.197 添加素材

步骤17 选中"长条.png"层，将时间调整到00:00:02:18帧的位置，按住Alt键+[组合键，切断前面的素材，如图15.198所示。

图15.198 层设置

步骤18 选中"长条"层，选择工具栏中的【向后平移（锚点）工具】 ，按住Shift键向右拖动，直到图像的边缘为止，移动前效果如图15.199所示，移动后效果如图15.200所示。

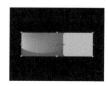 

图15.199 移动前效果图　　　图15.200 移动前效果图

步骤19 展开【父级】属性，将"长条"层设置为"红色Next"层的子层，如图15.201所示。

图15.201 【父级】设置

步骤20 按R键展开【旋转】属性，设置【X轴旋转】数值为90，如图15.202所示；效果如图15.203所示。

图15.202 设置【X轴旋转】参数

图15.203 画面效果

步骤 21 按P键展开【位置】属性,设置【位置】数值为(3,186,89),【缩放】数值为(97,97,97),如图15.204所示;效果如图15.205所示。

图15.204 设置【位置】参数

图15.205 画面效果

步骤 22 在【项目】面板中再次选择"红色即将播出.png"素材,将其拖动到"方块"合成的时间线面板中,打开三维层 按钮,如图15.206所示。

图15.206 添加素材

步骤 23 选中"红色即将播出.png"层,将时间调整到00:00:03:07帧的位置,按住Alt键+[组合键,切断前面的素材,如图15.207所示。

图15.207 层设置

步骤 24 选中"红色即将播出"层,选择工具栏中的【向后平移(锚点)工具】 ,按住Shift键向左拖动,直到图像的边缘为止,移动前效果如图15.208所示,移动后效果如图15.209所示。

图15.208 移动前效果图

图15.209 移动前效果图

步骤 25 按R键展开【旋转】属性,设置【Y轴旋转】数值为-90,如图15.210所示。

图15.210 设置【X轴旋转】参数

步骤 26 展开【父级】属性,将"红色即将播出"层设置为"红色Next"层的子层,如图15.211所示。

图15.211 【父级】设置

步骤 27 按P键展开【位置】属性,设置【位置】数值为(3,185,89),设置【缩放】数值为(100,100,100),如图15.212所示;效果如图15.213所示。

图15.212 设置【位置】参数

图15.213 画面效果

步骤 28 这样"方块"合成的制作就完成了,预览其中几帧的动画效果,如图15.214所示。

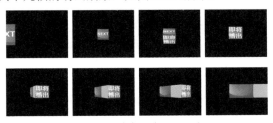

图15.214 其中几帧动画效果

实例179 制作文字合成

步骤01 执行菜单栏中的【合成】|【新建合成】命令，打开【合成设置】对话框，设置【合成名称】为"文字"，【宽度】为720，【高度】为576，【帧速率】为25，【持续时间】为00:00:06:00秒，如图15.215所示。

图15.215 【合成设置】对话框

步骤02 为了操作方便，复制"方块"合成中的"长条"层，粘贴到"文字"合成时间线面板中，此时"长条"层的位置并没有发生变化，效果如图15.216所示。

步骤03 执行菜单栏中的【图层】|【新建】|【文本】命令，在合成窗口中输入"12：20"，设置字体为"Leelawadee"，字号为35像素，字体颜色为白色，其他参数如图15.217所示。

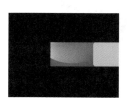

图15.216 画面效果　　　图15.217 设置字体参数

步骤04 选中"12：20"文字层，按P键展开【位置】属性，设置【位置】数值为（302，239），效果如图15.218所示。

步骤05 执行菜单栏中的【图层】|【新建】|【文本】命令，在合成窗口中输入"15:35"，设置字体为"Leelawadee"，字号为35像素，字体颜色为白色，其他参数设置如图15.219所示。

图15.218 画面效果　　　图15.219 设置字体参数

步骤06 选中"15:35"文字层，按P键展开【位置】属性，设置【位置】数值为（305，276），效果如图15.220所示。

步骤07 执行菜单栏中的【图层】|【新建】|【文本】命令，在合成窗口中输入"非诚勿扰"，设置字体为"仿宋"，字号为32像素，字体颜色为白色，其他参数设置如图15.221所示。

图15.220 画面效果　　　图15.221 设置字体参数

步骤08 选中"非诚勿扰"文字层，按P键展开【位置】属性，设置【位置】数值为（405，238），效果如图15.222所示。

步骤09 执行菜单栏中的【图层】|【新建】|【文本】命令，在"镜头五"的合成窗口中输入"成长不烦恼"，设置字体为"仿宋"，字号为32像素，字体颜色为白色，其他参数如图15.223所示。

图15.222 画面效果　　　图15.223 设置字体参数

步骤10 选中"成长不烦恼"文字层，按P键展开【位置】属性，设置【位置】数值为（407，273），效果如图15.224所示。

步骤11 执行菜单栏中的【图层】|【新建】|【文本】命令，在合成窗口中输入"接下来请收看"，设置字体为"仿宋"，字号为32像素，字体颜色为白色，如图15.225所示。

图15.224 画面效果

图15.225 设置字体参数

步骤12 选中"接下来请收看"文字层，按P键展开【位置】属性，设置【位置】数值为（556，336），效果如图15.226所示。

步骤13 执行菜单栏中的【图层】|【新建】|【文本】命令，在合成窗口中输入"NEXT"，设置字体为"汉仪粗宋简"，字号为38像素，字体颜色为灰色（R:152，G:152，B:152），如图15.227所示。

图15.226 画面效果

图15.227 设置字体参数

步骤14 选中"NEXT"文字层，按P键展开【位置】属性，设置【位置】数值为（561，303），效果如图15.228所示。

图15.228 画面效果

步骤15 选中"长条"层，按Delete键删除，如图15.229所示；效果如图15.230所示。

图15.229 层设置

图15.230 画面效果

实例180 制作节目导视合成

步骤01 执行菜单栏中的【合成】|【新建合成】命令，打开【合成设置】对话框，新建一个【合成名称】为"节目导视"，【宽度】为720，【高度】为576，【帧速率】为25，【持续时间】为00:00:06:00秒的合成。

步骤02 打开"节目导视"合成，在【项目】面板中选择"背景"合成，将其拖动到"节目导视"合成的时间线面板中，如图15.231所示。

图15.231 添加素材

步骤03 选中"背景"层，按P键展开【位置】属性，设置【位置】数值为（358，320），按S键展开【缩放】属性，取消【约束比例】■按钮，设置【缩放】数值为（100，115），如图15.232所示。

图15.232 设置参数

步骤04 执行菜单栏中的【图层】|【新建】|【摄仰像机】命令，打开【摄像机设置】对话框，设置【名称】为"Camera1"，【预设】为50毫米，如图15.233所示。

图15.233 层设置

步骤 05 选中"摄像机 1"层，按P键展开【位置】属性，设置【位置】数值为（360，288，-854），如图15.234所示。

图15.234 设置【位置】参数

步骤 06 在【项目】面板中选择"方块"合成，将其拖动到"节目导视"合成的时间线面板中，如图15.235所示。

图15.235 添加层

步骤 07 再次选择【项目】面板中的"方块"合成，将其拖动到"节目导视"合成的时间线面板中，重命名为"倒影"，如图15.236所示。

图15.236 倒影层

步骤 08 选中"倒影"层，按S键展开【缩放】属性，取消【约束比例】按钮，设置【缩放】数值为（100，-100），如图15.237所示。

图15.237 设置参数

步骤 09 选中"倒影"层，按P键展开【位置】属性，将时间调整到00:00:00:00帧的位置，设置【位置】数值为（360，545），单击码表按钮，在当

前位置添加关键帧；将时间调整到00:00:00:07帧的位置，设置【位置】数值为（360，509），系统会自动创建关键帧；将时间调整到00:00:00:11帧的位置，设置【位置】数值为（360，434）；将时间调整到00:00:00:14帧的位置，设置【位置】数值为（360，417），如图15.238所示。

图15.238 设置【位置】关键帧

步骤 10 按T键展开【不透明度】属性，设置【不透明度】数值为20%，如图15.239所示。

图15.239 设置【不透明度】参数

步骤 11 选择工具栏中的【矩形工具】，在"节目导视"合成窗口中绘制蒙版，如图15.240所示。

步骤 12 选中"蒙版 1"层，按F键，打开"倒影"层的【蒙版羽化】选项，设置【蒙版羽化】的值为（67，67），此时的画面效果如图15.241所示。

图15.240 绘制蒙版　　图15.241 设置蒙版羽化后的画面效果

步骤 13 在【项目】面板中选择"文字"合成，将其拖动到"节目导视"合成的时间线面板中，将其入点放在00:00:03:07帧的位置，如图15.242所示。

图15.242 添加素材

步骤 14 选中"文字"合成，按T键展开【不透明度】属性，将时间调整到00:00:03:07帧的位置，设置【不透明度】数值为0，单击码表按钮，在当前位置添加关键帧；将时间调整到00:00:03:12帧的位置，设置【不透明度】数值为100%；将时间调整

到00:00:04:00帧的位置，为其添加延时帧；将时间调整到00:00:04:05帧的位置，设置【不透明度】数值为0，如图15.243所示。

图15.243 设置【不透明度】关键帧

步骤 15 这样就完成了"电视栏目包装——节目导视"的整体制作，按小键盘上的"0"键，在合成窗口中预览动画。

15.5 电视频道包装——浙江卫视

特效解析 "浙江卫视"是一个关于电视频道包装的动画，如今的电视频道都很注重包装，这样可以使观众对该频道印象深刻，而这些包装的制作方法通过Adobe After Effects CC 2018软件自带的功能就可以完全表现出来。通过本例的制作，学习彩色光效的制作方法及如何利用【碎片】特效制作画面粉碎效果。完成的动画流程画面如图15.244所示。

知识点
1. 【碎片】特效
2. 【分形杂色】特效
3. 【发光】特效
4. 【渐变】特效
5. 【彩色光】特效
6. 【闪光灯】特效

图15.244 动画流程画面

难易程度：★★★☆☆
工程文件：下载文件\工程文件\第15章\浙江卫视
视频位置：下载文件\movie\15.5 电视频道包装——浙江卫视.avi

操作步骤

实例181 制作彩光效果

步骤 01 执行菜单栏中的【合成】|【新建合成】命令，打开【合成设置】对话框，设置【合成名称】为"彩光"，【宽度】为720，【高度】为576，【帧速率】为25，【持续时间】为00:00:06:00秒。

按Ctrl＋N组合键，可以快速打开【合成设置】对话框。

步骤 02 执行菜单栏中的【文件】|【导入】|【文件】命令，打开【导入文件】对话框，选择下载文件中的"工程文件\第15章\浙江卫视\Logo.psd"素材，如图15.245所示。

图15.245 【导入文件】对话框

步骤 03 单击【导入】按钮，将打开"Logo.psd"对话框，在【导入类型】的下拉列表框中选择【合成】选项，将素材以合成的方式导入，如图15.246所示。单击【确定】按钮，将素材导入到【项目】面板中。

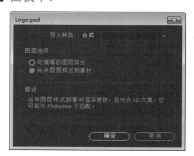

图15.246 "Logo.psd"对话框

步骤 04 执行菜单栏中的【文件】|【导入】|【文件】命令，打开【导入文件】对话框，选择下载文件中的"工程文件\第15章\浙江卫视\光线.jpg、扫光图片.jpg"素材，单击【导入】按钮，将"光线.jpg""扫光图片.jpg"导入到【项目】面板中。

步骤 05 打开"彩光"合成，在时间线面板中按Ctrl＋Y组合键打开【纯色设置】对话框，设置【名称】为噪波，【颜色】为黑色。单击【确定】按钮，在时间线面板中，将会创建一个名为"噪波"的纯色层。

步骤 06 选择"噪波"纯色层，在【效果和预设】面板中展开【杂色和颗粒】特效组，然后双击【分形杂色】特效。

步骤 07 在【效果控件】面板中设置【对比度】的值为120，展开【变换】选项组，撤选【统一缩放】复选框，设置【缩放宽度】的值为5000，【缩放高

度】的值为100；将时间调整到00:00:00:00帧的位置，分别单击【偏移湍流】和【演化】左侧的码表按钮，在当前位置设置关键帧，并设置【偏移湍流】的值为（3600，288），【复杂度】的值为4，【演化】的值为0。

步骤 08 将时间调整到00:00:05:24帧的位置，设置【偏移湍流】的值为（-3600，288），【演化】的值为1x，如图15.247所示；合成窗口效果如图15.248所示。

图15.247 设置【分形杂色】关键帧 图15.248 设置关键帧后效果

步骤 09 在【效果和预设】面板中展开【风格化】特效组，然后双击【闪光灯】特效，为"噪波"层添加【闪光灯】特效。

步骤 10 在【效果控件】面板中设置【闪光颜色】为白色，【与原始图像混合】的值80%，【闪光持续时间】的值为0.03，【闪光间隔时间】的值为0.06，【随机闪光概率】的值为30%，从【闪光】的右侧下拉列表框中选择【使图层透明】选项，如图15.249所示；合成窗口效果如图15.250所示。

图15.249 设置【闪光灯】特效参数 图15.250 设置闪光灯后效果

【闪光颜色】：设置闪光灯的闪光颜色。【与原始图像混合】：设置闪光效果与原始素材的融合程度。值越大，越接近原图。【闪光长度】：设置闪光灯的持续时间，单位为秒。【闪光周期】：设置闪光灯两次闪光之间的间隔时间，单位为秒。【随机闪光机率】：设置闪光灯闪光的随机概率。【闪光】：设置闪光的方式。【闪光操作】：设置闪光的运算方式。【随机种子】：设置闪光的随机种子量。值越大，颜色产生的透明度越高。

步骤 11 按Ctrl＋Y组合键，在时间线面板中新建一

个【名称】为"光线",【颜色】为黑色的纯色层,如图15.251所示。

图15.251 新建"光线"纯色层

步骤 12 选择"光线"纯色层,在【效果和预设】面板中展开【生成】特效组,然后双击【梯度渐变】特效,如图15.252所示,【渐变】特效的参数使用默认值。在【效果和预设】面板中展开【颜色校正】特效组,然后双击【色光】特效,如图15.253所示。

图15.252 添加【梯度渐变】特效　图15.253 添加【色光】特效

提示技巧

【渐变开始】:设置渐变开始的位置。【开始色】:设置渐变开始的颜色。【渐变结束】:设置渐变结束的位置。【结束色】:设置渐变结束的颜色。【渐变形状】:选择渐变的方式,包括【线性渐变】和【放射渐变】两种方式。【渐变扩散】:设置渐变的扩散程度。值过大时将产生颗粒效果。【与原始图像混合】:设置渐变颜色与原图像的混合百分比。

步骤 13 【色光】特效的参数使用默认值,然后在时间线面板中将"光线"层右侧的【模式】修改为【颜色】,画面效果如图15.254所示。

步骤 14 按Ctrl + Y组合键,在时间线面板中新建一个【名称】为"蒙版遮罩",【颜色】为黑色的纯色层。选择"蒙版遮罩"纯色层,单击工具栏中的【矩形工具】▇按钮,在合成窗口中绘制一个矩形路径,如图15.255所示。

图15.254 添加【色光】特效后　图15.255 绘制矩形蒙版
的画面效果

提示技巧

在调整蒙版的形状时,按住Ctrl键,遮罩将以中心对称的形式进行变换。

步骤 15 在时间线面板中,按F键,打开"蒙版遮罩"纯色层的【蒙版羽化】选项,设置【蒙版羽化】的值为(250,250),如图15.256所示。此时的画面效果如图15.257所示。

图15.256 设置【蒙版羽化】参数

图15.257 羽化后的画面效果

步骤 16 在时间线面板中,设置"光线"层的【轨道遮罩】为"Alpha 遮罩'[蒙版遮罩]'",如图15.258所示;合成窗口效果如图15.259所示。

图15.258 设置【轨道遮罩】

图15.259 设置【轨道遮罩】后效果

步骤 17 这样就完成了彩光效果的制作,在合成窗口中观看,其中几帧的画面效果如图15.260所示。

图15.260 其中几帧的画面效果

实例182 制作蓝色光带

步骤 01 执行菜单栏中的【合成】|【新建合成】命令，打开【合成设置】对话框，设置【合成名称】为"蓝色光带"，【宽度】为720，【高度】为576，【帧速率】为25，【持续时间】为00:00:06:00秒。

步骤 02 在时间线面板中按Ctrl + Y组合键，打开【纯色设置】对话框，设置【名称】为蓝光，【颜色】为蓝色（R:50，G:113，B:255）。

步骤 03 选择"蓝光条"层，单击工具栏中的【矩形工具】■按钮，在"蓝色光带"合成窗口中绘制一个蒙版，如图15.261所示。

图15.261 绘制路径

步骤 04 在时间线面板中，按F键，打开该层的【蒙版羽化】选项，设置【蒙版羽化】的值为（25，25），如图15.262所示。

图15.262 设置【蒙版羽化】参数

步骤 05 在【效果和预设】面板中展开【风格化】特效组，然后双击【发光】特效。

步骤 06 在【效果控件】面板中设置【发光阈值】的值为28%，【发光半径】的值为20，【发光强度】的值为2，在【发光颜色】右侧的下拉列表框中选择【A 和 B 颜色】选项，设置【颜色 B】为白色，如图15.263所示；合成窗口效果如图15.264所示。

图15.263 设置【发光】参数　　　图15.264 发光效果

提示技巧

【发光基于】：选择发光建立的位置。【发光阈值】：设置产生发光的极限。值越大，发光的面积越大。【发光半径】：设置发光的半径大小。【发光强度】：设置发光的亮度。【发光操作】：设置发光与原图的混合模式。【发光颜色】：设置发光的颜色。【色彩循环】：设置发光颜色的循环次数。【发光尺寸】：设置发光的方式。

调节完成后的图像是内部为白色，外部为蓝色的光带，由于在绘制时遮罩的大小不同，调节【发光】特效的参数时也会不同，如果完成后的效果不满意，只需要调节【发光阈值】的值即可。

实例183 制作碎片效果

步骤 01 执行菜单栏中的【合成】|【新建合成】命令，打开【合成设置】对话框，设置【合成名称】为"渐变"，【宽度】为720，【高度】为576，【帧速率】为25，【持续时间】为00:00:06:00秒。

步骤 02 在"渐变"合成的时间线面板中，按Ctrl + Y组合键，新建一个名称为"Ramp渐变"，【颜色】为黑色的纯色层。

步骤 03 选择"渐变"纯色层，在【效果和预设】面板中展开【生成】特效组，然后双击【梯度渐变】特效，为其添加特效。在【效果控件】面板中，设置【渐变起点】的值为（0，288），【渐变终点】的值为（720，288），如图15.265所示；完成后的画面效果如图15.266所示。

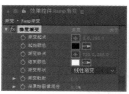
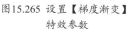

图15.265 设置【梯度渐变】特效参数　　　图15.266 渐变效果

步骤 04 执行菜单栏中的【合成】|【新建合成】命令，打开【合成设置】对话框，设置【合成名称】为"碎片"，【宽度】为720，【高度】为576，【帧速率】为25，【持续时间】为

00:00:06:00秒。

步骤 05 在【项目】面板中选择"扫光图片.jpg"和"渐变"合成两个素材，将其拖动到"碎片"合成的时间线面板中，在时间线面板中的空白处单击，取消选择。然后单击"渐变"合成层左侧的眼睛 图标，将"渐变"合成隐藏，如图15.267所示。

图15.267 设置图层排列

步骤 06 在时间线面板的空白处单击鼠标右键，执行菜单栏中的【图层】|【新建】|【摄像机】命令，打开【摄像机设置】对话框，在【预设】右侧的下拉列表框中选择24mm，如图15.268所示。单击【确定】按钮，在"碎片"合成的时间线面板中将会创建一台摄像机。

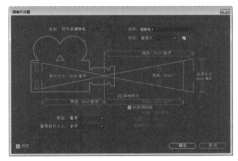

图15.268 【摄像机设置】对话框

步骤 07 选择"扫光图片.jpg"素材层，在【效果和预设】面板中展开【模拟】特效组，然后双击【碎片】特效，如图15.269所示。此时，由于当前的渲染形式是网格，所以当前合成窗口中显示的是网格效果，如图15.270所示。

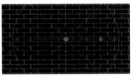

图15.269 添加【碎片】特效　图15.270 图像的显示效果

步骤 08 设置图片的显示。在【效果控件】面板中，从【视图】右侧的下拉列表框中选择【已渲

染】选项，如图15.271所示；此时，拖动时间滑块，可以看到一个碎片爆炸的效果，其中一帧的画面效果如图15.272所示。

图15.271 设置渲染　图15.272 画面效果

步骤 09 设置图片的蒙版。在【效果控件】面板中展开【形状】选项组，设置【图案】为【正方形】，从【图案】的下拉列表框中，可以选择多种形状的图案；设置【重复】的值为40，【凸出深度】的值为0.05，如图15.273所示；完成后的画面效果如图15.274所示。

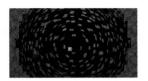

图15.273 设置参数　图15.274 设置参数后的图像效果

步骤 10 设置力场和梯度层参数。在【效果控件】面板中展开【作用力1】选项组，设置【深度】的值为0.2，【半径】的值为1，【强度】的值为5，如图15.275所示。

步骤 11 将时间调整到00:00:01:05帧的位置，展开【渐变】选项组，单击【碎片阈值】左侧的码表 按钮，在当前位置设置关键帧，并设置【碎片阈值】的值为0，然后在【渐变图层】右侧的下拉列表框中选择"渐变"选项；将时间调整到00:00:04:00帧的位置，修改【碎片阈值】的值为100%，如图15.276所示。

图15.275 设置【作用力1】参数　图15.276 设置【碎片阈值】
关键帧

步骤 12 设置物理学参数。在【效果控件】面板中展开【物理学】选项组，设置【旋转速度】的值为0，【随机性】的值为0.2，【粘度】的值为0，【大规模方差】的值为20%，【重力】的值为6，【重力方向】的值为90，【重力倾向】的值为80；并在【摄像机系统】右侧的下拉列表框中选择【合成摄像机】选

项，如图15.277所示。此时拖动时间滑块，从合成窗口中可以看到物理影响下的图片产生了很大的变化，其中一帧的画面效果如图15.278所示。

 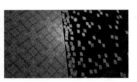

图15.277 设置【物理学】参数　图15.278 受力后的画面效果

实例184 利用【空对象】命令控制摄像机

步骤01 在【项目】面板中选择"蓝色光带"和"彩光"两个合成素材，将其拖动到"碎片"合成时间线面板中的"摄像机 1"层的下一层，如图15.279所示。

图15.279 添加素材

步骤02 打开"蓝色光带"和"彩光"合成层右侧的三维属性开关。在时间线面板的空白处单击，取消选择，然后选择"彩光"合成层，展开该层的【变换】选项组，设置【锚点】的值为（0，288，0），【方向】的值为（0，90，0）；将时间调整到00:00:01:00帧的位置，设置【不透明度】的值为0%，并单击【不透明度】左侧的码表按钮，在当前位置设置关键帧，如图15.280所示。

图15.280 设置【不透明度】关键帧

> **提示技巧**
> 只有打开三维属性开关的图层，才会跟随摄像机的运动而运动。

步骤03 将时间调整到00:00:01:05帧的位置，单击【位置】左侧的码表按钮，在当前位置设置关键帧，并设置【位置】的值为（740，288，0），【不透明度】的值为100%，如图15.281所示。

图15.281 设置【位置】和【不透明度】关键帧

步骤04 将时间调整到00:00:04:00帧的位置，修改【位置】的值为（-20，288，0），单击【不透明度】左侧的【在当前位置添加或移除关键帧】按钮，添加一个保持关键帧。将时间调整到00:00:04:05帧的位置，修改【不透明度】的值为0%，如图15.282所示。

图15.282 设置【位置】关键帧

> **提示技巧**
> 如果在某个关键帧之后的位置，单击【在当前位置添加或移除关键帧】按钮，则将添加一个保持关键帧，即当前帧的参数设置与上一帧的参数设置相同。

步骤05 在时间线面板的空白处单击鼠标右键，在弹出的快捷菜单中选择【新建】|【空对象】命令，此时"碎片"合成的时间线面板中将会创建一个"空 1"层，然后打开该层的三维属性开关，如图15.283所示。

图15.283 新建空白对象

步骤06 在"Camera1"层右侧【父级】属性栏中选择【空 1】层，将【空 1】父化给Camera1，如图15.284所示。

图15.284 建立父子关系

步骤07 将时间调整到00:00:00:00帧的位置，选择【空白 1】层，按R键，打开该层的旋转选项，单击【方向】左侧的码表按钮，在当前位置设置关键帧，如图15.285所示。

图15.285 设置【方向】参数

步骤08 将时间调整到00:00:01:00帧的位置，修改【方向】的值为（45，0，0），并单击【Y轴旋转】左侧的码表按钮，在当前位置设置关键帧，如图15.286所示。

图15.286 为【Y轴旋转】设置关键帧

步骤09 将时间调整到00:00:05:24帧的位置，修改【Y轴旋转】的值为120，系统将在当前位置自动设置关键帧，如图15.287所示。

图15.287 修改【Y轴旋转】的参数

步骤10 将【空 1】层的4个关键帧全部选中，按F9键，使曲线平缓地进入和离开，如图15.288所示。

图15.288 使曲线平缓的进入和离开

实例185 制作摄像机动画

步骤01 将时间调整到00:00:00:00帧的位置，在时间线面板中选择"摄像机 1"层，按P键，打开该层的【位置】选项，单击【位置】左侧的码表按钮，在当前位置设置关键帧，并设置【位置】的值为（0，0，-800），如图15.289所示。

图15.289 修改【位置】的值

步骤 02 将时间调整到00:00:01:00帧的位置，单击【位置】左侧的【在当前位置添加或移除关键帧】 ⬤ 按钮，添加一个保持关键帧。

步骤 03 将时间调整到00:00:05:24帧的位置，设置【位置】的值为（0，-800，-800）；选择该层的后两个关键帧，按F9键，如图15.290所示。

图15.290 设置【位置】关键帧

步骤 04 将时间调整到00:00:01:00帧的位置，选择"彩光"层，按U键，打开该层的所有关键帧，将其全部选中，按Ctrl + C组合键，复制关键帧；选择"蓝色光带"层，按Ctrl + V组合键，粘贴关键帧，然后按U键，如图15.291所示。

图15.291 复制关键帧

步骤 05 将"蓝色光带""彩光"层右侧的【模式】修改为【屏幕】，并将【空 1】层隐藏，如图15.292所示。

图15.292 修改图层的叠加模式

步骤 06 在【项目】面板中选择"扫光图片.jpg"素材，将其拖动到"碎片"合成时间线面板中，使其位于"彩光"合成层的下一层，并将其重命名为"扫光图片1"。

步骤 07 确认当前选择为"扫光图片1"层，将时间调整到00:00:00:24帧的位置，按住Alt键 +]组合键，为"扫光图片1"层设置出点，如图15.293所示。

图15.293 设置"扫光图片1"层的出点位置

提示技巧

按Ctrl +]组合键，可以为选中的图层设置出点。

步骤 08 将时间调整到00:00:01:00帧的位置，在时间线面板中选择除"扫光图片1"层外的所有图层，然后按[键，为所选图层设置入点，完成后的效果如图15.294所示。

图15.294 为图层设置入点

步骤 09 选择"扫光图片1"层，按S键，打开该层的【缩放】选项，在00:00:01:00帧的位置单击【缩放】左侧的码表 ⬤ 按钮，在当前位置设置关键帧，并修改【缩放】的值为（68，68），如图15.295所示。

图15.295 修改【缩放】关键帧

步骤 10 将时间调整到00:00:00:15帧的位置，修改【缩放】的值为（100，100），如图15.296所示。

图15.296 修改【缩放】参数

实例186 制作花瓣旋转

步骤01 选择"Logo"合成，按Ctrl + K组合键，打开【合成设置】对话框，设置【持续时间】为00:00:03:00秒，打开"Logo"合成的时间线面板，如图15.297所示；此时合成窗口中的画面效果，如图15.298所示。

图15.297 设置持续时间为3秒　　图15.298 合成窗口中的画面效果

步骤02 在时间线面板中选择"花瓣""花瓣 副本""花瓣 副本2""花瓣 副本3""花瓣 副本4""花瓣 副本5""花瓣 副本6""花瓣 副本7"8个素材层，按A键，打开所选层的【锚点】选项，设置【锚点】的值为（360，188），如图15.299所示；此时的画面效果如图15.300所示。

图15.299 设置定位点　　图15.300 合成窗口中定位点的位置

步骤03 将时间调整到00:00:01:00帧的位置，设置【位置】的值为（360，188），单击【位置】左侧的码表■按钮，在当前位置设置关键帧，如图15.301所示。

步骤04 将时间调整到00：00：00：00帧的位置，在时间线面板的空白处单击，取消选择。然后分别修改"花瓣"层【位置】的值为（-413、397），"花瓣 副本"层【位置】的值为（432、-317），"花瓣 副本2"层【位置】的值为（-306、16），"花瓣 副本3"层【位置】的值为（-150、863），"花瓣 副本4"层【位置】的值为（607、910），"花瓣 副本5"层【位置】的值为（-30、-587），"花瓣 副本6"层【位置】的值为（425、865），"花瓣 副本7"层【位置】的值为（756、-92），如图15.302所示。

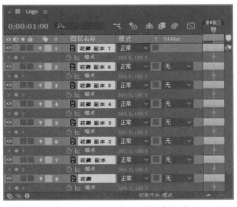

图15.301 设置【位置】关键帧

图15.302 修改【位置】的值

步骤05 执行菜单栏中的【图层】|【新建】|【空对象】命令，在时间线面板中，将会创建一个"空2"层，按A键打开该层的【锚点】选项，设置【锚点】的值为（50，50），如图15.303所示；画面效果如图15.304所示。

图15.303 设置【锚点】参数　　图15.304 空物体定位点的位置

提示技巧

默认情况下，【空对象】的定位点在左上角，如果需要其围绕中心点旋转，必须调整定位点的位置。

步骤 06 按P键，打开该层的【位置】选项，设置【位置】的值为（360，188），如图15.305所示；此时空物体的位置如图15.306所示。

图15.305 设置【位置】参数

图15.306 空物体的位置

步骤 07 选择"花瓣""花瓣 副本""花瓣 副本2""花瓣 副本3""花瓣 副本4""花瓣 副本5""花瓣 副本6""花瓣 副本7"8个素材层，在所选层右侧的【父级】属性栏中选择"空 2"选项，建立父子关系。选择"空 2"层，按R键，打开该层的【旋转】选项，将时间调整到00:00:00:00帧的位置，单击【旋转】左侧的码表按钮，在当前位置设置关键帧，如图15.307所示。

图15.307 设置【旋转】关键帧

提示技巧

建立父子关系后，为【空 2】层调整参数，设置关键帧，可以带动子物体层一起运动。

步骤 08 将时间调整到00:00:02:00帧的位置，设置【旋转】的值为1x，并将【空 2】层隐藏，如图15.308所示。

图15.308 设置【旋转】参数

实例187 制作Logo定版

步骤 01 在【项目】面板中，选择"光线.jpg"素材，将其拖动到时间面板中"浙江卫视"的上一层，并修改"光线.jpg"层的【模式】为【相加】，如图15.309所示。此时的画面效果如图15.310所示。

图15.309 添加"光线.jpg"素材

图15.310 画面中的光线效果

提示技巧

在图层背景是黑色的前提下，修改图层的模式，可以将黑色背景滤去，只留下图层中的图像。

步骤 02 按S键，打开该层的【缩放】选项，单击【缩放】右侧的【约束比例】按钮，取消约束，并设置【缩放】的值为（100，50）。将时间调整到00:00:01:00帧的位置，按P键，打开该层的【位置】选项，单击【位置】左侧的码表按钮，设置【位置】的值为（-421，366）。

步骤 03 将时间调整到00:00:01:16帧的位置，设置【位置】的值为（1057，366），如图15.311所示。拖动时间滑块，其中一帧的画面效果如图15.312所示。

图15.311 设置【位置】参数

图15.312 其中一帧的画面效果

步骤 04 选择"浙江卫视"层，单击工具栏中的【矩形工具】按钮，在合成窗口中绘制一个矩形路径，如图15.313所示。将时间调整到00:00:01:13帧的位置，按M键，打开"浙江卫视"层的【蒙版路径】选项，单击【蒙版路径】左侧的码表按钮，在当前位置设置关键帧，如图15.314所示。

图15.313 绘制蒙版

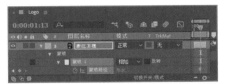

图15.314 设置关键帧

步骤 05 将时间调整到00:00:01:04帧的位置，修改【蒙版路径】的形状，如图15.315所示。拖动时间滑块，其中一帧的画面效果如图15.316所示。

图15.315 修改蒙版形状　　图15.316 其中一帧的画面效果

提示技巧

在修改矩形蒙版的形状时，可以使用【选择工具】在蒙版的边框上双击，使其出现选框，然后拖动选框的控制点，修改矩形蒙版的形状。

实例188 制作最终合成

步骤 01 执行菜单栏中的【合成】|【新建合成】命令，打开【合成设置】对话框，设置【合成名称】为"最终合成"，【宽度】为720，【高度】为576，【帧速率】为25，【持续时间】为00:00:08:00秒。

步骤 02 在【项目】面板中选择"Logo""碎片"合成，将其拖动到"最终合成"的时间线面板中，如图15.317所示。

图15.317 添加"Logo""碎片"合成素材

步骤 03 将时间调整到00:00:05:00帧的位置，选择"Logo"层，将其入点设置到当前位置，如图15.318所示。

图15.318 调整"Logo"层的入点

提示技巧

在调整图层入点位置时，可以按住Shift键，拖动素材块，这样具有吸附功能，便于操作。

步骤 04 按T键，打开该层的【不透明度】选项，单击【不透明度】左侧的码表按钮，在当前位置设置关键帧，并设置【不透明度】的值为0%；将时间调整到00:00:05:08帧的位置，修改【不透明度】的值为100%，如图15.319所示。

图15.319 设置不透明度关键帧

步骤 05 选择"碎片"合成层，按Ctrl + Alt + R组合键，将"碎片"的时间倒播，如图15.320所示。

图15.320 修改时间

步骤 06 这样就完成了"浙江卫视"的整体制作，按小键盘上的"0"键，即可在合成窗口中预览动画。

15.6 《理财指南》电视片头

特效解析 《理财指南》是一个关于电视频道包装的片头动画。首先利用Adobe After Effects CC 2018内置的三维特效制作旋转的圆环；然后利用【线性擦除】特效制作背景色彩条的生长效果，从而完成理财指南动画的制作。完成的动画流程画面如图15.321所示。

知识点
1. 三维层
2. 【摄像机】
3. 调整持续时间条的入点与出点
4. 【圆形】特效

图15.321 动画流程画面

难易程度：★★★★☆
工程文件：下载文件\工程文件\第15章\理财指南
视频位置：下载文件\movie\15.6 《理财指南》电视片头.avi

实例189　导入素材

步骤 01 执行菜单栏中的【文件】|【导入】|【文件】命令，打开【导入文件】对话框，选择下载文件中的"工程文件\第15章\理财指南\箭头 01.psd、箭头 02.psd、镜头 1背景.jpg、素材 01.psd、素材 02.psd、素材 03.psd、文字 01.psd、文字 02.psd、文字 03.psd、文字 04.psd、文字 05.psd、圆点.psd"素材，如图15.322所示。单击【导入】按钮，将素材添加到【项目】面板中，如图15.323所示。

图15.322　【导入文件】对话框　　图15.323　导入素材

步骤 02 单击【项目】面板下方的【新建文件夹】按钮，新建文件夹并重命名为"素材"，将刚才导入的素材放到新建的素材文件夹中，如图15.324所示。

图15.324　将导入的素材放入"素材"文件夹

步骤 03 执行菜单栏中的【文件】|【导入】|【文件】命令，打开【导入文件】对话框，选择下载文件中的"工程文件\第15章\理财指南\风车.psd素材，如图15.325所示。

图15.325　选择"风车.psd"素材

步骤 04 单击【导入】按钮，打开以素材名"风车.psd"命名的对话框，在【导入类型】下拉列表框中选择【合成】选项，将素材以合成的方式导入，如图15.326所示。

步骤 05 单击【确定】按钮，将素材导入到【项目】面板中，系统将建立以"风车"命名的新合成，如图15.327所示。

图15.326　以合成的方式导入素材　　图15.327　导入"风车.psd"素材

步骤 06 在项目面板中选择"风车"合成，按Ctrl+K组合键打开【合成设置】对话框，设置【持续时间】为00:00:15:00秒。

实例190　制作风车合成动画

步骤 01 打开"风车"合成的时间线面板，选中时间线中的所有素材层，打开三维开关，如图15.328所示。

图15.328　开启三维开关

步骤 02 调整时间到00:00:00:00帧的位置，单击"小圆环"素材层，按R键，打开【旋转】属性，单击【Z轴旋转】属性左侧的码表█按钮，在当前时间建立关键帧，如图15.329所示。

图15.329 建立【Z轴旋转】关键帧

步骤 03 调整时间到00:00:03:09帧的位置，修改【Z轴旋转】的值为200，系统将自动建立关键帧，如图15.330所示。

图15.330 修改【Z轴旋转】的值

步骤 04 调整时间到00:00:00:00帧的位置，单击"小圆环"素材层的【Z轴旋转】文字部分，以选择全部的关键帧，按Ctrl+C组合键复制选中的关键帧，单击"大圆环"，按R键，打开【旋转】属性，按Ctrl+V组合键粘贴关键帧，如图15.331所示。

图15.331 粘贴【Z轴旋转】关键帧

步骤 05 调整时间到00:00:03:09帧的位置，单击时间线面板的空白处，取消选择，修改"大圆环"【Z轴旋转】的值为-200，如图15.332所示。

图15.332 修改【Z轴旋转】的值

步骤 06 调整时间到00:00:00:00帧的位置，单击"风车"，按Ctrl+V组合键粘贴关键帧，如图15.333所示。

图15.333 粘贴【Z轴旋转】关键帧

步骤 07 确认时间在00:00:00:00帧的位置，单击"大圆环"素材层的【Z轴旋转】文字部分，以选

择全部的关键帧，按Ctrl+C组合键复制选中的关键帧，单击"圆环转"，按Ctrl+V组合键粘贴关键帧，如图15.334所示。

图15.334 粘贴关键帧

步骤 08 这样风车合成层的素材平面动画就制作完成了，按空格键或小键盘上的"0"键在合成窗口中预览动画，其中几帧的效果如图15.335所示。

图15.335 风车动画其中几帧的效果

步骤 09 平面动画制作完成，下面开始制作立体效果。选择"大圆环"素材层，按P键，打开【位置】属性，修改【位置】的值为（321，320.5，-72）；选择"风车"素材层，按P键，打开【位置】属性，修改【位置】的值为（321，320.5，-20）；选择"圆环转"素材层，按P键，打开【位置】属性，修改【位置】的值为（321，320.5，-30），如图15.336所示。

图15.336 修改【位置】的值

步骤 10 添加摄像机。执行菜单栏中的【图层】|【新建】|【摄像机】命令，打开【摄像机设置】对话框，设置【预设】为24毫米，如图15.337所示。单击【确定】按钮，在时间线面板中将会创建一台摄像机。

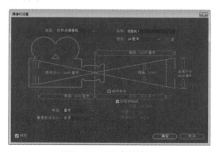

图15.337 创建摄影机

步骤 11 调整时间到00:00:00:00帧的位置，展开【摄影机 1】的【变换】选项组，单击【目标点】左侧的码表按钮，在当前建立关键帧；修改【目标点】的值为（320，320，0），单击【位置】左侧的码表按钮，建立关键帧，修改【位置】的值为（700，730，-250），如图15.338所示。

图15.338 建立关键帧动画

步骤 12 调整时间到00:00:03:10帧的位置，修改【目标点】的值为（212，226，260），修改【位置】属性的值为（600，550，-445），如图15.339所示。

图15.339 修改摄影机1的属性

步骤 13 这样风车合成层的素材立体动画就制作完毕了，按空格键或小键盘上的"0"键在合成窗口中预览动画，其中几帧的效果如图15.340所示。

图15.340 风车动画其中几帧的效果

实例191 制作圆环动画

步骤 01 执行菜单栏中的【合成】|【新建合成】命令，打开【合成设置】对话框，设置【合成名称】为"圆环动画"，【宽度】为720，【高度】为576，【帧速率】为25，并设置【持续时间】为00:00:02:00帧，如图15.341所示。

步骤 02 按Ctrl+Y组合键，打开【纯色设置】对话框，设置【名字】为"红色圆环"，修改【颜色】为白色，如图15.342所示。

图15.341 建立合成　　图15.342 建立纯色层

步骤 03 选择"红色圆环"纯色层，按Ctrl+D组合键，复制"红色圆环"纯色层，并重命名为"白色圆环"，如图15.343所示。

图15.343 复制"红色圆环"纯色层

步骤 04 选择"红色圆环"纯色层，在【效果和预设】面板中展开【生成】特效组，然后双击【圆形】特效，如图15.344所示。

步骤 05 调整时间到00:00:00:00帧的位置，在【效果控件】面板中修改【圆形】特效的参数，单击【半径】左侧的码表按钮建立关键帧，修改【半径】的值为0，从【边缘】下拉列表框中选择【边缘半径】选项，设置【颜色】为紫色（R:205，G:1，B:111），如图15.345所示。

图15.344 添加【圆形】特效 图15.345 修改【圆形】特效参数

步骤 06 调整时间到00:00:00:14帧的位置，修改【半径】的值为30，单击【边缘半径】左侧的码表按钮，在当前建立关键帧，如图15.346所示。

步骤 07 调整时间到00:00:00:20帧的位置，修改【半径】的值为65，【边缘半径】的值为60，如图15.347所示。

步骤 08 选择"白色圆环"纯色层，在【效果和预设】面板中展开【生成】特效组，然后双击【圆形】特效，如图15.348所示。

步骤 09 调整时间到00:00:00:11帧的位置，在【效果控件】面板中修改【圆形】特效的参数，单击【半径】左侧的码表按钮建立关键帧，修改【半径】的值为0，从【边缘】下拉列表框中选择【边缘半径】选项，单击【边缘半径】左侧的码表按钮，在当前时间建立关键帧，设置【颜色】为白色，如图15.349所示。

码表按钮，在当前位置建立关键帧，如图15.351所示。

图15.350 修改属性　　　图15.351 建立关键帧

步骤12 调整时间到00:00:00:20帧的位置，修改【半径】的值为86，修改【边缘半径】的值为75，修改【羽化外侧边缘】的值为15，如图15.352所示。

图15.346 修改属性添加关键帧　　图15.347 修改属性

图15.352 修改白色圆环的属性

步骤13 这样圆环的动画就制作完成了，按空格键或小键盘上的"0"键，即可在合成窗口中预览动画，其中几帧的效果如图15.353所示。

图15.348 添加【圆形】特效　　图15.349 设置【圆形】特效参数

步骤10 调整时间到00:00:00:12帧的位置，修改【半径】的值为15，【边缘半径】的值为13，如图15.350所示。

步骤11 调整时间到00:00:00:14帧的位置，展开【羽化】选项组，单击【羽化外侧边缘】左侧的

图15.353 圆环动画其中几帧的效果

实例192 制作镜头1动画

步骤01 执行菜单栏中的【合成】|【新建合成】命令，打开【合成设置】对话框，设置【合成名称】为"镜头1"，【宽度】为720，【高度】为576，【帧速率】为25，【持续时间】为00:00:03:10秒，如图15.354所示。

步骤02 将"文字01.psd""圆环动画""箭头01.psd""箭头02.psd""风车""镜头1背景.jpg"拖入"镜头1"合成的时间线面板中，如图15.355所示。

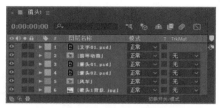

图15.355 将素材导入时间线面板

图15.354 建立"镜头1"合成

步骤03 调整时间到00:00:00:00帧的位置，单击"风车"右侧的三维开关，选择"风车"合成，按P键，打开【位置】属性，单击【位置】属性左侧

的码表■按钮，在当前时间建立关键帧，修改【位置】的值为（114，368，160），如图15.356所示。

图15.356 建立关键帧

步骤 04 调整时间到00:00:03:07帧的位置，修改【位置】的值为（660，200，-560），系统将自动建立关键帧，如图15.357所示。

图15.357 修改【位置】的值

步骤 05 选择"风车"合成层，按Ctrl+D组合键，复制合成并重命名为"风车影子"。在【效果和预设】面板中展开【透视】特效组，然后双击【投影】特效，如图15.358所示。

步骤 06 在【效果控件】面板中修改【投影】特效的参数，修改【不透明度】的值为36%，【距离】的值为0，【柔和度】的值为5，如图15.359所示。

图15.358 添加【投影】特效　图15.359 设置【投影】
特效参数

步骤 07 在【效果和预设】面板中展开【扭曲】特效组，然后双击CC Power Pin（CC 四角缩放）特效，如图15.360所示。

步骤 08 在【效果控件】面板中修改CC Power Pin（CC 四角缩放）特效的参数，设置Top Left（左上角）的值为（15，450），Top Right（右上角）的值为（680，450），Bottom Left（左下角）的值为（15，590），Bottom Right（右下角）的值为（630，590），如图15.361所示。

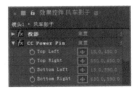

图15.360 添加特效　图15.361 修改【CC四角缩放】特效参数

步骤 09 选中"箭头 02.psd"素材层，在【效果和预设】面板中展开【过渡】特效组，然后双击

【线性擦除】特效，如图15.362所示。

步骤 10 调整时间到00:00:00:08帧的位置，在【效果控件】面板中修改【线性擦除】特效，单击【过渡完成】左侧的码表■按钮，在当前建立关键帧，修改【过渡完成】的值为40%，如图15.363所示。

图15.362 添加特效　图15.363 修改【线性擦除】
特效参数

步骤 11 调整时间00:00:00:22帧的位置，修改【过渡完成】的属性值为10%，如图15.364所示。

图15.364 调整【过渡完成】的值

步骤 12 调整时间到00:00:02:20帧的位置，按T键，打开【不透明度】属性，单击【不透明度】属性左侧的码表■按钮，在当前位置建立关键帧，如图15.365所示。

图15.365 建立关键帧

步骤 13 调整时间到00:00:03:02帧的位置，修改【不透明度】的值为0%，如图15.366所示。

图15.366 修改【不透明度】的值

步骤 14 单击"箭头 01.psd"素材层，在【效果和预设】面板中展开【过渡】特效组，然后双击【线性擦除】特效，如图15.367所示。

步骤 15 调整时间到00:00:00:08帧的位置，在【效果控件】面板中修改【线性擦除】特效，单击【过渡完成】左侧的码表■按钮，在当前建立关键帧，修改【过渡完成】的值为100%；单击【擦除角度】左侧的码表■按钮，在当前建立关键帧，修改【擦除角度】的值为-150，如图15.368所示。

图15.367 添加特效　图15.368 修改【线性擦除】特效参数

步骤 16 调整时间到00:00:00:12帧的位置，修改【擦除角度】属性的值为-185，如图15.369所示。

步骤 17 调整时间到00:00:00:17帧的位置，修改【擦除角度】属性的值为-248，如图15.370所示。

图15.369 设置00:00:00:12帧　图15.370 设置00:00:00:17帧
位置关键帧　　　　　　　　位置关键帧

步骤 18 调整时间到00:00:00:22帧的位置，修改【过渡完成】的值为0，如图15.371所示。

图15.371 修改【过渡完成】参数

步骤 19 调整时间到00:00:02:20帧的位置，按T键，打开"箭头 01.psd"的【不透明度】属性，单击【不透明度】属性左侧的码表█按钮，在当前时间建立关键帧，如图15.372所示。

图15.372 建立【不透明度】关键帧

步骤 20 调整时间到00:00:03:02帧的位置，修改【不透明度】属性的值为0%，系统将自动建立关键帧，如图15.373所示。

图15.373 修改【不透明度】的值

步骤 21 调整时间到00:00:00:18帧的位置，向右拖动"圆环动画"合成层，使入点到当前时间，如图15.374所示。

图15.374 设置"圆环动画"入点

步骤 22 调整时间到00:00:01:13帧的位置，展开"圆环动画"的【变换】选项组，修改【位置】属性的值为（216，397），单击【缩放】属性左侧的码表█按钮，在当前位置建立关键帧，如图15.375所示。

图15.375 建立【缩放】属性关键帧

步骤 23 调整时间到00:00:01:18帧的位置，修改【缩放】属性的值为（110，110），系统将自动建立关键帧，单击【不透明度】属性左侧的码表█按钮，在当前时间建立关键帧，如图15.376所示。

图15.376 建立【不透明度】属性关键帧

步骤 24 调整时间到00:00:01:21帧的位置，修改【不透明度】的值为0%，系统将自动建立关键帧，如图15.377所示。

图15.377 修改【不透明度】的值

步骤 25 选中"圆环动画"合成层，按Ctrl+D组合键，复制"圆环动画"合成层并重命名为"圆环动画2"。调整时间到00:00:00:24帧的位置，拖动"圆环动画2"层，使入点到当前时间；按P键，打开【位置】属性，修改【位置】的值为（293，390），如图15.378所示。

图15.378 设置"圆环动画2"层

步骤 26 选中"圆环动画2"合成层，按Ctrl+D组合键，复制"圆环动画"合成层并重命名为"圆环动画3"。调整时间到00:00:01:07帧的位置，拖动"圆环动画3"层，使入点到当前时间；按P键，打开【位置】属性，修改【位置】的值为（338，414），如图15.379所示。

图15.379 复制"圆环动画3"并调整位置

步骤 27 选中"圆环动画3"合成层，按Ctrl+D组合键，复制"圆环动画"合成层并重命名为"圆环动画4"。调整时间到00:00:01:03帧的位置，拖动"圆环动画4"层，使入点到当前时间；按P键，打开【位置】属性，修改【位置】的值为（201，490），如图15.380所示。

图15.380 复制"圆环动画4"并调整位置

步骤 28 选中"圆环动画4"合成层，按Ctrl+D组合键，复制"圆环动画"合成层并重命名为"圆环动画5"。调整时间到00:00:01:10帧的位置，拖动"圆环动画5"层，使入点到当前时间；按P键，打开【位置】属性，修改【位置】的值为（329，472），如图15.381所示。

图15.381 复制"圆环动画5"并调整位置

步骤 29 调整时间到00:00:01:02帧的位置，选中"文字01.psd"素材层，按P键，打开【位置】属性，单击【位置】属性左侧的码表按钮，在当前建立关键帧，修改【位置】的值为（-140，456），如图15.382所示。

图15.382 建立【位置】属性的关键帧

步骤 30 调整时间到00:00:01:08帧的位置，修改【位置】的值为（215，456），系统将自动建立关键帧，如图15.383所示。

图15.383 修改【位置】的值

步骤 31 调整时间到00:00:01:12帧的位置，修改【位置】的值为（175，456），系统将自动建立关键帧，如图15.384所示。

图15.384 修改【位置】的值

步骤 32 调整时间到00:00:01:15帧的位置，修改【位置】的值为（205，456），系统将自动建立关键帧，如图15.385所示。

图15.385 修改【位置】的值

步骤 33 调整时间到00:00:02:19帧的位置，修改【位置】的值为（174，456），系统将自动建立关键帧；调整时间到00:00:02:21帧的位置，修改【位置】的值为（205，456），系统将自动建立关键帧；调整时间到00:00:03:01帧的位置，修改【位置】的值为（-195，456），系统将自动建立关键帧，如图15.386所示。

图15.386 修改【位置】的值

步骤 34 这样"镜头1"的动画就制作完成了，按空格键或小键盘上的"0"键，即可在合成窗口中预览动画，其中几帧的效果如图15.387所示。

图15.387 "镜头1"动画其中几帧的效果

实例193 制作镜头2动画

步骤 01 执行菜单栏中的【合成】|【新建合成】命令，打开【合成设置】对话框，设置【合成名称】为"镜头2"，【宽度】为720，【高度】为576，【帧速率】为25，【持续时间】为00:00:03:05帧，如图15.388所示。

图15.388 建立"镜头2"合成

步骤 02 将"文字02.psd""圆环转/风车""风车/风车""大圆环/风车""小圆环/风车"导入"镜头2"合成的时间线面板中，如图15.389所示。

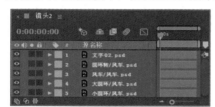

图15.389 将素材导入时间线面板

步骤 03 按Ctrl+Y组合键打开【纯色设置】对话框，设置【名字】为"镜头2背景"，设置【颜色】为白色，如图15.390所示。单击【确定】按钮，建立纯色层。

图15.390 【纯色设置】对话框

步骤 04 选择"镜头2背景"纯色层，在【效果和预设】面板中展开【生成】特效组，然后双击【梯度渐变】特效，如图15.391所示。

步骤 05 在【效果控件】面板中修改【梯度渐变】特效的参数，修改【渐变起点】为（360，0），修改【起始颜色】为深蓝色（R:13，G:90，

B:106），修改【渐变终点】为（360，576），修改【结束颜色】为灰色（R:204，G:204，B:204），如图15.392所示。

图15.391 添加特效　　图15.392 设置【梯度渐变】
　　　　　　　　　　　　　　特效参数

步骤 06 打开"圆环转/风车""风车/风车""大圆环/风车""小圆环/风车"素材层的三维开关，修改"大圆环"【位置】的值为（360，288，-72），"风车/风车"【位置】的值为（360，288，-20），"圆环转/风车"【位置】的值为（360，288，-30），如图15.393所示。

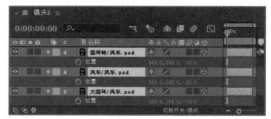

图15.393 开启三维开关

步骤 07 调整时间到00:00:00:00帧的位置，选择"小圆环/风车"合成层，按R键，打开【旋转】属性，单击【Z轴旋转】属性左侧的码表按钮，在当前时间建立关键帧；调整时间到00:00:03:04帧的位置，修改【Z轴旋转】的值为200，如图15.394所示。

图15.394 设置【Z轴旋转】关键帧

步骤 08 调整时间到00:00:00:00帧的位置，单击"小圆环/风车"合成层【Z轴旋转】属性的文字部分，选中【Z轴旋转】属性的所有关键帧，按Ctrl+C组合键复制选中的关键帧，单击"大圆环"素材层，按Ctrl+V组合键粘贴关键帧，如图15.395所示。

图15.395 粘贴【Z轴旋转】关键帧

步骤 09 调整时间到00:00:03:04帧的位置，选择"大圆环/风车"素材层，修改【Z轴旋转】的值为-200，如图15.396所示。

图15.396 修改【Z轴旋转】的值

步骤 10 调整时间到00:00:00:00帧的位置，选择"风车/风车"素材层，按Ctrl+V组合键粘贴关键帧，如图15.397所示。

图15.397 在"风车"层复制关键帧

步骤 11 调整时间到00:00:00:00帧的位置，单击"大圆环/风车"合成层【Z轴旋转】属性的文字部分，选中【Z轴旋转】属性的所有关键帧，按Ctrl+C组合键复制选中的关键帧，选择"圆环转/风车"素材层，按Ctrl+V组合键粘贴关键帧，如图15.398所示。

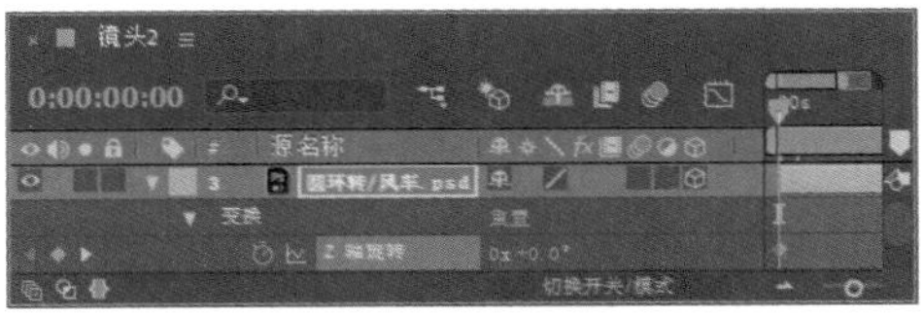

图15.398 在"圆环转"层复制关键帧

步骤 12 调整时间到00:00:00:24帧的位置，选择"文字02.psd"素材层，按P键，打开【位置】属性，单击【位置】属性左侧的码表按钮，修改【位置】的值为（846，127），如图15.399所示。

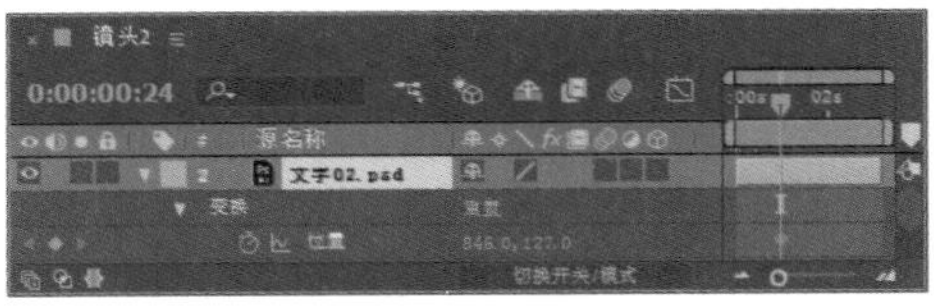

图15.399 建立"文字02.psd"的关键帧

步骤 13 调整时间到00:00:01:05帧的位置，修改【位置】的值为（511，127）；调整时间到00:00:01:09帧的位置，修改【位置】的值为（535，127）；调整时间到00:00:01:13帧的位置，修改【位置】的值为（520，127）；调整时间到00:00:02:08帧的位置，单击【位置】左侧的【在当前时间添加或移除关键帧】 按钮，在当前建立关键帧，如图15.400所示。

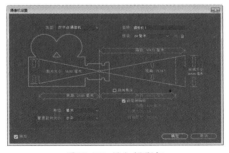

图15.400 在00:00:02:08帧建立关键帧

步骤 14 调整时间到00:00:02:10帧的位置，修改【位置】的值为（535，127）；调整时间到00:00:02:11帧的位置，修改【位置】的值为（515，127）；调整时间到00:00:02:12帧的位置，修改【位置】的值为（535，127）；调整时间到00:00:02:14帧的位置，修改【位置】的值为（850，127），如图15.401所示。

图15.401 修改【位置】的值

步骤 15 添加摄像机。执行菜单栏中的【图层】|【新建】|【摄像机】命令，打开【摄像机设置】对话框，设置【预设】为【24毫米】，如图15.402所示。单击【确定】按钮，在时间线面板中将会创建一台摄像机。

图15.402 添加摄影机

步骤 16 调整时间到00:00:00:00帧的位置，展开【摄像机1】的【变换】选项组，单击【目标点】左侧的码表 按钮，在当前建立关键帧；修改【目标点】的值为（360，288，0），单击【位置】左侧的码表 按钮，建立关键帧，修改【位置】的值为（339，669，-57），如图15.403所示。

图15.403 设置摄影机1的关键帧

步骤17 调整时间到00:00:02:05帧的位置，修改【目标点】的值为（372，325，50），修改【位置】的值为（331，660，-132），如图15.404所示。

图15.404 修改摄影机1关键帧的属性

步骤18 调整时间到00:00:03:01帧的位置，修改【目

标点】的值为（336，325，50），修改【位置】的值为（354，680，-183），如图15.405所示。

图15.405 修改摄影机1关键帧的属性

步骤19 这样"镜头2"的动画就制作完成了，按空格键或小键盘上的"0"键，即可在合成窗口中播放动画，其中几帧的效果如图15.406所示。

图15.406 "镜头2"动画其中几帧的效果

实例194 制作镜头3动画

步骤01 执行菜单栏中的【合成】|【新建合成】命令，打开【合成设置】对话框，设置【合成名称】为"镜头3"，【宽度】为720，【高度】为576，【帧速率】为25，【持续时间】为00:00:03:06帧，如图15.407所示。

图15.407 建立"镜头3"合成

步骤02 将"圆环动画"和"文字03.psd"拖入"镜头3"合成的时间线面板中，如图15.408所示。

图15.408 将素材导入时间线面板

步骤03 按Ctrl+Y组合键打开【纯色设置】对话框，设置【名称】为"镜头3背景"，设置【颜色】为白色，如图15.409所示。单击【确定】按钮，建立纯色层。

图15.409 【纯色设置】对话框

步骤04 选中"镜头3背景"纯色层，在【效果和预设】面板中展开【生成】特效组，然后双击【梯度渐变】特效，如图15.410所示。

步骤05 在【效果控件】面板中修改【梯度渐变】特效的参数，设置【渐变起始】的值为（122，110），【起始颜色】为深蓝色（R:4，G:94，B:119），【渐变终点】的值为（720，288），【结束颜色】为浅蓝色（R:190，G:210，B:211），如图15.411所示。

图15.410 添加特效 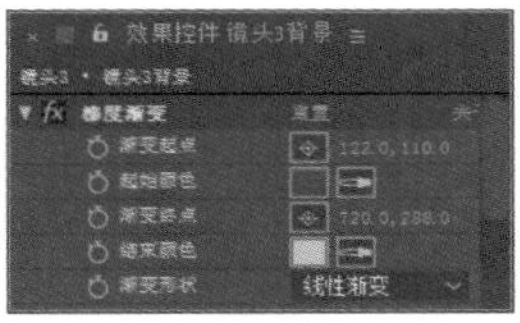　　图15.411 设置【梯度渐变】
　　　　　　　　　　　　特效参数

步骤 06 打开"镜头2"合成，在"镜头2"合成的时间线面板中选择"圆环转/风车""风车/风车""大圆环/风车""小圆环/风车"素材层，按Ctrl+C组合键复制素材层。调整时间到00:00:00:00帧的位置，打开"镜头3"合成，按Ctrl+V组合键，将复制的素材层粘贴到"镜头3"合成中，如图15.412所示。

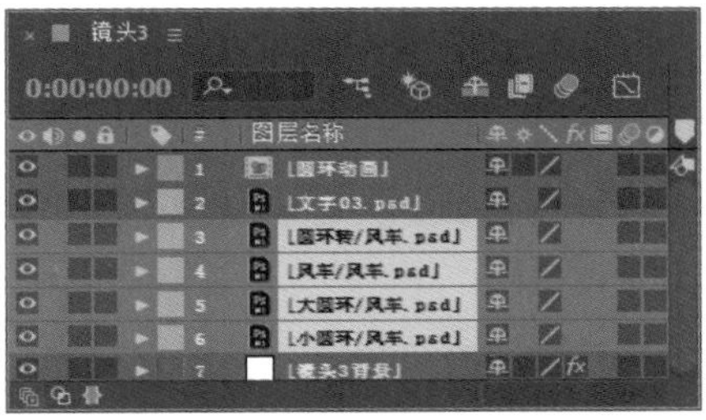

图15.412 粘贴素材层

步骤 07 调整时间到00:00:00:11帧的位置，单击"文字03.psd"素材层，按P键，打开【位置】属性，单击【位置】左侧的码表█按钮，在当前位置建立关键帧，修改【位置】的值为（-143，465），如图15.413所示。

图15.413 设置"文字03.psd"素材层关键帧

步骤 08 调整时间到00:00:00:16帧的位置，修改【位置】的值为（562，465），系统将自动建立关键帧；调整时间到00:00:00:19帧的位置，修改【位置】的值为（522，465）；调整时间到00:00:00:23帧的位置，修改【位置】的值为（534，465）；调整时间到00:00:02:08帧的位置，单击【位置】左侧的【在当前时间添加或移除关键帧】█按钮，在当前时间建立关键帧；调整时间到00:00:02:09帧的位置，修改【位置】的值为（526，465）；调整时间到00:00:02:13帧的位置，修改【位置】的值为（551，465）；调整时间到00:00:02:14帧的位置，修改【位置】的值为（527，465）；调整时间到00:00:02:15帧的位置，修改【位置】的值为（540，

465）；调整时间到00:00:02:19帧的位置，修改【位置】的值为（867，465），如图15.414所示。

图15.414 设置【位置】关键帧

步骤 09 选中"圆环动画"合成层，调整时间到00:00:00:13帧的位置，向右拖动"圆环动画"合成层，使入点到当前时间位置，如图15.415所示。

图15.415 调整入点的位置

步骤 10 调整时间到00:00:00:23帧的位置，按S键，打开【缩放】属性，单击【缩放】属性左侧的码表█按钮，在当前建立关键帧；调整时间到00:00:01:13帧的位置，修改【缩放】的值为（143，143），系统将自动建立关键帧，如图15.416所示。

图15.416 修改【缩放】属性

步骤 11 调整时间到00:00:01:14帧的位置，将光标放置在"圆环动画"合成层结束的位置，当光标变成双箭头█时，向左拖动鼠标，将"圆环动画"合成层的出点调整到当前时间，如图15.417所示。

图15.417 设置"圆环动画"合成层的出点

步骤 12 选中"圆环动画"合成层，按P键，打开【位置】属性，修改【位置】的值为（533，442），如图15.418所示。

图15.418 修改【位置】的值

步骤 13 确认选中"圆环动画"合成层，按Ctrl+D

组合键复制"圆环动画"合成层并重命名为"圆环动画2"，拖动"圆环动画2"到"圆环动画"的下面一层，调整时间到00:00:00:17帧的位置，向右拖动"圆环动画2"合成层使入点到当前时间，如图15.419所示。

图15.419 调整"圆环动画2"合成持续时间

步骤 14 确认选中"圆环动画2"合成层，按Ctrl+D组合键复制"圆环动画2"合成层，系统将自动命名复制的新合成层为"圆环动画3"。拖动"圆环动画3"到"圆环动画2"的下面一层，调整时间到00:00:01:00帧的位置，向右拖动"圆环动画3"合成层使入点到当前时间，按P键，打开【位置】属性，修改【位置】的值为（610，352），如图15.420所示。

图15.420 调整"圆环动画3"合成持续时间

步骤 15 确认选中"圆环动画3"合成层，按Ctrl+D组合键复制"圆环动画3"合成层，系统将自动命名复制的新合成层为"圆环动画4"。拖动"圆环动画4"到"圆环动画3"的下面一层，调整时间到00:00:01:05帧的位置，向右拖动"圆环动画4"合成层使入点到当前时间；按P键，打开【位置】属性，修改【位置】的值为（590，469），如图15.421所示。

图15.421 调整"圆环动画4"合成持续时间

步骤 16 确认选中"圆环动画4"合成层，按Ctrl+D组合键复制"圆环动画4"合成层，系统将自动命名复制的新合成层为"圆环动画5"。拖动"圆环动画5"到"圆环动画4"的下面一层，调整时间到00:00:01:14帧的位置，向右拖动"圆环动画5"合成层使入点到当前时间；按P键，打开【位置】属性，修改【位置】的值为（515，444），如图15.422所示。

图15.422 调整"圆环动画5"合成持续时间

步骤 17 确认选中"圆环动画5"合成层，按Ctrl+D组合键复制"圆环动画5"合成层，系统将自动命名复制的新合成层为"圆环动画6"。拖动"圆环动画6"到"圆环动画4"的上面一层，调整时间到00:00:01:15帧的位置，向右拖动"圆环动画6"合成层使入点到当前时间；按P键，打开【位置】属性，修改【位置】的值为（590，469），如图15.423所示。

图15.423 调整"圆环动画6"合成持续时间

步骤 18 添加摄像机。执行菜单栏中的【图层】|【新建】|【摄像机】命令，打开【摄像机设置】对话框，设置【预设】为24毫米，如图15.424所示。单击【确定】按钮，在时间线面板中将会创建一台摄像机。

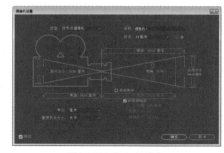

图15.424 添加摄像机

步骤 19 调整时间到00:00:00:00帧的位置，选择摄像机1，按P键，打开【位置】属性，单击【位置】左侧的码表按钮，修改【位置】的值为（276，120，-183），如图15.425所示。

图15.425 建立【位置】关键帧

步骤 20 调整时间到00:00:03:05帧的位置，修改【位置】的值为（256，99，-272），系统将自动建立关键帧，如图15.426所示。

图15.426 修改【位置】的值

览动画，其中几帧的效果如图15.427所示。

图15.427 "镜头3"动画其中几帧的效果

步骤 21 这样"镜头3"的动画就制作完成了，按空格键或小键盘上的"0"键，即可在合成窗口中预

实例195 制作镜头4动画

步骤 01 执行菜单栏中的【合成】|【新建合成】命令，打开【合成设置】对话框，设置【合成名称】为"镜头4"，【宽度】为720，【高度】为576，【帧速率】为25，【持续时间】为00:00:02:21帧，如图15.428所示。

步骤 02 按Ctrl+Y组合键打开【纯色设置】对话框，设置【名称】为"镜头4背景"，设置【颜色】为白色，如图15.429所示。

图15.428 建立合成　　图15.429 建立纯色层

步骤 03 选择"镜头4背景"纯色层，在【效果和预设】面板中展开【生成】特效组，然后双击【梯度渐变】特效，如图15.430所示。

步骤 04 在【效果控件】面板中修改【梯度渐变】特效的参数，修改【渐变起点】的值为（180，120），修改【起始颜色】为深蓝色（R:6，G:88，B:109），修改【渐变终点】的值为（660，520），修改【结束颜色】为淡蓝色（R:173，G:202，B:203），如图15.431所示。

图15.430 添加特效　　图15.431 设置【梯度渐变】
特效参数

步骤 05 将"圆环动画""文字04.psd""圆环转/风车""风车/风车""大圆环/风车""小圆环/风车"拖入"镜头4"合成的时间线面板中，如图

15.432所示。

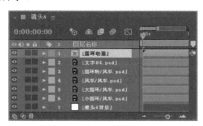

图15.432 将素材导入时间线面板

步骤 06 打开"圆环转/风车""风车/风车""大圆环/风车""小圆环/风车"素材层的三维属性，修改"大圆环/风车"【位置】的值为（360，288，-72），修改"风车/风车"【位置】的值为（360，288，-20），修改"圆环转/风车"【位置】的值为（360，288，-30），如图15.433所示。

图15.433 打开素材层的三维开关

步骤 07 确认时间在00:00:00:00帧的位置，选择"小圆环/风车"素材层，按R键，打开【旋转】属性，单击【Z轴旋转】左侧的码表■按钮，在当前位置建立关键帧，如图15.434所示。

图15.434 建立【Z轴旋转】关键帧

步骤 08 调整时间到00:00:02:20帧的位置，修改【Z轴旋转】的值为200，系统将自动建立关键帧，如图15.435所示。

图15.435 修改【Z轴旋转】关键帧

步骤 09 调整时间到00:00:00:00帧的位置，单击"小圆环/风车"素材层【Z轴旋转】属性的文字部分，以选中该属性的全部关键帧，按Ctrl+C组合键复制选中的关键帧；选择"大圆环"素材层，按Ctrl+V组合键粘贴关键帧，如图15.436所示。

图15.436 粘贴【Z轴旋转】关键帧

步骤 10 调整时间到00:00:02:20帧的位置，选择"大圆环/风车"素材层，修改【Z轴旋转】属性的值为-200，如图15.437所示。

图15.437 修改【Z轴旋转】的值

步骤 11 调整时间到00:00:00:00帧的位置，选择"风车/风车"素材层，按Ctrl+V组合键，粘贴关键帧，如图15.438所示。

图15.438 粘贴【Z轴旋转】关键帧

步骤 12 确认时间在00:00:00:00帧的位置，单击"大圆环/风车"素材层【Z轴旋转】属性的文字部分，以选中该属性的全部关键帧，按Ctrl+C组合键复制选中的关键帧；选择"圆环转/风车"素材层，按Ctrl+V组合键粘贴关键帧，如图15.439所示。

图15.439 粘贴【Z轴旋转】关键帧

步骤 13 调整时间到00:00:00:07帧的位置，选中"文字04.psd"素材层，展开【变换】选项组，

单击【位置】左侧的码表按钮，在当前建立关键帧，修改【位置】的值为（934，280），如图15.440所示。

图15.440 建立【位置】关键帧

步骤 14 调整时间到00:00:00:12帧的位置，修改【位置】的值为（360，280），系统将自动建立关键帧。单击【缩放】属性左侧的码表按钮，在当前时间建立关键帧，如图15.441所示。

图15.441 建立【缩放】关键帧

步骤 15 调整时间到00:00:02:12帧的位置，修改【缩放】属性的值为（70，70），系统将自动建立关键帧，如图15.442所示。

图15.442 建立【缩放】关键帧

步骤 16 选中"圆环动画"合成层，调整时间到00:00:00:08帧的位置，向右拖动"圆环动画"合成层，使入点到当前时间位置，如图15.443所示。

图15.443 调整"圆环动画"合成持续时间

步骤 17 确认时间在00:00:00:08帧的位置，按S键打开【缩放】属性，单击【缩放】属性左侧的码表按钮，在当前建立关键帧；调整时间到00:00:01:08帧的位置，修改【缩放】的值为（144，144），系统将自动建立关键帧，如图15.444所示。

图15.444 修改【缩放】的值

步骤18 调整时间到00:00:01:09帧的位置，将光标放置在"圆环动画"合成层持续时间条结束的位置，当光标变成双箭头↔时，向左拖动鼠标，将"圆环动画"合成层的出点调整到当前时间，按P键，打开【位置】属性，修改【位置】的值为（429，243），如图15.445所示。

图15.445 设置"圆环动画"合成层的出点

步骤19 确认选中"圆环动画"合成层，按Ctrl+D组合键，复制"圆环动画"合成层并重命名为"圆环动画2"，拖动"圆环动画2"到"圆环动画"的下面一层；调整时间到00:00:00:10帧的位置，向右拖动"圆环动画2"合成层使入点到当前时间，按P键，打开【位置】属性，修改【位置】的值为（310，255），如图15.446所示。

图15.446 调整"圆环动画2"合成持续时间

步骤20 确认选中"圆环动画2"合成层，按Ctrl+D组合键，复制"圆环动画2"合成层，系统将自动命名复制的新合成层为"圆环动画3"，拖动"圆环动画3"到"圆环动画2"的下面一层；调整时间到00:00:00:14帧的位置，向右拖动"圆环动画3"合成层使入点到当前时间，按P键，打开【位置】属性，修改【位置】的值为（496，341），如图15.447所示。

图15.447 调整"圆环动画3"合成持续时间

步骤21 确认选中"圆环动画3"合成层，按Ctrl+D组合键，复制"圆环动画3"合成层，系统将自动命名复制的新合成层为"圆环动画4"，拖动"圆环动画4"到"圆环动画3"的下面一层；调整时间到00:00:00:19帧的位置，向右拖动"圆环动画4"合成层使入点到当前时间，按P键，打开【位置】属性，修改【位置】的值为（249，253），如图15.448所示。

图15.448 调整"圆环动画4"合成持续时间

步骤22 添加摄像机。执行菜单栏中的【图层】|【新建】|【摄像机】命令，打开【摄像机设置】对话框，设置【预设】为24毫米，如图15.449所示。单击【确定】按钮，在时间线面板中将会创建一台摄像机。

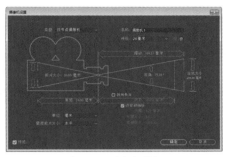

图15.449 添加摄像机

步骤23 调整时间到00:00:00:00帧的位置，单击【摄像机 1】，按P键，打开【位置】属性，单击【位置】左侧的码表●按钮，修改【位置】的值为（360，288，-225），如图15.450所示。

图15.450 建立【位置】关键帧

步骤24 调整时间到00:00:02:20帧的位置，修改【位置】的值为（360，288，-568），系统将自动建立关键帧，如图15.451所示。

图15.451 修改【位置】的值

步骤25 这样"镜头4"的动画就制作完成了，按空格键或小键盘上的"0"键，即可在合成窗口中预览动画，其中几帧的效果如图15.452所示。

图15.452 "镜头4"动画其中几帧的效果

实例196 制作镜头5动画

步骤 01 执行菜单栏中的【合成】|【新建合成】命令，打开【合成设置】对话框，设置【合成名称】为"镜头5"，【宽度】为720，【高度】为576，【帧速率】为25，【持续时间】为00:00:04:05帧，如图15.453所示。

步骤 02 在时间线面板中按Ctrl+Y组合键，打开【纯色设置】对话框，设置【名称】为"镜头5背景"，设置【颜色】为白色，如图15.454所示。单击【确定】按钮，建立纯色层。

图15.453 建立合成　　图15.454 建立纯色层

步骤 03 选择"镜头5背景"纯色层，在【效果和预设】面板中展开【生成】特效组，然后双击【梯度渐变】特效，如图15.455所示。

步骤 04 在【效果控件】面板中修改【梯度渐变】特效的参数，设置【渐变起点】的值为（128，136），【起始颜色】为深蓝色（R:13，G:91，B:112），【渐变终点】的值为（652，574），【结束颜色】为淡蓝色（R:200，G:215，B:216），如图15.456所示。

图15.455 添加特效　　图15.456 设置【梯度渐变】
特效参数

步骤 05 将"圆环动画""文字05.psd""圆环转/风车""风车/风车""大圆环/风车""小圆环/风车""素材01.psd""素材02.psd""素材03.psd""圆点.psd"拖入"镜头5"合成的时间线面板中，如图15.457所示。

步骤 06 选择"圆点.psd"层，在【效果和预设】面板中展开【过渡】特效组，然后双击【线性擦除】特效，如图15.458所示。

图15.457 将素材导入时间线面板

步骤 07 调整时间到00:00:02:02帧的位置，在【效果控件】面板中修改【线性擦除】特效的参数，单击【过渡完成】左侧的码表■按钮，在当前时间建立关键帧，设置【过渡完成】的值为100%，【羽化】的值为50，如图15.459所示。

图15.458 添加特效　　图15.459 设置【线性擦除】
特效参数

步骤 08 调整时间到00:00:02:14帧的位置，修改【过渡完成】的值为0，系统将自动建立关键帧，如图15.460所示。

步骤 09 调整时间到00:00:02:20帧的位置，修改【过渡完成】的值为50%，系统将自动建立关键帧，如图15.461所示。

图15.460 设置参数　　图15.461 设置参数

步骤 10 调整时间到00:00:01:15帧的位置，选择"素材03.psd"，按T键，打开【不透明度】属性，单击【不透明度】属性左侧的码表■按钮，在当前建立关键帧，修改【不透明度】的值为0%，如图15.462所示。

图15.462 建立【不透明度】关键帧

步骤 11 调整时间到00:00:03:15帧的位置，修改【不透明度】的值为80%，系统将自动建立关键帧，如图15.463所示。

图15.463 修改【不透明度】参数

步骤 12 选择"素材02.psd"素材层，在【效果和预设】面板中展开【过渡】特效组，然后双击【线性擦除】特效，如图15.464所示。

步骤 13 确认时间在00:00:01:05帧的位置，在【效果控件】面板中修改【线性擦除】特效的参数，单击【过渡完成】左侧的码表按钮，在当前时间建立关键帧，修改【过渡完成】的值为100%，修改【羽化】的值为80，如图15.465所示。

图15.464 添加特效　　图15.465 设置【线性擦除】
　　　　　　　　　　　　　　　特效参数

步骤 14 调整时间到00:00:04:04帧的位置，修改【过渡完成】的值为0%，系统将自动建立关键帧，如图15.466所示。

步骤 15 单击"素材01.psd"素材层，在【效果和预设】面板中展开【过渡】特效组，然后双击【线性擦除】特效，如图15.467所示。

图15.466 修改【过渡完成】　　图15.467 添加特效
　　　　参数

步骤 16 调整时间到00:00:00:19帧的位置，在【效果控件】面板中修改【线性擦除】特效的参数，单击【过渡完成】左侧的码表按钮，在当前时间建立关键帧，修改【擦除角度】的值为80，【羽化】的值为70，如图15.468所示。

步骤 17 调整时间到00:00:01:03帧的位置，修改【过渡完成】的值为100%，系统将自动建立关键帧，如图15.469所示。

图15.468 设置【线性擦除】　　图15.469 修改【过渡完成】
　　　特效参数　　　　　　　　　　参数

步骤 18 调整时间到00:00:00:07帧的位置，确认选中时间线中的"素材01.psd"层，按T键，打开【不透明度】属性，单击【不透明度】属性左侧的码表按钮，在当前位置建立关键帧，修改【不透明度】的值为0，如图15.470所示。

图15.470 建立【不透明度】关键帧

步骤 19 调整时间到00:00:00:08帧的位置，修改【不透明度】的值为100%；调整时间到00:00:00:10帧的位置，修改【不透明度】的值为30%；调整时间到00:00:00:19帧的位置，修改【不透明度】的值为100%，系统将自动建立关键帧，如图15.471所示。

图15.471 修改【不透明度】关键帧

步骤 20 打开"圆环转/风车""风车/风车""大圆环/风车""小圆环/风车"素材层的三维属性，修改"大圆环/风车"【位置】的值为（360，288，-72），"风车/风车"【位置】的值为（360，288，-20），"圆环转/风车"【位置】的值为（360，288，-30），如图15.472所示。

图15.472 打开素材的三维开关

步骤 21 调整时间到00:00:00:00帧的位置，单击"小圆环/风车"素材层，按R键，打开【旋转】属性，单击【Z轴旋转】属性左侧的码表按钮，在当前建立关键帧，如图15.473所示。

图15.473 建立【旋转】关键帧

步骤 22 调整时间到00:00:04:04帧的位置，修改【Z轴旋转】的值为200，系统将自动建立关键帧，如

图15.474所示。

图15.474 修改【旋转】属性

步骤 23 调整时间到00:00:00:00帧的位置，单击"小圆环/风车"素材层【Z轴旋转】属性的文字部分，以选中该属性的全部关键帧，按Ctrl+C组合键复制选中的关键帧，单击"大圆环"素材层，按Ctrl+V组合键粘贴关键帧，如图15.475所示。

图15.475 粘贴【旋转】关键帧

步骤 24 调整时间到00:00:04:04帧的位置，选择"大圆环/风车"素材层，修改【Z轴旋转】的值为-200，如图15.476所示。

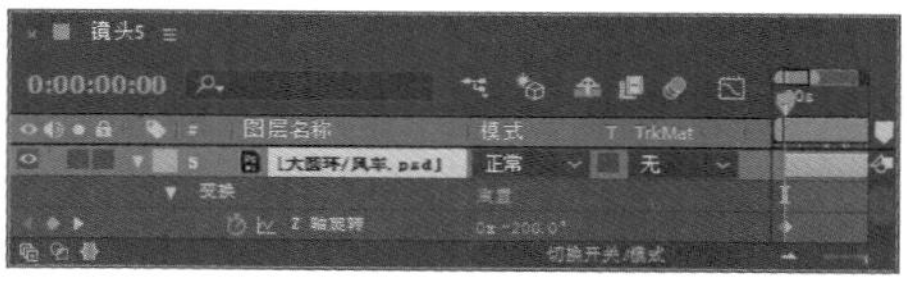

图15.476 修改【Z轴旋转】的值

步骤 25 调整时间到00:00:00:00帧的位置，选择"风车/风车"素材层，按Ctrl+V组合键粘贴关键帧，如图15.477所示。

图15.477 在"风车"层粘贴关键帧

步骤 26 调整时间到00:00:00:00帧的位置，单击"大圆环/风车"素材层【Z轴旋转】属性的文字部分，以选中该属性的全部关键帧，按Ctrl+C组合键复制选中的关键帧；选择"圆环转/风车"素材层，按Ctrl+V组合键粘贴关键帧，如图15.478所示。

图15.478 在"圆环转/风车"层粘贴关键帧

步骤 27 选中"圆环转/风车""风车/风车""大圆环/风车""小圆环/风车"素材层，按Ctrl+D组合键复制这4个层，确认复制出的4个层在选中状态，将4个层拖动到"圆环转/风车"层的上面，并分别重命名，如图15.479所示。

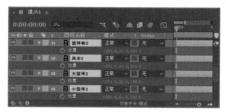

图15.479 复制素材层并调整素材层顺序

步骤 28 确认选中这4个素材层，按P键，打开【位置】属性，修改"小圆环2"【位置】的值为（1281，21，230），"大圆环2"【位置】的值为（1281，21，158），"风车2"【位置】的值为（1281，21，210），"圆环转2"【位置】的值为（1281，21，200），如图15.480所示。

图15.480 修改【位置】属性

步骤 29 选中"圆环转2""风车2""大圆环2""小圆环2"素材层，按Ctrl+D组合键复制这4个层，确认复制出的4个层在选中状态，将4个层拖动到"圆环转2"层的上面，并分别重命名，如图15.481所示。

图15.481 复制素材层并调整素材层顺序

步骤 30 确认选中这4个素材层，按P键，打开【位置】属性，修改"小圆环3"【位置】的值为（1338，-605，194），"大圆环3"【位置】的值为（1338，-605，122），"风车3"【位置】的值为（1338，-605，174），"圆环转3"【位置】的值为（1338，-605，164），如图15.482所示。

图15.482 修改【位置】属性

步骤31 调整时间到00:00:01:07帧的位置，选择"文字05.psd"素材层，按P键，打开【位置】属性，单击【位置】属性左侧的码表按钮，在当前时间建立关键帧，修改【位置】的值为（-195，175），如图15.483所示。

图15.483 建立【位置】关键帧

步骤32 调整时间到00:00:01:13帧的位置，修改【位置】的值为（366，175），系统将自动建立关键帧，如图15.484所示。

图15.484 修改【位置】的值

步骤33 调整时间到00:00:01:09帧的位置，选中"圆环动画"合成层，向右拖动"圆环动画"合成层使入点到当前时间位置，如图15.485所示。

图15.485 调整"圆环动画"合成持续时间

步骤34 确认选中"圆环动画"合成层，按P键，打开【位置】属性，修改【位置】的值为（237，122）。按S键，打开【缩放】属性，单击【缩放】属性左侧的码表■按钮，在当前时间建立关键帧，如图15.486所示。

图15.486 建立【缩放】关键帧

步骤35 调整时间到00:00:02:09帧的位置，修改【缩放】属性的值为（150，150），系统将自动建立关键帧。调整时间到00:00:02:10帧的位置，将光标放置在"圆环动画"合成层结束的位置，当光标变成双箭头↔时，向左拖动鼠标，将"圆环动画"合成层出点调整到当前时间，如图15.487所示。

图15.487 设置"圆环动画"合成层的出点

步骤36 确认选中"圆环动画"合成层，按Ctrl+D组合键，复制"圆环动画"合成层并重命名为"圆环动画2"；调整时间到00:00:01:10帧的位置，向右拖动"圆环动画2"合成层使入点到当前时间，按P键，打开【位置】属性，修改【位置】的值为（507，181），如图15.488所示。

图15.488 调整"圆环动画2"合成持续时间

步骤37 确认选中"圆环动画2"合成层，按Ctrl+D组合键复制"圆环动画2"合成层，系统将自动命名复制的新合成层为"圆环动画3"；调整时间到00:00:01:11帧的位置，向右拖动"圆环动画3"合成层使入点到当前时间，按P键，打开【位置】属性，修改【位置】的值为（352，126），如图15.489所示。

图15.489 调整"圆环动画3"合成持续时间

步骤38 确认选中"圆环动画3"合成层，按Ctrl+D组合键复制"圆环动画3"合成层，系统将自动命名复制的新合成层为"圆环动画4"，调整时间到00:00:01:15帧的位置，向右拖动"圆环动画4"合成层使入点到当前时间，按P键，打开【位置】属性，修改【位置】的值为（465，140），如图15.490所示。

图15.490 调整"圆环动画4"合成持续时间

步骤39 添加摄像机。执行菜单栏中的【图层】|【新建】|【摄像机】命令，打开【摄像机设置】对话框，设置【预设】为24毫米，如图15.491所示。

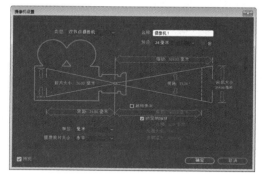

图15.491 建立摄像机

步骤40 调整时间到00:00:00:00帧的位置，单击【摄影机 1】的【变换】选项组，单击【目标点】左侧的码表按钮，修改【目标点】的值为（660，-245，184），单击【位置】左侧的码表按钮，【位置】的值为（703，521，126），修改【X轴旋转】属性的值为24，单击【Z轴旋转】属性左侧的码表按钮，修改【Z轴旋转】的值为115，如图15.492所示。

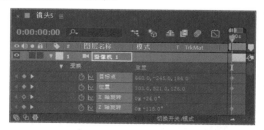

图15.492 设置摄影机属性

步骤41 调整时间到00:00:00:17帧的位置，修改【目标点】的值为（660，-245，155），【位置】的值为（703，629，36），单击【X轴旋转】属性左侧的码表按钮，在当前位置建立关键帧，修改【Z轴旋转】的值为0，系统将自动建立关键帧，如图15.493所示。

图15.493 修改摄影机属性

步骤42 调整时间到00:00:02:11帧的位置，修改【目标点】的值为（723，65，-152），【位置】的值为（743，1057，-410），【X轴旋转】的值为0，系统将自动建立关键帧，如图15.494所示。

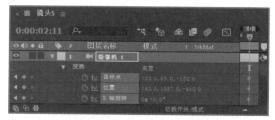

图15.494 设置摄影机的参数

步骤43 这样"镜头5"的动画就制作完成了，按空格键或小键盘上的"0"键，即可在合成窗口中预览动画，其中几帧的效果如图15.495所示。

图15.495 "镜头5"动画其中几帧的效果

实例197 制作总合成动画

步骤01 执行菜单栏中的【合成】|【新建合成】命令，打开【合成设置】对话框，设置【合成名称】为"总合成"，【宽度】为720，【高度】为576，【帧速率】为25，【持续时间】为00:00:14:20帧，如图15.496所示。

步骤02 将"镜头1""圆环动画""镜头2""镜头3""镜头4""镜头5"导入"总合成"合成的时间线面板中，如图15.497所示。

图15.496 建立新合成

图15.497 导入素材到时间线面板

步骤 03 调整时间到00:00:02:24帧的位置，选中"镜头1"合成层，按T键，打开【不透明度】属性，单击【不透明度】属性左侧的码表■按钮，在当前时间建立关键帧；调整时间到00:00:03:07帧的位置，修改【不透明度】的值为0%，如图15.498所示。

图15.498 为"镜头1"建立关键帧

步骤 04 调整时间到00:00:04:06帧的位置，选中"圆环动画"，向右拖动"圆环动画"合成层使入点到当前时间，如图15.499所示。

图15.499 调整"圆环动画"持续时间条位置

步骤 05 调整时间到00:00:04:18帧的位置，按P键，打开【位置】属性，修改【位置】的值为（357，86），按S键，打开【缩放】属性，单击【缩放】属性左侧的码表■按钮，在当前时间建立关键帧，如图15.500所示。

步骤 06 调整时间到00:00:05:06帧的位置，修改【缩放】的值为（135，135），系统将自动建立关键帧；调整时间到00:00:05:07帧的位置，将光标放置在"圆环动画"合成层结束的位置，当光标变成双箭头↔时，向左拖动鼠标，将"圆环动画"合成层的出点设置到当前时间，如图15.501所示。

图15.500 建立【缩放】关键帧

图15.501 设置出点

步骤 07 确认选中"圆环动画"合成层，按Ctrl+D组合键复制"圆环动画"合成层并重命名为"圆环动画2"，将"圆环动画2"层拖动到"圆环动画"的下一层；调整时间到00:00:04:10帧的位置，向右拖动"圆环动画2"合成层使入点到当前时间，按P键，打开【位置】属性，修改【位置】的值为（397，86），如图15.502所示。

图15.502 调整"圆环动画2"

步骤 08 确认选中"圆环动画2"合成层，按Ctrl+D组合键，复制"圆环动画"合成层并重命名为"圆环动画3"，将"圆环动画3"层拖动到"圆环动画2"的下一层；调整时间到00:00:04:18帧的位置，向右拖动"圆环动画3"合成层使入点到当前时间，按P键，打开【位置】属性，修改【位置】的值为（470，0），如图15.503所示。

图15.503 调整"圆环动画3"

步骤 09 确认选中"圆环动画3"合成层，按Ctrl+D组合键，复制"圆环动画"合成层并重命名为"圆环动画4"，将"圆环动画4"层拖动到"圆环动画3"的下一层；调整时间到00:00:04:23帧的位置，向右拖动"圆环动画4"合成层使入点到当前时间，按P键，打开【位置】属性，修改【位置】的值为（455，102），如图15.504所示。

图15.504 调整"圆环动画4"

步骤 10 确认选中"圆环动画4"合成层，按Ctrl+D组合键，复制"圆环动画"合成层并重命名为"圆环动画5"；调整时间到00:00:05:05帧的位置，向右拖动"圆环动画5"合成层使入点到当前时间，如图15.505所示。

图15.505 调整"圆环动画5"

步骤 11 调整时间到00:00:02:24帧的位置，选中"镜头2"，向右拖动合成层使入点到当前时间，按T键，打开其【不透明度】属性，单击【不透明度】属性左侧的码表按钮，修改【不透明度】的值为0%，如图15.506所示。

图15.506 调整"镜头2"并添加关键帧

步骤 12 调整时间到00:00:03:07帧的位置，修改【不透明度】的值为100%；调整时间到00:00:05:16的位置，单击【不透明度】属性左侧的【在当前时间添加或移除关键帧】按钮，在当前建立关键帧；调整时间到00:00:06:02帧的位置，修改【不透明度】的值为0%，系统将自动建立关键帧，如图15.507所示。

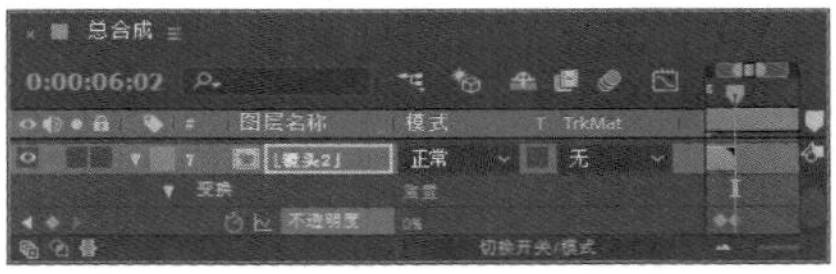

图15.507 修改【不透明度】属性

步骤 13 调整时间到00:00:05:16帧的位置，向右拖动"镜头3"合成层使入点到当前时间；按T键，打开其【不透明度】属性，单击【不透明度】左侧的码表按钮，修改【不透明度】的值为0%，如图15.508所示。

图15.508 调整"镜头3"并添加关键帧

步骤 14 调整时间到00:00:06:02帧的位置，修改【不透明度】的值为100%；调整时间到00:00:08:08帧的位置，单击【不透明度】左侧的【在当前时间添加或移除关键帧】按钮，在当前建立关键帧；调整时间到00:00:08:21帧的位置，修改【不透明度】的值为0%，系统将自动建立关键帧，如图15.509所示。

图15.509 修改【不透明度】属性

步骤 15 调整时间到00:00:08:08帧的位置，向右拖动"镜头4"合成层使入点到当前时间；按T键，打开其【不透明度】属性，单击【不透明度】左侧的码表按钮，修改【不透明度】的值为0%，如图15.510所示。

图15.510 调整"镜头4"的时续时间

步骤 16 调整时间到00:00:08:21帧的位置，修改【不透明度】的值为100%；调整时间到00:00:10:14帧的位置，单击【不透明度】属性左侧的【在当前时间添加或移除关键帧】按钮，在当前建立关键帧；调整时间到00:00:11:03帧的位置，修改【不透明度】的值为0%，系统将自动建立关键帧，如图15.511所示。

图15.511 修改【不透明度】属性

步骤 17 调整时间到00:00:10:15帧的位置，向右拖动"镜头5"合成层使入点到当前时间；按T键，打开【不透明度】属性，单击【不透明度】属性左侧的码表按钮，修改【不透明度】的值为0%；调整时间到00:00:11:03帧的位置，修改【不透明度】属性的值为100%，如图15.512所示。

图15.512 添加关键帧

步骤 18 这样理财指南动画就制作完成了，按空格键或小键盘上的"0"键，即可在合成窗口中预览动画效果。

第16章　常见格式的输出与渲染

内容摘要

　　本章主要讲解影片渲染和输出的相关设置。在影视动画制作过程中，渲染是经常用到的，一部制作完成的动画要按照需要的格式渲染输出，制作成电影作品。渲染及输出的时间长度与影片的长度、内容的复杂程度、画面的大小等有关。

教学目标

◆ 了解渲染面板的参数属性
◆ 掌握常见动画及图像格式输出
◆ 掌握音频的输出

实例198 渲染工作区的设置

特效解析 制作的动画有时并不需要将全部动画都输出，可以通过设置渲染工作区的输出范围，输出自己需要的动画部分。本例主要讲解渲染工作区的设置方法。

知识点 了解渲染工作区的设置

难易程度：★☆☆☆☆
工程文件：下载文件\工程文件\第16章\飞舞小球
视频位置：下载文件\movie\实例198 渲染工作区的设置.avi

操作步骤

步骤01 执行菜单栏中的【文件】|【打开项目】命令，弹出【打开】对话框，选择下载文件中的"工程文件\第16章\飞舞小球\飞舞小球.aep"文件。

步骤02 渲染工作区位于时间线面板中，由【工作区域开头】和【工作区域结尾】控制渲染区域，如图16.1所示。

图16.1 渲染区域

步骤03 在时间线面板中，将鼠标放在【工作区域开头】位置，当光标变成向左指向的箭头时，按住鼠标向左拖动，即可修改开始工作区的位置，如图16.2所示。

图16.2 手动操作开始工作区

步骤04 利用同样的方法，将鼠标放在【工作区域结尾】位置，当光标变成向右指向的箭头时，按住鼠标向右拖动，即可修改结束工作区的位置，如图16.3所示。

图16.3 手动操作结束工作区

步骤05 如果将光标放在工作区中，光标变成左右双箭头时，按住鼠标向左或向右拖动，可以调整渲染的位置，如图16.4所示。

图16.4 调整渲染的位置

步骤06 调整完成后，渲染工作区即被修改。

实例199 输出AVI格式文件

特效解析 AVI格式是视频中常用的一种格式，它不仅占用空间少，而且压缩失真较小。本例主要讲解将动画输出成AVI格式的方法。

知识点 学习AVI格式的输出方法

难易程度：★☆☆☆☆
工程文件：下载文件\工程文件\第16章\飞舞彩色粒子
视频位置：下载文件\movie\实例199 输出AVI格式文件.avi

操作步骤

步骤 01 执行菜单栏中的【文件】|【打开项目】命令，弹出【打开】对话框，选择下载文件中的"第16章\飞舞彩色粒子\飞舞彩色粒子.aep"文件。

步骤 02 执行菜单栏中【合成】|【添加到渲染队列】命令，或者按Ctrl+M组合键打开【渲染队列】面板，如图16.5所示。

图16.5 【渲染队列】面板

步骤 03 单击【输出模块】右侧【无损】的文字链接，打开【输出模块设置】对话框，从【格式】下拉列表框中选择AVI格式，单击【确定】按钮，如图16.6所示。

图16.6 设置输出模板

步骤 04 单击【输出到】右侧的文件名称文字部分，打开【将影片输出到】对话框，选择输出文件放置的位置，如图16.7所示。

图16.7 【将影片输出到】对话框

步骤 05 输出的路径设置好后，单击【渲染】按钮开始渲染影片，渲染过程中【渲染队列】上方的进度条会走动，渲染完毕后会有声音提示，如图16.8所示。

图16.8 渲染中

步骤 06 渲染完毕后，在路径设置的文件夹中可找到AVI格式文件，如图16.9所示。

图16.9 渲染后效果

实例200 输出单帧图像

特效解析 对于制作的动画，有时需要将动画中某个画面输出，比如电影中的某个精彩画面，这就是单帧图像的输出。本例将讲解单帧图像的输出方法。

知识点 学习单帧图像的输出方法

难易程度：★☆☆☆☆
工程文件：下载文件\工程文件\第16章\动态光效背景
视频位置：下载文件\movie\实例200 输出单帧图像.avi

操作步骤

步骤01 执行菜单栏中的【文件】|【打开项目】命令，弹出【打开】对话框，选择下载文件中的"工程文件\第16章\动态光效背景\动态光效背景.aep"文件。

步骤02 在时间线面板中，将时间调整到要输出的画面单帧位置，执行菜单栏中【合成】|【帧另存为】|【文件】命令，打开【渲染队列】面板，如图16.10所示。

图16.10 【渲染队列】面板

步骤03 单击【输出模块】右侧Photoshop文字链接，打开【输出模块设置】对话框，从【格式】下拉列表框中选择某种图像格式，比如【"JPEG"序列】格式，单击【确定】按钮，如图16.11所示。

图16.11 设置输出模块

步骤04 单击【输出到】右侧的文件名称文字部分，打开【将影片输出到】对话框，选择输出文件放置的位置，如图16.12所示。

图16.12 【将影片输出到】对话框

步骤05 输出的路径设置好后，单击【渲染】按钮开始渲染影片，渲染过程中【渲染队列】上方的进度条会走动，渲染完毕后会有声音提示，如图16.13所示。

图16.13 渲染图片

步骤06 渲染完毕后，在路径设置的文件夹中可找到JPG格式的单帧图片，如图16.14所示。

图16.14 渲染后单帧图片

实例201 输出序列图片

特效解析 序列图片在动画制作中非常实用,特别是与其他软件配合时,比如在3ds Max、Maya等软件中制作特效,然后应用在Adobe Adobe After Effects CC 2018中时。本例将讲解序列图片的输出方法。

知识点 学习序列图片的输出方法

难易程度:★★☆☆☆
工程文件:下载文件\工程文件\第16章\旋转粒子球
视频位置:下载文件\movie\实例201 输出序列图片.avi

操作步骤

步骤01 执行菜单栏中的【文件】|【打开项目】命令,弹出【打开】对话框,选择下载文件中的"工程文件\第16章\旋转粒子球\旋转粒子球.aep"文件。

步骤02 执行菜单栏中的【合成】|【添加到渲染队列】命令,或者按Ctrl+M组合键打开【渲染队列】面板,如图16.15所示。

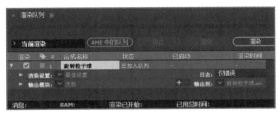

图16.15 【渲染队列】面板

步骤03 单击【输出模块】右侧【无损】的文字链接,打开【输出模块设置】对话框,从【格式】下拉列表框中选择【"Targa"序列】格式,单击【确定】按钮,如图16.16所示。

图16.16 设置Tga格式

步骤04 单击【输出到】右侧的文件名称文字部分,打开【将影片输出到】对话框,选择输出文件放置的位置。

步骤05 输出的路径设置好后,单击【渲染】按钮开始渲染影片,渲染过程中【渲染队列】上方的进度条会走动,渲染完毕后会有声音提示,如图16.17所示。

图16.17 渲染中

步骤06 渲染完毕后,在路径设置的文件夹中可找到Tga格式的序列图,如图16.18所示。

图16.18 渲染后序列图

实例202 输出音频文件

特效解析	有时候我们只需要动画中的音乐，比如对一部电影中的音乐非常喜欢，想将其保存下来，此时就可以只将音频文件输出。本例将讲解音频文件的输出方法。	知识点	学习音频文件的输出方法

难易程度：★☆☆☆☆
工程文件：下载文件\工程文件\第16章\电光线效果
视频位置：下载文件\movie\实例202 输出音频文件.avi

操作步骤

步骤 01 执行菜单栏中的【文件】|【打开项目】命令，弹出【打开】对话框，选择下载文件中的"工程文件\第16章\电光线效果\电光线效果.aep"文件。

步骤 02 在时间线面板中，执行菜单栏中的【合成】|【添加到渲染队列】命令，或者按Ctrl+M组合键打开【渲染队列】面板，如图16.19所示。

图16.19 【渲染队列】面板

步骤 03 单击【输出模块】右侧【无损】的文字链接，打开【输出模块设置】对话框，从【格式】下拉列表框中选择WAV格式，单击【确定】按钮，如图16.20所示。

图16.20 设置参数

步骤 04 单击【输出到】右侧的文件名称文字部分，打开【将影片输出到】对话框，选择输出文件放置的位置。

步骤 05 输出的路径设置好后，单击【渲染】按钮开始渲染影片，渲染过程中【渲染队列】上方的进度条会走动，渲染完毕后会有声音提示。

步骤 06 渲染完毕后，在路径设置的文件夹中可找到WAV格式文件，如图16.21所示。双击该文件，可在播放器中打开听到声音，如图16.22所示。

图16.21 渲染后

图16.22 播放音频